安全生产本质论

简新　著

内容提要

本书是一部专门论述安全生产本质的著作，书中鲜明地提出安全生产的本质就是通过物质、技术、教育、管理等方式方法和手段，消除安全风险隐患，改善生产作业条件，保障生产正常进行，保障人员安全健康，保障财富持续增加，保障社会全面进步。

现代生产离不开两个最基本的要素，也就是机器化和工厂化，其中，机器化是现代生产的技术基础，工厂化是现代生产的组织形式。本书从这两个方面入手，深刻剖析了现代生产所面临的风险和隐患，详细论述了只有正确认识和深刻把握安全生产的本质，才能在实际工作中认清安全生产的特性，遵循安全生产的规律，掌握安全生产的主动，开创我国安全生产的新局面。

本书观点新颖，认识独到，分析透彻，论证有力，是一部我国安全生产理论探索创新的著作，对加强和改进我国安全生产工作具有较强的针对性、指导性和实用性。

图书在版编目(CIP)数据

安全生产本质论/简新著. —北京：气象出版社，2014.12

ISBN 978-7-5029-6059-9

Ⅰ.①安… Ⅱ.①简… Ⅲ.①安全生产-研究 Ⅳ.①X93

中国版本图书馆 CIP 数据核字(2014)第 278055 号

出版发行：气象出版社
地　　址：北京市海淀区中关村南大街 46 号　　**邮政编码**：100081
总 编 室：010-68407112　　**发 行 部**：010-68407948 68406961
网　　址：http://www.qxcbs.com　　**E-mail**：qxcbs@cma.gov.cn
责任编辑：彭淑凡　　**终　　审**：黄润恒
封面设计：燕　彤　　**责任技编**：吴庭芳
印　　刷：北京京华虎彩印刷有限公司
开　　本：850 mm×1168 mm 1/32　　**印　　张**：7.75
字　　数：209 千字
版　　次：2014 年 12 月第 1 版　　**印　　次**：2014 年 12 月第 1 次印刷
定　　价：25.00 元

把握安全本质　推进社会进步
（自序）

安全生产是当今社会一切生产和一切存在的源泉和保障，是人类世世代代共同的和永久的财产，是我们不能出让的生存条件和再生产条件。因此，无论是对经济发展、社会进步，还是对人的全面发展，安全生产都具有极端重要性。

然而，安全生产的这一重要性并没有被社会各方深刻认清。由于对安全生产工作重视不够，导致对安全工作投入不足、措施不力，这又导致我国当前安全生产基础薄弱、重特大事故尚未得到有效遏制、生产安全事故易发多发的被动局面。

不只是中国，全世界也是如此。据国际劳工组织披露，全世界每年有200万人因工伤或因工染病而死亡，每年有160万人因工染病，工作中的致死或非致死的事故每年发生270万例，所导致的经济损失相当于每年世界生产总值的4%。

之所以会出现这样一种被动局面，一个重要原因就是全社会至今还未深刻认识安全生产的本质。

安全生产的本质，就是通过物质、技术、教育、管理等方式方法和手段，消除安全风险隐患，改善生产作业条件，保障生产正常进行，保障人员安全健康，保障财富持续增加，保障社会全面进步。

正确认识和深刻把握安全生产的本质，对于我们做好安全生产工作能起到什么作用呢？

把握安全生产的本质，就能使我们认清实现安全生产的正确途径，通过物质、技术、教育、管理等方式方法和手段，消除安全风险隐患，改善生产作业条件；这样，在制定各项安全生产措施时，就更有针对性和实效性。

把握安全生产的本质，就能使我们充分认识安全生产的重大意义和广泛影响，做到保障生产正常进行、保障人员安全健康、保障财富持续增加、保障社会全面进步；这样，就能使社会各方特别是生产企业更加重视和支持安全生产工作，从而为安全生产的开展创造有利条件。

把握安全生产的本质，就能使我们站在经济社会全面发展的战略高度正确看待安全生产工作，努力凝聚政府、企业、社会等各个方面的力量，形成最大合力，为整个社会的安全生产和安全发展提供最强大的正能量。

正确认识和深刻把握安全生产的本质，不仅是一个重大的理论问题，更是一个重大的实践问题。无数实践都一再证明，任何一项事业、一项工作的发展进步都应以思想进步为基础、为前提，安全生产也不例外。只有首先弄清安全生产的本质，继而才能在实际工作中认识安全生产的特性，遵循安全生产的规律，开创我国安全生产的新局面。

当前，我国正处于工业化、城镇化快速发展的进程中，处于生产安全事故易发多发的高峰期，每年的生产安全事故给人民群众的生命财产造成了巨大损失。在这种情况下，正确认识和深刻把握安全生产的本质就更具有现实针对性和特殊重要性。安全生产是一项需要全员参与的共同事业，只有人人都认清安全生产的本质，人人都为安全生产出谋划策、尽心尽力，才有可能实现安全生产。把握安全生产本质，推进社会全面进步，应当成为每一个公民的社会职责和自觉行动，只有这样，才能更好地实现经济社会发展的长治久安。

简新

2014 年 9 月 22 日于新疆库尔勒市

目　录

绪　论

安全生产在经济社会发展中具有怎样的作用？用一句话来概括就是，安全是生命力、安全是生产力、安全是生存力。

安全生产在经济社会发展中具有怎样的地位？用一句话来概括就是，安全重于一切、安全高于一切、安全先于一切、安全胜于一切。

安全生产在经济社会发展中具有怎样的影响，同其他事物之间又有怎样的联系？用一句话来概括就是，安全无时不有、安全无处不在、安全无事不重、安全无人不需。

那么，安全生产在经济社会发展中为什么会有这样巨大的作用、这样重要的地位、这样深远的影响、这样广泛的联系呢？

一部人类历史，同时也是一部生产力的解放史和发展史、社会财富的增长史、人类文明的进步史、人的全面发展史。然而，如果没有安全生产，所有这些历史都不存在。

自从人类诞生以来，就离不开生产和安全这两大基本需求，但是人类对于这两大基本需求的认识和重视在很长时间内都是天差地远。古今中外，对生产相当重视、对安全相当轻视是一种十分普遍的现象，这当然有其社会历史原因。

无论什么社会，对生产都很重视是必然的，因为整个社会所使用的各种物品绝大多数都离不开生产劳动。马克思明确指出：**“一个社会不能停止消费，同样，它也不能停止生产。”**（《资本论》，第1卷，人民出版社，1975年版，第621页）人们生活、工作以及相互交往所涉及到的衣、食、住、行、用等各方面的物品，一旦停止生产、耗费完毕，整个社会就会立即陷入停滞和混乱状态，人类自身都将无法生存，又何谈经济社会发展？

而对于安全生产的轻视甚至忽视，则有其社会历史原因。

工业革命以前，人类社会处于农业社会，也就是以农业生产为主导的社会。在这一历史阶段，社会分工不发达，生产技术发展缓慢，以家庭为基本生存单位、以手工生产为主要生产方式的自给自足小农经济在社会中占主导地位；这一时期的生产即便如打铁、铸铜、制陶等发生安全事故，事故本身的损失不大，对其他方面的生产以及其他社会人群所造成的影响也很小，因此这一时期的安全生产在整个社会不受重视，没有地位。

18 世纪中叶，英国人瓦特改良蒸汽机，发明出高效能的蒸汽机，与当时其他蒸汽机相比提高功效 2～5 倍，并节约燃料 75%，与任何工具机相连接都可以使用；所有的大机器，包括火车、轮船等都因蒸汽机的带动而飞速运转，整个工业生产面貌、社会面貌由此大为改观，这就是工业革命。工业革命是以机器取代人力、以大规模工厂化生产取代个体工场手工业生产的一场生产与科技革命，人类社会由此从农业社会过渡到工业社会。

工业社会的社会化大生产同农业社会的小生产不同，现代工厂比手工工场人数要多得多，机器及机器体系比手工工具要复杂和危险得多，市场竞争比工场手工业的竞争要激烈得多；相应地，一旦发生生产安全事故，人员伤亡和社会财富的损失也比工场手工业生产事故的伤亡损失要大得多。在这种情况下，安全生产逐渐在一些国家受到重视，并通过立法的形式加强对工厂企业安全生产的管理。1802 年，英国政府制定《保护学徒的身心健康法》，这是工业社会以来全世界第一部安全生产方面的法律。马克思对通过法律加强安全生产工作给予了肯定，指出：**“为了迫使资本主义生产方式建立最起码的卫生保健设施，也必须由国家颁布强制性的法律。”**（《资本论》，第 1 卷，人民出版社，1975 年版，第 528 页）

加强安全管理、改善安全生产状况,制定和实施安全法律必不可少,同时也离不开日常监督管理。马克思描述了实行视察员制度后英国煤矿安全事故减少的状况:**“在刚开始设立视察员的最初几年,他们的管区太大,大量不幸的和死亡的事故根本没有呈报。尽管死亡事故还是很多,视察员的人数不够,他们的权力又太小,但是,自从视察制度建立以来,事故的次数已经大大减少。”**(《资本论》,第3卷,人民出版社,1975年版,第104页)可见,加强安全监督管理确有成效。

然而,资本的贪婪远远突破了安全法律和安全监督管理的约束,使得生产安全事故不断,不仅造成了社会财富的大量损失,而且导致了劳动者的巨大伤亡。马克思深刻指出:**“资本是不管劳动力的寿命长短的。它唯一关心的是在一个工作日内最大限度地使用劳动力。它靠缩短劳动力的寿命来达到这一目的,正像贪得无厌的农场主靠掠夺土地肥力来提高收获量一样。”**(《资本论》,第1卷,人民出版社,1975年版,第295页)

随着工业化的日益普及、机器和机器体系的应用日益广泛、市场竞争的日益激烈,生产安全事故所造成的经济损失和人员伤亡也在不断增大。可以说,人类在通过工业化、社会化大生产获得无数产品和财富的同时,也为之付出了相应的代价。

研究表明,安全生产状况相对于经济社会发展水平,呈非对称抛物线函数关系,大致可以分为四个阶段:一是工业化初级阶段,工业经济快速发展,生产安全事故多发;二是工业化中级阶段,生产安全事故达到高峰并逐步得到控制;三是工业化高级阶段,生产安全事故数量快速下降;四是后工业化时代,生产安全事故稳中有降,事故死亡人数很少。因此,进入工业化、社会化大生产后,安全生产就成为世界各国都必须严肃对待的社会问题。

安全生产状况同经济社会发展水平之间的对应关系当然不是绝对的,不是一成不变的。实际上,正是由于人们对安全生产的作用、地位、特性、本质、规律等认识不清、把握不准、重视不够、遵循不足，才导致如今这样一种一边创造财富、一边毁坏财富，一边护佑生命、一边伤害生命，一边推进文明、一边破坏文明的矛盾状况：

——1997 年，联合国秘书长安南发表《职业卫生与安全——一项全球、国际和国家议事日程中的优先任务》指出："据估计，每年共发生 2.5 亿起事故，导致 33 万人死亡。另外，有 1.6 亿人罹患本可避免的各种职业病，而为数更多的工人，其身心健康和福利状况受到种种威胁。这些职业性伤病所造成的经济损失，相当于全球国民经济产值的 4%；至于由此所导致的家破人亡和社区破坏而带来的损失，则难以计数。"

——2010 年 11 月 20 日，世界卫生组织在 11 月 21 日世界道路交通事故受害者纪念日前夕指出："道路交通事故每年造成近 130 万人死亡、5000 万人伤残，是 10 岁至 24 岁青少年的主要死因。"2011 年 5 月 5 日，世界卫生组织发表公报指出，从当年 5 月 11 日起开始实施第一个世界交通安全十年计划，以挽救 500 万人的生命，并避免 5000 万人的重伤。

——2012 年 4 月 28 日，世界工作安全与健康日前夕，国际劳工组织披露，全世界每年有 200 万人因工伤或因工染病而死亡，每年有 160 万人因工染病，工作中的致死或非致死的事故每年发生 270 万例，所导致的经济损失相当于每年世界生产总值的 4%。

从以上这些数据可以清楚地看出，生产事故对社会财富的损毁有多么巨大，对人的生命安全和身体健康的损害有多么巨大。而造成这一结果的，却又是人本身。这是一幕多么令人深思的场景啊！

导致这一状况的一个重要原因，就是全社会至今还对安全生产的本质认识不清。

那么，安全生产的本质是什么呢？

安全生产的本质，就是通过物质、技术、教育、管理等方式方法和手段，消除安全风险隐患，改善生产作业条件，保障生产正常进行，保障人员安全健康,保障财富持续增加,保障社会全面进步。

马克思曾这样描述土地对于人类的意义:**“土地是一切生产和一切存在的源泉。”**(《马克思恩格斯选集》,第2卷,人民出版社,1972年版,第109页)他还指出:**“土地这个人类世世代代共同的永久的财产,即他们不能出让的生存条件和再生产条件。”**(《资本论》,第3卷,人民出版社,1975年版,第916页)

如今,我们也可以这样论述安全:安全是一切生产和一切存在的源泉和保障,是人类世世代代共同的和永久的财产,是我们不能出让的生存条件和再生产条件。可以说,对于经济社会持续发展和人类文明不断进步而言,安全生产具有极端重要性。

要加深对安全生产本质的理解,必须将安全生产放在当今世界发展的大背景下加以审视和思考。

20世纪中叶以来,由于新科技革命的兴起和发展,对世界范围的生产过程和社会经济文化各个方面都产生了深刻的影响。“科学技术是第一生产力”日益成为全社会的普遍共识,科技与经济的一体化成为社会发展的明显特征,经济学家们已经不再认为科学技术是经济发展的外围因素,而是经济社会发展的有力杠杆。20世纪,由于相对论、量子论、基因论、信息论的形成,以及物质科学、生命科学和思维科学等的突破性进展,使得人类创造出了超过以往任何一个时代的科学成就和物质财富,科技创新和进步已经成为经济社会发展的重要支柱和主导力量。

当今世界,科学技术飞速发展并向现实生产力转化,日益成为现代生产力中最主要的推动力量。现代科学技术不仅使生产力在量上增长,而且推动了其他生产力要素的改进与革新,使其在质上发生飞跃,从而对生产力的总体发展起到关键作用。科学技术为劳动者所掌握,就能大大提高人们认识自然、改造自然和保护自然的能力;科学技术和生产资料相结合,就会大幅度提高工具的效能,从而提高使用这些工具的人们的劳动生产率,大大拓展生产的广度和深度。

由于科技进步的强劲推动，人类社会的生产力不断得到解放和发展，在相同条件下，如今能够产出的产品和创造的财富是过去的几十倍、几百倍甚至更多。1978 年 3 月 18 日，邓小平同志在全国科学大会开幕式上指出：**“当代的自然科学正以空前的规模和速度，应用于生产，使社会物质生产的各个领域面貌一新。特别是由于电子计算机、控制论和自动化技术的发展，正在迅速提高生产自动化的程度。同样数量的劳动力，在同样的劳动时间里，可以生产出比过去多几十倍几百倍的产品。社会生产力有这样巨大的发展，劳动生产率有这样大幅度的提高，靠的是什么？最主要的是靠科学的力量、技术的力量。”**（《邓小平文选》，第 2 卷，人民出版社，1994 年版，第 87 页）

也就是说，由于科学以空前的规模和速度应用于生产之中，使社会物质生产面貌一新，生产效率大大提高，同样的劳动力可以生产出比过去多几十倍几百倍的产品，同样或相似的劳动工具可以创造出比过去高几十倍的生产效率，同样的劳动对象可以产出比过去多几十倍的价值和财富，而今后这种状况还会更加明显。正是在这样的时代背景下，安全生产的功能作用就更加突出、更加重要，这不仅是明显的，而且是必然的，这也是为什么说“安全生产在经济社会发展中具有极端重要性”的原因。

要加深对安全生产本质的理解，还必须将安全生产放在经济社会发展根本目的的背景下加以审视和思考。

党的十六大报告明确指出：“发展经济的根本目的是提高全国人民的生活水平和质量。”2006 年 3 月 27 日，胡锦涛同志指出，人的生命是最宝贵的，我国是社会主义国家，我们的发展不能以牺牲精神文明为代价，不能以牺牲生态环境为代价，更不能以牺牲人的生命为代价。抓好安全生产工作，是坚持立党为公、执政为民的必然要求，是实现好、维护好、发展好最广大人民的根本利益的必然要求。

马克思主义认为，人是生产力中最活跃的因素；人民群众是历史的创造者，是推动社会发展的根本力量。人是社会历史的的现实主体,社会是由人们相互联系、相互结合而形成的,社会发展的历史实质上就是人的活动的历史。正如马克思所说:**“历史不过是追求自己目的的人的活动而已。”**(《马克思恩格斯全集》,第2卷,人民出版社,1957年版,第119页)因此,经济社会发展的目的,就是为了人、保障人、发展人。

人是社会的主体,那么经济社会发展的目的就应当是促进人的全面发展,经济社会发展就应当坚持以人为本。传统的社会发展理念只是为了追求经济增长和社会发展,没有进一步思考经济社会发展的目的是什么,不清楚社会的发展究竟是为了什么的发展、为了谁的发展,将社会发展仅仅等同于经济的增长、等同于GDP的增加、等同于工业化和现代化的推进,这就导致了经济社会发展目标、发展方向的迷失。追求经济社会的发展,不单纯是经济的增长,归根到底应当是满足广大人民群众日益增长的物质文化需求,促进人的全面发展,这才是经济社会发展的根本目标。社会发展固然要追求经济增长,这是必不可少的,但经济增长、社会进步只是手段,而满足人们的需要、促进人的全面发展才是目的,手段和目的不能错位,不能颠倒,不能混淆。

无论是从当今世界发展的潮流出发,还是从经济社会发展的根本目的出发,都可以明显看出安全生产的巨大保障和促进作用。抓好安全生产工作,可以促进社会财富不断增长,可以推进经济社会持续发展,可以保障人的全面发展,可以维护人民群众幸福安康;同时,社会越是向前发展、文明程度越是提高,安全生产所发挥的作用就越大,整个社会就越离不开安全生产。

正确认识安全生产的本质,不仅是一个重大的理论问题,而且是一个重大的现实问题。只有正确认识和准确把握安全生产的本质,才能有效消除自人类诞生以来至今一直存在的重视生产、轻视安全的矛盾现象,才能有效改善生产安全事故不断、人员伤亡和财产损失巨大的被动状况,才能有效扭转安全生产基础薄弱、方式落后的不利局面，才能有效改进广大社会公众安全意识不强、安全技能不高的不利状况，才能有效保障经济社会安全发展、科学发展。

2013 年 1 月 17 日，中共中央政治局常委、国务院副总理张德江在全国安全生产电视电话会议上指出："经济社会持续健康发展对安全生产工作提出了更高要求。今后几年将是我国深化改革开放、加快转变经济发展方式的攻坚时期，也是努力实现全国安全生产状况根本好转的关键时期。一方面，随着经济持续增长，新型工业化、信息化、城镇化、农业现代化进程进一步加快，各类生产经营建设活动日益频繁，诱发生产安全事故的各类不确定因素不断增多，我国处于事故易发多发特殊时期的状况短时期内不会改变，安全生产工作的艰巨性、复杂性将长期存在。另一方面，随着社会发展进步，人民群众在追求幸福生活的同时，会更加热切地期盼能够平安健康地享有改革发展的成果，对安全生产的期望和要求会越来越高。这就要求我们必须以改革创新精神，积极谋划安全生产工作新思路、新举措，为经济社会持续健康发展提供安全保障。"

正确认识和准确把握安全生产的本质，才能更好地适应经济社会持续健康发展对安全生产工作提出的更高要求。由于经济持续增长，工业化、城镇化进程加快，生产经营建设活动日益频繁，诱发生产安全事故的不确定性因素增多，在这种情况下，就更应当深刻认识安全生产的重要作用；由于社会发展进步，人民群众富裕程度稳步提升，更加期盼平安健康地享有改革发展的成果，对安全生产的期望和要求越来越高，在这种情况下，就更应当深刻认识安全生产对保护劳动者生命安全和身体健康的作用。因此，全社会就更应提高抓好安全生产的责任感、使命感和紧迫感，切实抓好安全生产工作，为经济社会发展提供扎实可靠的安全保障。

当今社会，安全生产已经越来越明显地呈现出"四个无不"即无时不有、无处不在、无事不重、无人不需的特点，而且社会越是向前发展、现代化程度越高，这"四个无不"就越是凸显，充分说明了安全生产在整个社会中的极端重要性。只有正确认识和准确把握安全生产的本质，才能消除对安全生产工作认识不清、规律不明、重视不够、投入不足、措施不力、效果不佳的状况，才能将安全生产工作放在应有的位置、发挥应有的作用，才能为经济社会持续发展和人民群众幸福安康奠定坚实基础，提供可靠保障。

第一章　保障生产正常进行

生产劳动特别是物质生产，对整个人类来说具有极其重要的作用，它是人类社会存在和发展的基础，是人类文明提高进步的保障。可以说，生产活动是人类最基本、最重要、最广泛的实践活动，是决定其他一切活动的东西。只有首先生产出吃、穿、住、用、行所需的各种物质产品，满足人们的基本社会需求之后，才谈得上从事政治、科学、教育、文化等其他社会活动。

对于生产劳动对人类社会的重要性，马克思有明确的论述，指出：**“一个社会不能停止消费，同样，它也不能停止生产。”**（《资本论》，第1卷，人民出版社，1975年版，第621页）马克思还指出：**“任何一个民族，如果停止劳动，不用说一年，就是几个星期，也要灭亡，这是每一个小孩都知道的。”**（《马克思恩格斯选集》，第4卷，人民出版社，1995年版，第580页）

仅仅是为了生存，人类就已经离不开生产劳动，而要为了生存得更好、发展得更快，就更加离不开劳动了。

马克思主义创始人将人的需要划分为生存需要、享受需要和发展需要三个层次，这是一种递进的关系。生存需要就是人为了维持生命存在而产生的最基本、最起码的需要。享受需要则是人在满足生存需要的基础上，想要进一步提高生活水平、过上更加舒适生活的欲望和要求。发展需要则是人在生存需要得到基本满足的基础上，希望不断提高自己的素质和能力，并且能够充分展示自己的素质和能力，以促进生活发展的需要。这三个层次的需要，无论要实现哪一种，都离不开生产劳动，都离不开生产的产品和劳动的成果。

正是由于生产劳动，才使人类不仅拥有物质财富，而且拥有精神财富；不仅实现经济发展，而且实现社会进步；不仅能够认识自然，而且能够改造自然。由此可见，对于人类社会而言生产劳动究竟有多重要。

生产劳动既然如此重要，保障生产劳动正常进行相应地也变得十分重要，尤其是安全生产更是不可缺少。如果没有安全生产作为保障，在生产劳动时发生事故，不仅会损坏劳动资料即机器设备、劳动对象，而且会导致劳动者的伤亡；不仅会终止产品的继续产出，而且会毁坏生产现场已经产出的产品，并摧毁后续生产能力；不仅不能增加社会财富，还会浪费社会财富。因此，抓好安全生产工作、保障生产正常进行，事关重大，事关全局，事关根本。

然而，要抓好安全生产工作、保障生产正常进行、促进社会健康发展，并不是一件容易的事。无论是机器的运用，还是现代社会的发展，都使得如今的社会化大生产面临各种风险，充满各种隐患，稍有不慎就可能引发生产事故，造成重大损失，这在世界各国工业化发展历程中早已得到无数次的验证。

如今的社会化大生产，最集中、最突出的特点就是机器化、工厂化，这正是各种生产安全事故产生的根源。

早在19世纪70年代，恩格斯在《论权威》一文中就描述了拥有庞大工厂的现代工业"两个复杂化"的生产特点：**"代替各个分散的生产者的小作坊的，是拥有庞大工厂的现代工业，在这种工厂中有数百个工人操纵着蒸汽发动的复杂机器；大路上的客运马车和货运马车已被铁路上的火车所代替，小型帆船和内海帆船已被轮船所代替。甚至在农业中，机器和蒸汽也愈来愈占统治地位……可见，联合活动、互相依赖的工作过程的复杂化，正在取代各个人的独立活动。"**（《马克思恩格斯选集》，第2卷，人民出版社，1972年版，第551页）他还指出：**"生产和流通的物质条件，不可避免地随着大工业和大农**

业的发展而复杂化。"(同上,第553页)

恩格斯在1873年所谈到的当时工业生产中存在的"两个复杂化"即工作过程的复杂化、生产和流通条件的复杂化,在如今不知又加深了多少倍。当今社会拥有庞大工厂的现代工业,面临着更多复杂的因素,经济全球化、复杂的市场竞争环境、复杂的社会条件、复杂的利益群体,再加上难以预料的自然条件变化的影响,使得安全生产这一开放、复杂、巨大的系统受到诸多因素的制约和影响,在整体上呈现出脆弱平衡的特点,其中任何一个因素发生变化,都可能影响安全生产,这也正是抓好安全生产工作不容易的深层次原因。

抓好安全生产,消除事故隐患,保障生产正常进行,从微观上讲是要消除机器生产的安全风险隐患,从宏观上讲则是要消除现代工业生产乃至工业化的安全风险隐患,只有这样才能从根本上实现安全生产,确保生产劳动的正常平稳进行。

第一节　机器生产的变迁

人类社会有如今这样高度的文明进步,同生产力的发展是分不开的,同生产资料的发展也是分不开的。可以说,人类发展的历史,既是一部生产力的发展史,同时也是一部生产资料的发展史。在人类掌握石器技术后,就创造出了原始社会的生产力;在掌握青铜技术后,就创造出了奴隶社会的生产力;在掌握铁器技术后,就创造出了封建社会的生产力;在使用机器以后,就创造出了资本主义社会的生产力。

对于生产资料在经济社会发展中的重要性,马克思作出了这样的论断:**"各种经济时代的区别,不在于生产什么,而在于怎样生产,用什么劳动资料生产。劳动资料不仅是人类劳动力发展的测量器,而且是劳动借以进行的社会关系的指示器。"**(《资本论》,第1卷,人民出版社,1975年版,第204页)

自从人类诞生以来，经过世世代代的努力，发明了无数的劳动资料即生产工具，而其中最伟大、最先进、最重要的，就是如今我们仍然在普遍使用的机器和机器体系。

马克思、恩格斯指出：**“资产阶级在它的不到一百年的阶级统治中所创造的生产力，比过去一切世代创造的全部生产力还要多，还要大。自然力的征服，机器的采用，化学在工业和农业中的应用，轮船的行驶，铁路的通行，电报的使用，整个整个大陆的开垦，河川的通航，仿佛用法术从地下呼唤出来的大量人口，——过去哪一个世纪料想到在社会劳动里蕴藏有这样的生产力呢？”**（《共产党宣言》，人民出版社，1992 年版，第 31 页）

资本主义战胜封建主义，取得比过去一切世代创造的全部生产力总和还要多的生产力的重要武器，就是大机器生产。正是由于机器在生产力发展乃至人类文明发展进步中起到的特殊作用，得到马克思的重视，并进行了专门研究。

同之前的手工工具相比，机器具有十分明显的优势。马克思指出：**“因为机器是由比较坚固的材料制成的，寿命较长；因为机器的使用要遵照严格的科学规律，能够更多地节约它的各个组成部分和它的消费资料的消耗；最后，因为机器的生产范围比工具的生产范围广阔无比。……机器的生产作用范围越是比工具大，它的无偿服务的范围也就越是比工具大。”**（《资本论》，第 1 卷，人民出版社，1975 年版，第 425 页）

机器最大、最重要的优势，是能够大幅度地提高劳动生产率。马克思明确指出：**“机器是提高劳动生产率，即缩短生产商品的必要劳动时间的最有力的手段。”**（《资本论》，第 1 卷，人民出版社，1975 年版，第 441 页）

使用机器能够明显地节约费用、降低成本。马克思指出：**“共同消费某些共同的生产条件（如建筑物等），比单个工人消费分散的生产条件要节约，因而能使产品便宜一些。在机器生产中，不仅一个工**

作机的许多工具共同消费一个工作机的躯体，而且许多工作机共同消费同一个发动机和一部分传动机构。”（《资本论》，第1卷，人民出版社，1975年版，第426页）

同劳动者进行体力劳动必须按时休息相比，机器具有天然的优势——它可以长期连续不断地运转。马克思指出：**“在机器上，劳动资料的运动和活动离开工人而独立了。劳动资料本身成为一种工业上的永动机，如果它不是在自己的助手——人的身上遇到一定的自然界限，即人的身体的虚弱和人的意志，它就会不停顿地进行生产。”**（《资本论》，第1卷，人民出版社，1975年版，第442页）

机器的广泛使用还有利于开拓国外市场。马克思指出：**“机器产品的便宜和交通运输业的变革是夺取国外市场的武器。机器生产摧毁国外市场的手工业产品，迫使这些市场变成它的原料产地。”**（《资本论》，第1卷，人民出版社，1975年版，第494页）

由于科技进步等因素的影响，机器在提高生产力方面几乎是没有止境的。马克思指出：**“机器体系在缩短工作日的压力下飞速发展向我们表明，由于实际经验的积累，由于机械手段的现有规模以及技术的不断进步，机器体系具有极大的弹力。”**（《资本论》，第1卷，人民出版社，1975年版，第474页）

由于机器所拥有的这些无可比拟的巨大优势，使它在诞生后就以无可遏制的势头在社会生产各个行业得到广泛应用。随着蒸汽机的应用范围不断扩大，工业革命迅速扩展到其他各个部门。可以说，机器的发明和应用，改变了整个社会特别是工业生产的面貌。

和机器一起改变了社会和工业生产面貌的，还有工厂。马克思曾指出，现代工厂是**“以应用机器为基础的”**，（《马克思恩格斯选集》，第1卷，人民出版社，1972年版，第128页）这一阐述深刻地揭示了二者之间的关系。可以说，机器是工厂的物质基础，工厂是机器的组织形式，机器和工厂联结在一起，成为社会生产力发展的重要源泉。而正是在工厂当中，机器得到了持续改进，不仅出现了机器体系，还实现了自动化生产,使社会生产力得到飞跃提升。

同机器生产相比,人在力量、持久性和稳定性等方面的劣势是十分明显的。马克思指出:**“劳动力的发挥即劳动,耗费人的一定量的肌肉、神经、脑等等,这些消耗必须重新得到补偿。”**(《资本论》,第1卷,人民出版社,1975年版,第194页)也就是说,人在生产劳动当中所耗费的肌肉、神经、脑等,必须重新得到补偿,必须吃饭、休息,在体力、脑力恢复正常状态以后才能重新进行下一次的劳动。

但机器则不同,由于有了功率强大的机器,生产几乎可以连续不断地进行下去,可以始终不停地创造产品和利润。马克思指出:**“在机器上,劳动资料的运动和活动离开工人而独立了。劳动资料本身成为一种工业上的永动机。”**(《资本论》,第1卷,人民出版社,1975年版,第442页)正是由于机器的强大功率和持久生产,所以在资本家的工厂里,机器这种劳动资料成为生产的主导,而本应当成为主人的劳动者却成了助手。

机器的不断改进和完善,使得机器体系的出现和自动化生产的实现成为一种自然而然的事。马克思指出:**“只有在劳动对象顺次通过一系列互相连结的不同的阶段过程,而这些过程是由一系列各不相同而又互为补充的工具机来完成的地方,真正的机器体系才代替了各个独立的机器。”**(《资本论》,第1卷,人民出版社,1975年版,第416页)马克思还指出:**“当工作机不需要人的帮助就能完成加工原料所必需的一切运动,而只需要人从旁照料时,我们就有了自动的机器体系。……现代造纸工厂可以说是生产的连续性和应用自动原理的范例。”**(同上,第418页)

机器的改进和完善,机器体系的出现和自动化生产的实现,使人类经济发展进入工业经济时代。这样所产生的直接后果,马克思作了论述。

一是使产品的产量快速增加。马克思指出,机器的发展**“使人们能在越来越短的时间内提供惊人地增长的产品”**。(《资本论》,第1

卷，人民出版社，1975 年版，第 459 页）他还指出：**“机器使它所占领的那个部门的产品便宜，产量增加。”**（同上，第 483 页）

二是促进相关部门的生产增加和就业增加。马克思指出：**“随着机器生产在一个工业部门的扩大，给这个工业部门提供生产资料的那些部门的生产首先会增加。……随着英国机器体系的进展，注定要落到煤矿和金属矿中去劳动的人数惊人地膨胀起来。”**（《资本论》，第 1 卷，人民出版社，1975 年版，第 485 页）

三是促进生产力增长和社会分工发展。马克思指出：**“机器生产同工场手工业相比使社会分工获得无比广阔的发展，因为它使它所占领的行业的生产力得到无比巨大的增长。”**（《资本论》，第 1 卷，人民出版社，1975 年版，第 487 页）

四是扩大人类劳动领域，催生新的产业部门。马克思指出：**“一些全新的生产部门，从而一些新的劳动领域，或者直接在机器生产的基础上，或者在与机器生产相适应的一般工业变革的基础上形成起来。……目前，这类工业主要有煤气厂、电报业、照像业、轮船业和铁路业。”**（《资本论》，第 1 卷，人民出版社，1975 年版，第 488 页）

机器和工厂，这两者的紧密结合和广泛应用，使社会生产力空前提高，社会产品大大丰富，社会财富飞速增长。可以说，这两者之间互相促进，相得益彰，才使得人类文明不断提高进步。也正是在工厂当中，机器也得以最大限度地发展完善。正如马克思所指出的：**“大工业的起点是劳动资料的革命，而经过变革的劳动资料，在工厂的有组织的机器体系中获得了最发达的形态。”**（《资本论》，第 1 卷，人民出版社，1975 年版，第 432-433 页）

正因为机器达到最发达的形态，能够在越来越短的时间内提供惊人地增长的产品，成为提高劳动生产率最有力的手段，所以在社会生产中得到了迅速而广泛的应用。

以蒸汽机为代表的各种机器的出现和应用，使人类经济发展从农业经济时代进入一个新的阶段——工业经济时代。在此之前，人类只能应用热能本身,蒸汽机的发明第一次把热能转换成机械能,成为人类改造自然的强大力量。蒸汽机的发明应用,推动了世界工业革命,使工业发生了巨大变化,机械力代替了自然力,现代大工业代替了工场手工业,社会化大生产代替了小生产,工业成为国民经济的主导产业,社会生产力实现了新的飞跃。正如恩格斯所指出的:**"自从蒸汽和新的工具机把旧的工场手工业变成大工业以后,在资产阶级领导下造成的生产力,就以前所未闻的速度和前所未闻的规模发展起来。"**(《马克思恩格斯选集》,第3卷,人民出版社,1972年版,第308页)

但与此同时,我们还应认识到,机器虽然是缩短劳动时间、增加产品数量、提高产品质量、降低生产成本、减轻劳动强度、提高劳动生产率的有力手段,但在资本主义制度下,资本家使用机器的目的绝不是这些,恰恰相反,其目的是为了榨取更多的剥削价值。从使用机器进行生产的那一刻开始,在扩大资本剥削领域的同时,也提高了剥削程度。

由于科学技术的发展,机器和机器体系在工业中广泛应用,改变了工业的技术结构,也使人类生产劳动方式发生了巨大变化,机器设备代替人的体力进行生产,是人类发展史上的一次巨大变革。有了机器设备,人们就从繁重的体力劳动中摆脱出来,得到了解放。随着科学技术的进步,新的更加先进的技术和设备不断涌现,使得体力劳动在人的全部劳动中的比重越来越小,从事体力劳动的人在全部劳动者中的比重越来越小,体力劳动所创造的价值在人的全部劳动创造价值中的比重越来越小。人类劳动部分地、最后大部分地被机器所代替,正是人类智慧的体现,是历史发展的客观规律,也是人类文明的巨大进步。

科学技术的创新发展没有止境,机器设备的改进完善同样没有止境。邓小平同志指出:**"现代科学为生产技术的进步开辟道路,决定它的发展方向。许多新的生产工具,新的工艺,首先在科学实验室**

里被创造出来。一系列新兴的工艺,如高分子合成工业、原子能工业、电子计算机工业、半导体工业、宇航工业、激光工业等,都是建立在新兴的科学基础上的。……特别是由于电子计算机、控制论和自动化技术的发展,正在迅速提高生产自动化的程度。"(《邓小平文选》,第2卷,人民出版社,1994年版,第87页)正是邓小平同志所提及的电子计算机,对机器的结构产生重大影响,使机器和机器体系的生产能力有了新的提高。

马克思早就指出了机器是由三个本质上不同的部分即发动机、传动机构、工具机或工作机组成。电子计算机的发明,使机器的构成在原先三个组成部分之外又增加了一个新的部分——控制机,它引起了机器的质变。以往的机器只是人的手足的延伸和体力的扩大,只能代替人的体力劳动;而计算机的应用,则不仅在更大程度上代替人的体力劳动,还是人的智力的延伸,因为它能够部分地代替人的脑力劳动。因此,由电子计算机控制的智能型机器体系日益成为最重要的劳动工具,不仅使人类生产方式发生重大变革,还对人类生活方式产生重大影响。据测算,20世纪80年代初,美国使用电子计算机一年完成的工作量,相当于4000亿名脑力劳动者一年的工作量。而在21世纪电子计算机日益普及的当今社会,人类由于电子计算机的使用而节省的人力,更是一个无法估量的天文数字。

始于英国的产业革命,由于蒸汽机、焦炭和钢铁的大量应用而加速发展并向欧洲和北美蔓延。产业革命的显著特征是技术的机械化,起决定性作用的是动力机,与此相关联的是生产形态由家庭作坊向工厂转变。

产业革命是新技术的持续扩散过程。技术机械化的过程首先出现在纺织行业,织布机和纺纱机等各种机器得到普遍应用。在纺织机械化的过程中,对制造机器的材料和纺织印染技术的需求促进了钢铁工业和化学工业的发展,而这些工业又要求增加作为动力燃料的煤炭的产量,由此又进一步引发采掘业和运输业的技术创新,这一切都促进了工业的集中和诸多新兴工业城市的兴起，这就成为工业化和城镇化发展的起源。

总之，机器和工厂一起，使得劳动生产率大幅度提高，使得劳动产品和社会财富大大增加，成为人类认识自然、改造自然的强大力量的体现，成为科学技术创新发展的体现，成为人类智慧日益发达的体现。从手工工具生产到机器生产、从家庭作坊生产到工厂生产的深刻转变，不仅强劲推动了社会生产力的飞跃发展，而且有力支撑了人类文明的持续进步，而机器生产和工厂生产也成为人类生产的主要方式，成为人类社会发展进步的重要标志。

第二节　现代生产的风险

马克思明确指出，一个社会不能停止消费，同样，它也不能停止生产。而如今，我们可以这样说：一个社会不能停止生产，它就不能停止机器生产，尤其不能停止现代生产。生产是社会存在发展的基础，没有生产，社会将无法存在；而以机器和机器体系为手段的现代生产系统则是生产正常进行的基础，没有机器和机器体系，没有现代生产系统，当今社会的生产将无法进行，社会也将无法存在。

以机器和机器体系为手段的现代生产有着怎样的威力，为什么说离开它当今社会的生产将无法进行、社会将无法存在呢？

现代生产是在手工业基础上发展起来的，它建立在现代科学技术基础之上，具有高度的分工和协作，是一种社会化大生产。现代生产具有以下重要特征：

第一，广泛采用机器和机器体系进行生产，拥有复杂的现代技术装备，科学技术的作用在生产中日益凸显。现代生产体系拥有动力设备、传动装置、起重运输机械等整套生产设施，还有各种炉、罐、管、线和仪器仪表，以及自动控制系统。机器和机器体系有其自身的运行规律，使工业生产具有高度的组织性、科学性和技术性。随着当代科学技术的迅猛发展，工业生产中科学技术的作用越来越大。系统运用现代科学知识，不断地认识和掌握生产技术发展的规律，有效地创造和使用现代技术装备和技术方法，合理组织生产过程，大力促进生产发展，已经成为现代生产的明显特征。

第二，适应技术发展的客观要求，分工和协作进一步发展，生产高度社会化。现代生产是既有严密分工又有高度协作的复杂生产体系，整个生产过程包含着一系列相互衔接、承上启下、联系紧密的部门和环节，分别采用不同的机器设备，有着不同工种的工人和许多专业的工程技术人员共同从事生产，任何一种产品都是整个企业甚至整个行业的职工共同劳动的成果。现代工业生产根据技术装备的要求，合理进行分工和组织协作，使各个环节乃至每个工人的活动都同整个机器体系的运转协调一致，使生产顺利进行。正如列宁所说：**“大机器工业与以前各种工业形式不同的一些特点，可以用一句话概括：劳动的社会化。”**（《列宁全集》，第3卷，人民出版社，1957年版，第502页）

第三，现代生产系统内外部联系广泛发展。现代生产系统由无数子系统共同构成，同时它也是组成整个经济社会体系的一个方面。随着科学技术的日益进步，生产的专业化发展，现代生产系统内部各个子系统之间的协作更加广泛和密切；而生产的社会化发展，又使工业生产和农业、商业、交通运输业，以及国民经济其他许多部门的许多经济组织和科研、教育事业单位，发生着千丝万缕的联系。如果离开了现代生产系统内各个组成部分同生产系统之外的其他部门单位的经济、技术和信息等的联系，生产经营工作将无法顺利进行。

第四，现代生产是在市场经济条件下组织开展的，市场竞争对现代生产的组织运行产生着重大影响。由于市场在资源配置中起着决定性作用，在统一、开放、竞争、有序的市场之中，现代生产体系中的各个工厂企业也即市场竞争主体都必须按照市场需求组织生产经营，努力提高劳动生产率和经济效益，否则将被市场淘汰。同时，随着经济全球化的深入发展,全球生产要素优化重组和产业转移持续进行,国内企业同国外企业的市场竞争更趋激烈。

总之,现代生产系统拥有先进的科学技术和现代化的机器设备,生产经营活动具有高度的组织性和配合性,分工和协作十分严密,生产、运输、销售各环节以及生产系统内外的联系十分广泛,在市场这一无形的手的引导下,周而复始地生产各种产品,从而保障了生产的持续进行和社会的稳定发展。

然而,正是以机器为手段的现代生产本身,又时时刻刻充满着各种风险和隐患,并导致了生产安全事故的不断发生,这就使得人们在通过机器进行生产劳动、创造财富价值的同时,又付出了财产损失和人员伤亡的巨大代价,成为整个人类的共同创伤。

那么,现代生产为什么会有这么多的风险和隐患,导致产生了这么多的安全事故呢?

现代生产离不开两个最基本的要素,也就是机器化和工厂化,其中,机器化是现代生产的技术基础,工厂化是现代生产的组织形式。我国已经成为工业经济大国,处于工业化中期的后半阶段,也就是重化工时期;国际经验表明,这也正是工业化加速推进的时期。工业化加速推进——这就意味着在整个社会生产当中,机器化、工厂化将在更大范围和更高层次上加以推行,这就是我国各种生产安全事故的根源。

从世界上诸多工业化进程领先的发达国家经历看,都经历过一段生产安全事故易发多发的高峰期,这可以说是工业化进程当中难以避免的一个特殊发展时期。

世界各国的工业化进程有着共同的规律,也有着相似的路径,包括经济保持快速增长,综合国力不断增加;基础设施和基础产业持续发展;工业生产能力迅速提高,由落后的农业国转变为先进的工业国;城市化步伐加快,城镇人口及比例不断上升,等等,中国也不例外。

从1978年到2013年的35年间，我国工业化进程迅速推进，工业化水平明显提高，主要工业产品产量迅猛增长，从一个落后的农业国成长为世界制造大国。根据世界银行的数据，2010年我国制造业增加值占世界的比重达到17.6%。按照国际标准工业分类，在22个大类中，我国在7个大类中名列第一，钢铁、水泥等220多种工业品产量位居世界第一。

与此相应，我国就业规模持续扩大，就业人口结构得到改善。从1978年到2012年，我国就业人口从40152万人增加到76704万人，年均增加1075万人；同时，大量农村富余劳动力向非农产业转移，城镇就业人员占全国的比重由1978年的23.7%上升到2012年的48.4%，农村就业人员比重由76.3%下降为51.6%；2012年我国农民工数量达到2.6亿人。

以上这两方面的情况，包括工业生产规模巨大、工业品产量位居世界前列，以及城镇就业人员数量巨大、农民工达到2.6亿人，都是导致我国所处安全事故易发多发的重要原因。

马克思明确指出：**“机器上面的一切劳动，都要求训练工人从小就学会使自己的动作适应自动机的划一的连续的运动。”**（《资本论》，第1卷，人民出版社，1975年版，第461页）也就是说，机器的生产运行有其固有规律和特定要求，要保证机器的安全生产和正常运行，就必须使劳动者的操作动作顺应其规律、符合其要求，使劳动者和机器保持协调同步、整齐划一，否则就会影响机器的正常生产，甚至会引发事故。而我国改革开放35年来工业化水平迅速提高、工业生产规模迅速扩大、工业产品数量迅速增加、社会生产节奏迅速加快，这些都使机器生产日益广泛和频繁。同时，我国就业总人口持续增加，尤其是城镇就业人口数量增加、比重增加，也就意味着工厂企业就业人员即工业劳动者队伍日益庞大；其中向非农产业转移的农村富余劳动力主要是农民工，其数量快速增加，1985年全国农村外出劳动力为2000万人，2008年农民工总量达2.25亿人，2010年为2.42亿人,2012年为2.62亿人,而相应的安全知识和技能培训并没有跟上,各种风险和隐患随时、随地、随人、随事都在产生。长此以往,不出事只是侥幸,出事则是必然。

仅仅是工业化就已经导致现代生产会有数量众多的事故了,而城镇化、市场化、国际化,给现代生产造成的风险隐患和事故就更为庞大了。要抓好安全生产,首先必须认清风险的来源,这样采取的对策措施才有针对性和实效性。下面,我们详细分析工业化、市场化等给现代生产造成的不安全隐患。

一、工业化导致的风险隐患

风险隐患增加、安全事故增加,是世界各国工业化过程中必然遇到的现象,是一种客观必然。人类要生存和发展,就必须进行生产劳动,必须向大自然进军。人类在获取生产资料和生活资料的过程中,难免会受到来自自然界、作业场所和劳动工具的伤害。在农业社会,这种伤害程度有限,损失一般不大,但在进入工业化、社会化大生产之后,安全生产就成为一个必须严肃对待的社会性问题。

工业化是一个国家从落后走向先进、从贫困走向富裕、从封闭走向开放、从传统走向现代的不可逾越的历史阶段,它对于提高人民生活水平、促进经济社会发展、推动人类文明进步起着不可替代的巨大作用。但与此同时,工业化的明显特点如机器生产多、矿山开发多、危险介质多等,又直接导致了风险隐患多、生产事故多。

列宁对大工业、大工厂、大机器高度重视,并将其视为增加财富、建立社会主义社会的真正基础。1918年4月29日,列宁在全俄中央执行委员会会议上关于苏维埃政权的当前任务的报告中指出:**“只有这些物质条件、即为千百万人服务的大企业里的机器,才是社会主义的基础。”**(《列宁全集》,第27卷,人民出版社,1958年版,第273页)1921年5月26日,列宁在俄共(布)第十二次全国代表会议上指出:**“增加财富、建立社会主义社会的真正的和唯一的基础只有一个,**

这就是大工业。如果没有资本主义的大工厂,没有高度发达的大工业,那就根本谈不上社会主义,而对于一个农民国家来说就更谈不上社会主义了。"(《列宁全集》,第32卷,人民出版社,1958年版,第399页)

人类社会发展史表明,工业并不是人类社会一开始就有的。古代工业最初是随着第二次大分工,即手工业和农业分离而产生的,那时的手工业主要有织布业、金属加工业等。但是近代手工业的产生和发展,是同资本主义生产方式的发展紧密联系在一起的。近代工业的产生和发展经历了简单手工业生产阶段、工场手工业阶段和大机器生产阶段,伟大的工业革命就发生在大机器生产阶段。

18世纪开始的工业革命,是在生产布、铁、钢和其他制成品时,在方法上采取了根本改革,也就是以机器操作代替手工操作。珍妮纺织机,瓦特的蒸汽机,约翰·斯密顿的鼓风机,乔治·斯蒂芬森的铁路机车,罗伯特·密尔顿的汽船,都是工业革命的杰作。

工业革命的完成,标志着工业与农业的最终分离,标志着近代工业体系的初步形成,标志着机器和机器体系已经取代手工劳动而成为近代大工业的物质基础,工厂这一新的工业生产组织形式,就以生产社会产品、创造社会财富主阵地的姿态出现在世人面前。

工业作为一个独立的物质生产部门,具有一系列的特征,其中最突出的是工业是采用先进科学技术最广泛的部门。由于现代工业总是在应用最新的科技成果武装自己,使机器和机器体系不断在改进、完善和提高,所以具有无可抵挡的强大力量。正如马克思所说:**"大工业把巨大的自然力和自然科学并入生产过程,必然大大提高劳动生产率,这一点是一目了然的。"**(《资本论》,第1卷,人民出版社,1975年版,第424页)就这样,现代工业凭借凝聚着最新科技成果的机器,占领了一个又一个生产部门,至今已经成为现代生产和现代社会正常运转须臾不可离开的了。

由于工业的日益发达和机器的不断完善,工业生产的每个职能因素及其每个组成部分如工艺、技术、劳动对象和生产组织等不断得到提高和完善，工业生产中物质因素和人的因素在时间和空间上的结合日益复杂，一方面使工业的社会化水平不断提高，新产品、新企业乃至新的行业不断产生；另一方面则使工业管理的内容不断增多、难度不断加大，换句话说，就是保障工业生产、工厂企业生产正常进行的要求更高、条件更苛刻——资金不足、招工不足、能源供应不足、运力不足、销售不畅，甚至一些自然因素的变化，都可能影响生产的正常进行。而导致这种状况的根本原因，就在于机器这一生产资料的广泛应用，以及工厂企业这一生产组织形式的普遍采用。

可以这样说，机器同工业及工业化的关系是相辅相成、互相促进的，正是有了机器，人类社会才出现了工业生产和工业化；而又由于工业生产和工业化的推进，又促使机器更加发达完善，并得到更为广泛的应用。

然而，恰恰是工业化的日益发展和机器更为广泛的应用，使得现代生产随时随地充满了各种风险隐患，而这些风险隐患的进一步发展就是生产安全事故。为什么机器的广泛应用会导致这样一种后果，甚至如马克思所说**“这些机器象四季更迭那样规则地发布自己的工业伤亡公报”**（《资本论》第1卷，人民出版社，1975年版，第466～467页）呢？

马克思在《资本论》中全面而又深刻地分析了19世纪中期英国安全生产事故的严重性和社会根源。

马克思举了一个由于铁路工人过度劳动、体力严重透支而导致重大列车事故的实例。**“伦敦一个大陪审团面前站着三个铁路员工：一个列车长，一个司机，一个信号员。一次惨重的车祸把几百名旅客送到了另一个世界。这几个铁路员工的疏忽大意是造成这次不幸事件的原因。他们在陪审员面前异口同声地说，10-12年以前，他们每天只劳动8小时。但是在最近5-6年内，劳动时间延长到了14、18甚至20小时，而在旅客特别拥挤的时候，例如在旅行季节，他们往往**

要连续劳动40-50小时。他们的劳动力使用到一定限度就不中用了。他们浑身麻木，头发昏，眼发花。”(《资本论》，第1卷，人民出版社，1975年版，第282页)

马克思还特别指出了煤矿生产安全事故的严重性。**“1865年在大不列颠有3217个煤矿和12个视察员。……每个矿山每10年才能被视察一次。无怪近几年来(特别是1866年和1867年)惨祸发生的次数和规模越来越大(有时一次竟牺牲200-300名工人)这就是‘自由’资本主义生产的美妙之处！”**(《资本论》，第1卷，人民出版社，1975年版，第549页)

导致如此惨重的安全事故频繁发生的原因是什么呢？马克思着重从社会角度进行了剖析，并得出了明确结论，是由于机器的资本主义应用。

马克思指出：**“在一昼夜24小时内都占有劳动，是资本主义生产的内在要求。”**(《资本论》，第1卷，人民出版社，1975年版，第286页)**“资本由于无限度地盲目追求剩余劳动，象狼一般地贪求剩余劳动，不仅突破了工作日的道德极限，而且突破了工作日的纯粹身体极限。……资本是不管劳动力的寿命长短的。它唯一关心的是在一个工作日内最大限度地使用劳动力。”**(同上，第294-295页)

在深刻剖析导致生产安全事故发生的社会原因的同时，马克思还对机器自身的原因进行了分析，指出了机器本身所存在的影响安全生产的缺陷。

机器固然有着种种优势，比如工具机代替了人的工具，相应地自然力也作为动力代替人力；比如工作机不需要人的帮助就能完成加工原料所必需的一切运动，实现自动生产；比如机器是由比较坚固的材料制成的，寿命较长；比如机器的使用要遵守严格的科学规律，能够更多地节约它的各个组成部分和它的消费资料的消耗；比如机器的生产范围比工具的生产范围广阔无比等等。但是机器同样也存在着它固有的缺陷和弱点，这些缺陷和弱点直接影响着安全生产状况。

第一，机器存在磨损，在达到一定程度时必然会影响安全生产。

马克思指出：**“机器的有形损耗有两种。一种是由于使用，就象铸币由于流通而磨损一样。另一种是由于不使用，就象剑入鞘不用而生锈一样。”**（《资本论》，第1卷，人民出版社，1975年版，第443页）

问题还不仅如此。马克思指出：**“机器的磨损绝不象在数学上那样精确地和它的使用时间相一致。”**（《资本论》，第1卷，人民出版社，1975年版，第443页）也就是说，随着使用年限的延长，机器磨损的程度肯定是越来越严重，但具体磨损状况并不是同使用年限保持严格的比例关系，这就给我们评估在用机器设备的完好程度、制定相应的预防生产事故措施造成了困难。

第二，机器必须定期清洁和维护才能保证其正常运转使用。

马克思指出：**“固定资本的维持，还要求有直接的劳动支出。机器必须经常擦洗。这里说的是一种追加劳动，没有这种追加劳动，机器就会变得不能使用；这里说的是对那些和生产过程不可分开的有害的自然影响的单纯预防，因此，这里说的是在最严格意义上把机器保持在能够工作的状态中。……在真正的工业中，这种擦洗劳动，是工人利用休息时间无偿地完成的，正因为这样，也往往是在生产过程中进行的，这就成了大多数事故的根源。”**（《资本论》，第2卷，人民出版社，1975年版，第194页）

马克思在这里所说的“经常擦洗”，实际上是指定期清洁和保养维护。机器设备有它的运行规律，也有它的磨损和故障规律，只有了解掌握机器设备运行变化的规律，采取相应的清洁、保养、维修手段，才能使机器设备处于良好的技术状态，保证良好的生产秩序。

第三，机器有一定的寿命即使用期限，必须按时更换淘汰。

马克思指出：**“固定资本有一定的平均寿命；它为这段时间实行全部预付；过了这段时间，就要全部替换。……它们作为劳动资料的平均寿命是由自然规律决定的。”**（《资本论》，第2卷，人民出版社，

1975年版,第191页)

机器设备包括相应的生产辅助设施都有其使用期限,在这一期限内进行生产,其安全基本上是有保证的,一旦超过这一期限,安全生产将难以保障。

世界上没有十全十美的东西,机器也不例外。马克思指出:**"一台机器的构造不管怎样完美无缺,但进入生产过程后,在实际使用时就会出现一些缺陷,必须用补充劳动纠正。"**(《资本论》,第2卷,人民出版社,1975年版,第195页)马克思所说的"缺陷",实际上是指影响机器正常运转和安全生产的故障和隐患;而他所说的"用补充劳动来纠正",则是指采取必要的措施排除故障和隐患,保障机器正常、安全生产。

第四,在一个机器体系当中,只有所有的局部机器都保持正常运转,才能保证整个生产安全有序地进行;而任何一台局部机器出现问题,都可能导致整个生产停顿甚至发生安全生产事故。

机器越先进、机器体系越庞大,则保持其正常生产的条件就越多、标准就越高。马克思指出:**"每一台局部机器依次把原料供给下一台,由于所有局部机器都同时动作,产品就不断地处于自己形成过程的各个阶段,不断地从一个生产阶段转到另一个生产阶段。……在有组织的机器体系中,各局部机器之间不断地交接工作,也在各局部机器的数目、规模和速度之间造成一定的比例。"**(《资本论》,第1卷,人民出版社,1975年版,第417-418页)

在机器生产中,生产活动由个人行为变为许多人共同的、复杂的社会行为,产品由个人从事劳动的结果变为许多人共同劳动的结果,这就是社会化大生产的基本特点。机器生产的集中性、同时性、连续性、配合性的特点,决定了同一个机器体系当中的所有局部机器和机器上的所有零部件都必须完好无缺地正常运转,只要有一处出现故障,就有可能造成生产的全面停顿和瘫痪,严重的将导致生产安全事故。从某种意义上讲,这也是机器生产依赖性、脆弱性的一种表现。

第五，机器生产及其工作环境造成对人员安全健康的危害。

马克思指出：**“我们只提一下进行工厂劳动的物质条件。人为的高温，充满原料碎屑的空气，震耳欲聋的喧嚣等等，都同样地损害人的一切感官，更不用说在密集的机器中间所冒的生命危险了。”**（《资本论》，第1卷，人民出版社，1975年版，第466页）

机器的正常运转离不开人的劳动，如果劳动者自身的生命安全和身体健康都得不到保障，那么机器的清洁、维护、保养等各项工作也不可能正常进行，各种隐患将难以及时发现和排除，生产安全事故也将难以避免。

随着科学技术的发展，越来越多的新工艺、新技术、新材料应用到工业生产当中，既给工业生产开辟了广阔的发展前景，又使其增添了新的发展动力，工业生产的电气化和化学化就是其中的突出表现；但与此同时，也给安全生产增添了新的危害因素。

工业生产的电气化是指迅速发展电力生产并且在工业中广泛应用电力，使电力成为动力的基本形态，并在工艺过程以及在工业生产管理中应用电力。

工业的动力体系是由不同种类的动力设备组成的。电力发动机的原理早在19世纪60年代就已发现，但要将电力广泛应用于工业，还必须解决一系列复杂的问题。19世纪90年代，远距离送电试验获得成功，这就为工业电力化开拓了发展的道路。电力是一种比较先进和经济合理的动力，工业动力总的发展趋势是电力在动力消耗中所占的比重越来越大。不论是生产的机械化、自动化还是化学化，都只有在电气化的基础上才能实现。

现代生产中电力的应用日益广泛，导致整个社会对电力的依赖大大增加，一旦电力供应不足，将给社会生产和生活带来很大的混乱，2012年7月印度大停电就是一个明证。2012年7月30日和31日，印度北部和东部地区连续发生两次大面积停电事故，突如其来的断电导致交通陷入混乱，全国超过300列火车停运，首都新德里的地铁全部停运，公路交通出现大面积拥堵，一些矿工被困在井下，银行系统陷入瘫痪。据统计，这次大停电导致印度6亿多人陷入黑暗之中。

近年来，美国也遭遇过数次大停电。2003年8月，美国发生了历史上最严重的一次大停电，从密歇根州蔓延至纽约，并波及加拿大，5000万人没有电力供应。2008年2月，美国佛罗里达州南部发生电力设备故障，造成大面积停电，300万居民受到影响。危机专家认为："一次大停电，即使是数秒钟，也不亚于一场大地震带来的破坏。"

工业生产的化学化，是指加速发展化学工业和采用化学生产方法以及在国民经济中广泛利用化工产品。工业生产化学化为降低产品成本、提高产品质量、缩短生产周期、改善劳动条件开辟了巨大的可能性。同时，采用化工产品和合成材料不仅扩大了工业的材料来源，而且有的化工产品及合成材料还具有天然原材料所没有的性能，能够满足生产加工的特殊需要。

然而，工业生产化学化又容易导致危险化学品泄漏事故。

我国危险化学品安全生产基础比较薄弱，而且化工行业属于高危性行业，大多数化学品具有易燃、易爆、易腐蚀和有毒有害等特点，泄露、中毒、燃烧、爆炸等事故时有发生。而危险化学品事故的五个特点，又进一步加剧了事故危害后果的严重性。一是事故的突发性。危险化学品事故往往是在没有先兆的情况下突然发生的，而不需要一段时间的酝酿准备过程。二是即时性。危险化学品事故中的燃烧、爆炸一旦发生，就会立即造成设备和财物的损失，以及人员的伤害。三是延时性。危险化学品中毒的后果，有的在当时并没有明显的表现，而是在几个小时、几天甚至更长时间后才明显表现出来。四是长期性。危险化学品对环境的污染有时很难消除，其对环境和人的危害是长期的。五是扩散性。危险化学品在生产、运输或管道输送、储藏、使用等环节一旦发生泄露或其他事故，其毒害将会以事故地点为中心向四周蔓延、扩散，迫使相关人员和周围群众紧急疏散；而在抢救过程中，如果考虑不全、措施不当，往往容易引起新的灾害，使事故进一步扩大、恶化。这样的事例，无论中外都屡见不鲜。

对此，2010年4月7日召开的全国危险化学品安全监管工作会议指出，当前我国化工行业正处在事故易发期，要深刻认识我国危险化学品和化工行业安全生产条件没有得到显著改善、安全管理水平没有明显提高、深层次的问题还没有根本解决的现实状况，进一步改进危险化学品的安全监管方法，努力实现危险化学品安全生产形势的持续稳定好转。

工业化所导致的影响安全生产的风险当然不仅仅是机器生产、工业生产的电气化和化学化等情形，为了获取各种原材料、能源等资源而进行的矿业开发，就是一个风险隐患多、生产事故多的领域。

发展矿业是工业化进程中不可逾越的阶段。20世纪世界发展历程表明，一个国家工业化阶段是消耗能源和原材料最多的时期，而能源和原材料绝大多数都来自于矿业。工业化社会的特点，就是大量的商品生产和交易，它需要修建工厂、制造机器，需要铁路和公路运输，需要大量城市，这一切如果没有矿产品作为支撑，是不可想象的。

人类为了满足自身生存和发展的需求，对大自然的索取越来越多。在古代只需要18种元素，17世纪增加到25种，19世纪为47种，到20世纪中期就上升为80种。从一定意义上讲，可以说人类是凭借着矿物资源才跨进近代和现代工业文明的门槛的。对于20世纪来说，矿业更具有特殊的意义，因为20世纪全世界的经济发展超过了以往人类经济发展的总和。世界范围的工业化和城镇化导致了社会对各种金属、非金属矿产资源的庞大需求，人们对矿产品的消费急剧上升，20世纪初，世界人均矿产品消费量为2吨，到20世纪末则上升到10吨。

进入新世纪，随着我国国民经济的持续稳定发展和人民生活水平的不断提高，我国矿业经济更加发达，矿产品需求持续上升，矿业生产有力地支持了我国经济社会的全面发展和进步。与此同时，随着我国工业化、城镇化和农业现代化的加快推进，我国矿产资源供需矛盾日益突出，对石油、天然气、铀、铁、铜、钾盐等主要矿产资源的需求呈现刚性上升态势，战略性新兴产业的发展对矿产资源供给能力提出了更高要求，矿产资源的开发生产承受着更多的压力。

经过持续努力，我国已经成为世界采矿大国，矿产资源的开发利用已经成为我国经济社会发展的重要支柱。据统计，我国70%以上的农业生产资料、80%以上的工业原材料、90%左右的能源都来自矿产资源，矿业开发对国民经济的持续发展发挥了无可替代的重要作用，为我国的工业化和城镇化做出了巨大的贡献。

然而，矿业经济的繁荣发展、矿产品产量的持续增加，却加剧了我国安全生产的严峻局面。

世界各国工业化历史表明，安全生产具有比较明显的行业特征。同其他行业相比，采矿业、建筑业都属于安全生产高风险行业。特别是采掘业生产事故死亡率比行业平均水平高很多，少则2～3倍，多则达到10倍以上。例如日本在1960年至1990年全社会生产事故死亡率平均为0.02‰，但是采掘业平均生产事故死亡率却为0.5‰以上，相差20多倍。瑞士在20世纪80年代，英国在20世纪80年代中期到90年代中期，韩国在1960年到1993年的大多数年份，两者差距都在10倍以上。此外，交通运输业、电力、煤气、冶炼、化学工业的安全生产风险都相对较高，其生产事故死亡率也远高于全社会平均水平，我国矿业开采的安全生产状况也是如此。

按照国民经济行业分类和代码（GB/T 4754-2002）中的规定，采矿业分为煤炭开采和洗选业、石油和天然气开采业、黑色金属矿采选业、有色金属矿采选业、非金属矿采选业、其他采矿业六类，而这六类大致又可分为煤矿和非煤矿山两大类，无论哪一类，在我国安全生产工作中都属于高危行业，都是事故多发领域。

由于我国人口众多，加之工业化、城镇化快速推进，煤炭生产和消费增长迅速，使我国成为世界第一煤炭生产大国。1949年，我国产煤3100万吨，位居世界第10位；1957年产煤1.3亿吨，居世界第5位；1983年产煤7亿吨，居世界第3位；1989年产煤10.5亿吨，居世界第一位；2010年我国产煤32.4亿吨，占世界煤炭总产量67亿吨的48%，比第2位至第10位9个国家煤炭产量总和还要多。

煤炭作为我国长期依赖的第一能源，在国民经济发展和工业化、城镇化进程中发挥了巨大的作用；与此同时，煤炭行业作为我国工业战线各个行业中安全生产危险程度最高的一个行业，在几十年的发展历程中安全生产事故多发、伤亡人数巨大、财产损失巨大、社会影响巨大，成为我国安全生产形势严峻的一个重要因素。

我国煤矿安全生产现状的形成，有着多方面的原因。由于历史原因，我国煤矿安全投入不足，安全装备水平低。国家安全生产监督管理总局在2005年测算，国有煤矿安全投入欠账达505亿元，生产设备超期服役、应当淘汰更新的达1/3。而为数众多的小煤矿更是先天不足，在建设初期就投入太少，设备设施简陋，开采方式原始落后，远远不能满足安全生产的需要。总体上看，中国煤矿安全装备比较落后，可靠性差，不能有效地预防和控制事故。2004年全国生产的19.6亿吨煤中，有7.6亿吨产量缺乏安全保障能力，其中2亿吨产量根本不具备安全生产条件，其严峻形势可谓触目惊心。

从自然因素上看，我国煤矿绝大多数是井工矿井，地质条件复杂，瓦斯、水灾、自然发火危害、地压等灾害类型多，分布面广，在世界各主要产煤国家中开采条件最差，灾害最严重。可以说，我国煤层自然赋存条件复杂多变，影响煤矿安全生产的因素多，这是造成事故的客观因素。

由于以上几方面因素的影响，使得我国煤矿安全生产状况在工业生产各个行业中表现最差。可以说，近年来我国安全生产形势非常严峻，而煤矿安全生产形势则更加严峻，煤矿安全已被认为是全国安全生产工作的重中之重。多年来,煤矿事故发生起数占全国工矿商贸企业事故总量的1/4左右,死亡人数占全国工矿商贸企业死亡人数的1/3至1/2,近年来才有所下降。更为严重的是,煤矿事故在重、特大事故中所占比例很高,容易造成群死群伤现象。从2004年10月到2005年12月,在14个月时间内连续发生6起一次死亡100人以上的煤矿安全生产事故,如2004年10月22日,河南省郑州煤炭工业公司大平煤矿瓦斯爆炸,死亡148人;2005年2月14日,辽宁省阜新市孙家湾煤矿瓦斯爆炸,死亡214人;2005年12月7日,河北省唐山市刘官屯煤矿煤尘爆炸,死亡108人。

由于煤炭行业生产事故多、死亡人数多,造成我国煤矿的百万吨死亡率居高不下,同世界其他产煤国相比处于最差的行列之中。

煤矿开发生产的风险隐患多,非煤矿山的风险隐患也同样不少。

2008年12月发布的《全国矿产资源规划(2008-2015年)》指出:"截至2007年底,全国共发现矿产171种,已探明资源储量的159种,已查明的矿产资源总量和20多种矿产的查明储量居世界前列。其中,煤炭查明资源储量居世界第3位,铁矿居第4位,铜矿居第3位,铝土矿居第5位,铅锌、钨、锡、锑、稀土、菱镁矿、石膏、石墨、重晶石等居第一位;建成了一批能源、重要金属和非金属矿产资源开发基地,矿产资源供应能力明显增强,原油和天然气产量分别居世界第5位和第11位,原煤、铁矿石、钨、锡、锑、稀土、菱镁矿、石膏、石墨、重晶石、滑石、萤石开采量等连续多年居世界第一。矿业经济迅速发展,矿业增加值达到1.36万亿元,约占工业增加值的12.7%,占GDP的5.5%。"

然而,我国矿产资源的开发利用在促进区域经济发展、推进社会全面进步的同时,又产生了大量风险隐患,非煤矿山的安全生产问题和复杂程度并不亚于煤矿,同样给我国安全生产工作带来巨大的压力。

我国非煤矿山企业大多是私营小企业,"多、小、散"即数量多、规模小、分布散的特点十分明显。根据2004年第一次全国经济普查资料，我国非煤矿山大多数行业中企业数量多、规模较小、产业集中度较低。由于规模小、实力弱，占全部矿山数量96%的小型矿山生产工艺落后，装备水平和技术含量低，安全管理差，大量的地下矿山没有建立完善的通风系统；随着地壳浅部资源逐步枯竭，矿业开发正向地壳深处发展，开采深度及强度的增大，又给矿山安全生产带来诸多难题，如岩爆危胁随着深度加深而增大，深部开采诱发突水的概率增大，地温增高，通风困难，深部开采环境恶劣，地下水灾害危胁增大等等。

2011年11月，国家安全生产监督管理总局印发《非煤矿山安全生产"十二五"规划》，指出：非煤矿山领域还有不少问题亟待解决，非煤矿山安全生产面临较大压力和挑战。

一是事故总量依然较大。"十一五"期间每年死亡人数逾千人，近50%的事故集中并高发于中西部和矿业大省，非法违法生产造成的事故后果严重；占33.8%的事故死亡人数是"三违"所致；因施救不当造成事故扩大的现象时有发生。

二是安全生产基础薄弱。小型矿山占非煤矿山总数的96%，因规模小，普遍存在安全生产保障能力差、安全装备水平低、企业安全管理薄弱、安全投入和技术力量普遍不足、员工整体素质差和企业安全生产主体责任不落实、不到位的现象，非煤矿山应急救援技术水平不高、经验不足。

三是安全生产法制机制建设仍不适应发展需要。《矿山安全法》修订工作进展缓慢，安全技术标准不完善；法规、标准宣传贯彻工作存在盲区和流于形式。安全投入机制不健全，企业对安全费用提取、隐患治理费用的使用不及时、不到位；企业应急救援和演练等事故防控机制亟待改进；安全生产问责、考核、奖惩等制度需要进一步完善。

四是非煤矿山安全生产压力较大。"十二五"期间是我国经济社会发展的关键时期，工业化、城镇化仍将快速推进，非煤矿产资源需求也将快速增长，我国将加大非煤矿产资源的开发利用。预计到2015年天然气产量将超过1600亿立方米、铁矿石年开采量达到11亿吨以上、铜达到130万吨以上、铅锌达到700万吨以上。

五是全社会对安全生产的期望值越来越高。随着经济社会的发展，以人为本的科学发展观深入贯彻落实，对非煤矿山安全生产提出了更高要求。从本质上提高安全生产水平，遏制重特大事故发生，持续降低事故总量，进一步改进安全生产状况，是全社会高度关注的热点问题。

2002年，全国共有非煤矿山134058座，其中包括无证矿山19786座。到2010年底，全国共有非煤矿山75937座，其中大型矿671座，占0.88%；中型矿1837座，占2.42%；小型矿73429座，占96.69%；而这一状况是在我国"十一五"期间关闭取缔不具备安全生产条件的金属和非金属矿山2.1万处的情况下形成的，这才使我国非煤矿山安全生产形势有了明显好转。2005年及"十一五"期间我国非煤矿山企业生产安全事故情况见表1-1：

表1-1　2005-2010年我国非煤矿山企业生产安全事故情况

年份	事故起数	死亡人数	死亡人数同上年相比
2005	1928	2342	下降13.2%
2006	1872	2277	下降2.78%
2007	1861	2188	下降3.9%
2008	1416	2068	下降5.5%
2009	1230	1540	下降25.5%
2010	1009	1271	下降17.5%

尽管情况在好转，但是非煤矿山企业"多、小、散"的总体格局没有改变，安全装备水平低、安全管理薄弱、安全生产保障能力差、职工整体素质差的状况没有改变，非煤矿山风险隐患多、安全压力大的总体态势没有改变。在我国经济社会持续快速发展，对能源、原材料、

交通运输等需求居高不下的情况下，非煤矿山行业的安全生产仍然面临着严峻考验。

二、城镇化导致的风险隐患

城镇化同各种风险隐患及安全事故有着一种无法割裂的内在联系，这是人类在迈向现代文明过程中难以避免的代价。

《大英百科全书》中这样写道："城市化和工业化这两种社会过程是互为因果的，两者都可以引起对方发生螺旋式的上升发展。"工业化和城镇化既互为条件，又互相促进，在发展上是这样，在风险上也是这样，工业化所带来的各种风险隐患，城镇化不仅无法消除，反而由于其"集中"的特点而进一步强化了。

马克思、恩格斯指出：**"资产阶级使乡村屈服于城市的统治。它创立了巨大的城市，使城市人口比农村人口大大增加起来，因而使很大一部分居民脱离了乡村生活的愚昧状态。……资产阶段日甚一日地消灭生产资料、财产和人口的分散状态。它使人口密集起来，使生产资料集中起来，使财产聚集在少数人的手里。由此产生的后果就是政治的集中。"**（《共产党宣言》，人民出版社，1992 年版，第 30 页）

马克思和恩格斯的这一论述，深刻揭示了城市最突出、最重要的特点——消灭分散、实现集中，包括人口集中、社会财富集中、生产资料集中、生产活动集中，使城市不仅是政治中心，而且成为商贸中心、交通中心、金融中心、科技中心、文化中心、信息中心、消费中心；正因如此，也使城市成为各种风险隐患和安全事故集中的地区，进而成为人员容易受到事故伤害的中心。

与此同时，在当今社会，城市还是传媒竞争的中心。无论人为事故还是自然灾害，都是媒体关注和报道的重点，同时也是社会公众十分关心的事情。一旦发生事故灾害，经过媒体的报道，其影响将会无限放大，远远超出区域范围。

城市化的加速推进，使城市规模越来越大、城市数量越来越多、城市功能越来越全、城市结构越来越复杂、城市地位越来越重要，也就使城市在预防和处置人为事故和自然灾害方面责任越来越大、要求越来越高。一方面，由于城市人口密集和生产活动密集，发生安全事故如果不能及时有效控制，将会造成更大的人员伤害和财物损失；另一方面，城市系统之间的相互依赖性不断增大，某一个系统发生故障或事故，如果不能及时排除和恢复，很可能会影响其他系统的正常运行，引发多米诺骨牌效应，殃及整座城市。

具体而言，城镇化导致的风险隐患主要包括交通集中、工厂企业集中、建筑物集中等方面。

交通运输业是经济社会持续发展的基础性、先导性产业，历来是国民经济建设中一个十分重要的部门，对推动生产发展、促进物资交流、改善人民生活等都具有十分重要的作用，马克思称之为“除采矿业、农业、加工业以外的第四物质生产领域”，将运输看成是生产过程的延续，这个延续显然以生产过程为前提，但是如果没有这个延续，生产过程就不能最后完成。马克思指出：**“运输业所出售的东西，就是场所的变动。它产生的效用，是和运输过程即运输业的生产过程不可分离地结合在一起的。旅客和货物是和运输工具一起运行的，而运输工具的运行，它的场所变动，也就是它所进行的生产过程。”**（《资本论》第2卷，人民出版社，1975年版，第66页）可见，虽然运输这种生产活动和一般生产活动不同，它并不直接创造新的物质产品，而只是改变了旅客和货物的空间位置，但这一效果就能够使生产经营能够继续下去，使社会再生产不断推进，满足社会的需求，因而也成为一个物质生产部门。

正因为交通运输是生产力系统中一个重要的组成部分，是社会生产过程中的一个必不可少的重要因素，所以得到了马克思和恩格斯的重视。马克思指出：**“生产越是以交换价值为基础，因而越是以交换为基础，交换的物质条件——交通运输工具——对生产来说就越是重要。资本按其本性来说，力求超越一切空间界限。因此，创造**

交换的物质条件——交通运输工具——对资本来说是极其必要的：用时间去消灭空间。”（《马克思恩格斯全集》第46卷，下册，人民出版社，1980年版，第16页）

交通运输业的发展，是同工业化和城镇化紧密相连的。

工业化要求应用机器进行社会化大生产，社会生产的规模、社会产品的种类大大增加，劳动生产率迅速提高，直接导致生产所需的原材料和产出的产品种类繁多、数量庞大，必须连续不断地供应和运走，离开发达的交通运输业是做不到的。但交通运输业的发展，却直接导致现代生产和生活中交通事故风险隐患和事故灾难的持续增加。

交通运输业的风险隐患，无论是陆上、水域还是空中，都表现出同样的特点，一是速度很快，二是人员十分密集，一旦出事很容易造成群死群伤。以汽车为例，就可以清楚地看出交通事故的危害性和严重性。

汽车是现代工业文明的产物。1886年，德国的戴姆勒和本茨先后发明内燃机和汽车后，又经过不断改进完善，在20世纪初这种“行驶的机器”就得到了很大发展。1908年，美国的汽车城底特律开始生产福特“T型”汽车；1913年又开始使用流水组装线进行生产装配，使得汽车生产能力大幅度提升，不仅给汽车制造业，而且给整个工业都带来了重大变革。20世纪60年代到90年代，汽车设计制造先后解决了电子打火、减少耗油量、增压、电子燃油喷射和降低污染等问题，使之得到更加广泛的应用。

在汽车的性能和行驶速度不断提升的同时，高速公路适时出现。德国在1928年到1932年修筑了世界上第一条高速公路，美国在1937年开始修筑高速公路，法国于1942年开始修筑高速公路，英国1958年开始修筑高速公路，加拿大于1967年开始修筑高速公路，中国大陆在1988年建成第一条高速公路。高速公路属于高等级公路，一般能适应120公里/小时或更高的速度，某些路段可以达到160公里/小时，路面有4个以上车道的宽度。高速公路最重要的特点就是高速行车，通行能力大，运输效率高；但正是这些特点，又直接导致交通安全风险加大，伤害增加。

道路交通事故给人类造成的伤害有多么严重呢？2007年4月23日至29日，第一届联合国全球道路安全周活动举行，联合国秘书长潘基文在安全周活动开展之际发表讲话，指出："全世界每年有将近120万人死于交通事故，受伤的人更是千千万万。交通事故是10岁至24岁青年人死亡的首要原因，对家庭和社区造成惨重影响。"

工厂企业的高度集中，是城镇化导致的第二种风险。

从城市的发展历程和不同阶段的不同特点来看，在工业社会时期，机器大工业代替了工场手工业，各种生产要素和人口高度集中在城市，使城市的功能发生了质的变化，城市除了继续保持原有的政治功能外，经济功能开始成为城市的主要功能，城市成为一个国家或地区的经济中心，并成为这一国家或地区迈向现代化的主导力量。

工业革命以来，机器代替了手工工具，社会化大生产代替了小生产，全国甚至全世界的巨大市场代替了原先分散割裂的小市场，城市成为原料集中地、生产经营集中地、劳动人口及消费人口集中地，工厂企业高度集中在城市当中就成为一种历史必然。

工厂企业由于其工作性质所决定，事故灾难的风险和隐患随时随地大量存在，这是无法躲避的，这也就决定了社会各种组织中，工厂和企业成为一个危险的安全主体，必须无可推脱地承担起安全职责和使命。

《匈牙利职业安全卫生国家计划(2001)》指出："人类生存环境中，工作环境是最危险的，比其他的环境风险至少高出1至3倍。虽然技术与社会在进步，但是工人所面临的风险却在升高。风险的形式多样，如机械伤害、危险物品、社会与心理因素、工作的组织管理、社会与卫生设施的缺陷以及工作中人的失误等。"《澳大利亚职业安全卫生国家战略(2002-2012)》指出："所有的工作场所都存在职业安全卫生问题。澳大利亚持续高发的工伤死亡与伤害和职业病事故对我们大家提出了严峻的挑战。每年有相当数量的人因为工作致死、严重受伤或患病。”《国际劳工组织职业安全与卫生全球战略》指出:“国际劳工组织估计每年死于与工作相关事故和疾病的工人数目超过 200 万,而且全球的这一数目正在上升。”

现代工厂和企业全面运用机器进行生产,必然存在大量风险隐患。特别是在市场经济条件下,受利益驱动,一些企业和地方忽视安全工作,降低安全生产市场准入门槛,大量生产力水平低下、管理手段落后、缺乏安全保障能力的厂矿企业充斥高危行业,成为产生事故的危险源;有的工厂企业违反国家法律法规和安全生产规定,非法违法生产;有的小厂小矿或老厂老矿工艺技术落后、机器设备陈旧,无法满足安全生产要求,这些工厂企业都成为十分危险的安全主体。

在现代社会,工业生产日益集中,这是社会化大生产和科学技术发展的必然趋势。工业生产集中化,就是生产越来越集中于大企业的过程,它表现为两个相互联系的方面,一是企业规模的扩大,同类生产不断集中;二是大企业的产量在部门和整个工业总产量中所占比重的增大。工业生产集中,一方面借助于提高单台机器和装备的能力及扩大建筑物的规模来实现;另一方面借助于增加同类机器和设备的数量来实现,这些都推动了机器设备的大型化和成套化,这又带来相对集中的高势能、高热能和高动能,一旦发生事故,短时间内爆发出的巨大能量将会产生巨大的破坏力,“火烧连营”式的连锁破坏,往往在瞬间就能将一片现代化的生产区域甚至整个工厂企业全部摧毁。

城市中的各类工厂企业,危险性和危害性最大的是危险化学品企业,这种企业一旦发生安全事故,后果不堪设想。

根据《危险化学品安全管理条例》的定义,危险化学品是指具有毒害、腐蚀、爆炸、燃烧、助燃等性质,对人体、设施、环境具有危害的剧毒化学品和其他化学品。目前列入《危险化学品名录》(2002 年版)的化学品分为8大类、3823种,其中列入《剧毒化学品目录》的有335种,化工行业主要大宗原料和产品80%以上属于危险化学品。危险化学品既是重要的化工原料,又同人民生活密切相关,在国民经济和社会发展中发挥着不可替代的作用。危险化学品具有生产过程工艺复杂、高温高压、易燃易爆、有毒有害、链长面广等特性,一旦发生事故,不仅会带来人身伤害,还会引起环境污染等次生灾害,直接影响经济发展和社会稳定。

改革开放以来,我国化学工业快速发展,已经形成了化肥、无机化学品、纯碱、氯碱、农药、涂料等多种产业,可生产4.5万种化学产品,其中列入危险化学品名录的有3832种,列入剧毒化学品名录的有335种。一些主要化工产品产量位居世界前列,如化肥、染料产量居世界第一,2005年我国化肥年产量和消费量均占世界的1/3,化工行业在国民经济中发挥着越来越重要的作用。

危险化学品安全生产工作历来在我国安全生产工作的总体布局中占据着重要位置。多年来,化工行业安全生产基础薄弱、企业规模小,危险源既多又散,人才缺乏等问题没有得到根本解决。从总体上看,我国化工行业90%以上是小化工企业,工艺技术落后,设备设施简陋,从业人员素质较低、安全意识差,主要负责人安全生产意识不强,法制观念淡薄,致使安全生产事故多发;而中型化工企业大多是20世纪60年代至80年代建成的企业,包袱沉重,欠账较多,技术进步迟缓,设备更新滞后,人才流失严重,企业管理滑坡,生产安全事故频发。

2004年4月15日下午,位于重庆市江北区的天原化工总厂氯氢分厂2号氯冷凝器出现穿孔,氯气泄漏,厂方随即进行处置。16日凌晨1时左右,列管发生爆炸;4时左右,再次发生局部爆炸,大量氯气向周围弥漫。由于化工厂四周民居和单位较多,重庆市紧急组织人员疏散周围居民。

16日17时57分,5个装有液氯的氯罐在抢险处置过程中突然发生爆炸，黄绿色的氯气冲天而起，导致9人死亡和失踪。

事故发生后，重庆市消防特勤队员连续用高压水网(碱液)进行高空稀释，在较短的时间内控制了氯气扩散。这次事故影响到了重庆市江北区、渝中区和沙坪坝区三个地区。事故发生后，重庆市立即疏散了一公里范围的15万名群众。

为彻底消除事故隐患，18日对剩余的3个氯罐实施远距离武器摧毁。根据环保部门监测，爆破成功后500米的范围内只有少量氯气和氯分子。到下午18时，500米范围内的空气基本达标，不会对群众的健康造成损害。4月18日18时30分左右，重庆市政府下达命令，被疏散群众开始有秩序地返家。

从这一事例中可以看出，化学品企业一旦发生事故，给社会各方面所造成的影响有多么严重。

2012年2月，工业和信息化部印发的《危险化学品"十二五"发展布局规划》指出，危险化学品行业仍然存在一些安全生产问题，主要有：危险化学品生产企业数量多、布局分散，生产技术、管理法规标准不健全，落后工艺装备仍占相当大的比例，安全环保投入不足，危险源数量多而散。随着城镇化、工业化进程的加快，部分企业与城区、居民区以及周边企业的安全距离进一步缩小，安全隐患增大。一些企业位于江河水源保护地等环境敏感区，影响饮用水安全。部分地方化工园区发展与城市总体规划缺乏统一协调，园区整体规划缺乏安全评估，项目布局与安全环保设施不配套。一些危险性较大的化工项目有从发达地区向安全环保投入不足的欠发达地区转移的趋势。装置大型化及密集化布局加大固有安全环保风险等问题。

《规划》明确指出，要促进危险化学品安全、绿色、健康、平稳发展，到2015年，产业布局更加合理，化工园区和集聚更加规范，危险源多而散的局面明显改善；法规标准建设更加完善，本质安全度有效提升。为实现这一目标，《规划》确定了"企业进园区"的原则，对不在化工园区等专业园区的危险化学品生产、储存企业制定"关、停、并、转”计划，推动重大危险源过多或分散、安全防护距离不达标的危险化学品生产企业搬迁，远离城区及江河水资源保护地等环境敏感地区。

建筑物的高度集中，是城镇化导致的第三种风险。

随着世界经济的发展，城市人口快速增长，城市土地资源有限，迫使城市建筑向高空发展；同时科学技术进步也推动了建筑技术的发展，新材料、新技术、新设备、新工艺的不断涌现，使越来越多的高层建筑出现在城市。自从世界上第一幢高层建筑美国家庭保险公司大楼在美国芝加哥建成后，各国的高层建设不断涌现，而且高度也不断创造新的纪录。

尽管高层建筑能够节约城市用地、提升住宅档次，但其弊端也很明显。高层建筑不但会引发热岛效应、风速杀手、电子屏蔽效应，而且建筑物越高，抗震能力就越差，消防隐患就越大，人员逃生的几率就越小。

高楼大厦、大型商场以及其他大型建筑物，原本是人类文明和社会进步的体现，是为广大人民群众服务的；然而，在某些特殊情况下，这些人类文明的成果却又有可能对人类安全造成阻碍和伤害，比如许多火灾事故中高层建筑失火导致人员群死群伤和财产大量损失，这又是同高层建筑火灾的特点紧密相连的。

我国高层建筑的火灾具体有以下四个特点：

一是火险隐患多。高层建筑由于建筑面积大、功能复杂、使用单位多、人员高度集中，加之室内和楼房外墙装修所用易燃材料多，火灾隐患大量、长期存在。

二是火势蔓延快。高层建筑的楼梯间、电梯井、管道井、风道、电缆井、排气道等竖向井道，如果防火分隔或防火处理不好，发生火灾时如同一座座高耸的烟囱，成为火势迅速蔓延的途径。

三是扑救难度大。高层建筑高达几十米甚至几百米，发生火灾时从外部进行扑救相当困难，特别是现在的高楼大厦越建越高，但消防车等喷水灭火高度却达不到，云梯高度同样不够。1986年10月13日，江泽民同志在上海市消防工作会议上就指出，有一种隐患表现在各种消防设施落后上，新式登高云梯车北京有九部，天津有六七部，上海这么大的城市只有两部；现在高楼大厦盖起不少，万一有火警，没有设备，上不了这么高，后果不堪设想。二十多年过去了，我国城市发展建设取得了许多成就，但是消防设施落后的现象在许多城市仍然普遍存在，这也是一种十分重大的隐患，上海市“11·15”特大火灾事故就充分暴露了这一问题。

高层建筑失火要从内部进行扑救，主要是靠室内消防设施，但是由于目前我国经济技术条件的限制，高层建筑内部的消防设施还不够完善，很多高楼内以消火栓系统扑救为主，所以在扑救高层建筑火灾时往往遇到较大困难。同时，火灾发生后热辐射强，烟雾浓，火势向上绵延的速度快、途径多，也使消防人员难以制止火势蔓延。

四是人员疏散难。高层建筑的特点第一是楼层多、垂直距离长；第二是楼内通行以电梯为主，楼梯为辅，在发生火灾致使电梯不能使用的情况，楼梯就显得狭窄拥挤；第三是人员密集。同时在楼内失火时，烟雾还会窜入楼梯间，这也会影响疏散。

由于存在以上几方面的不利因素，高层建筑一旦发生较大火灾，消防救援人员在火灾现场就可能因为扑救及救援困难，而导致火灾事故造成的人员伤亡和财产损失增大，而相应的社会影响也会被扩大。

上海金茂大厦曾进行过试验，身强力壮的消防队员从85层往下跑，最快跑出大厦的队员花了35分钟。而消防专家指出，火借风势，30秒内就可从第一层到达第三十三层。这样算来，高层建筑火灾时人们跑到楼外逃生的可能性非常小。

高层建筑火灾救援困难。高楼层被困人员无法利用举高车营救，而且水枪射流的效果也大打折扣。另外，举高车的高程越高，自身体积越大，占用地面的空间就越大，而高层建筑集中区往往楼房间距小、场地小，加之地面设施以及花坛、树木等，严重影响消防通行及施救。

由于高层建筑物内部可燃物很多，发生火灾后，楼内温度会急剧升高，当温度达到400～500℃时，楼房钢筋混凝土就会出现裂缝，强度会降低一半。如果大火长时间不能扑灭，很有可能发生坍塌，造成毁灭性的破坏和大规模死伤。

三、市场化导致的风险隐患

要夯实安全基础、实现安全生产，离不开相应的安全基本投入，这是一个基本常识。对于社会而言，加强安全方面的资金投入和基础设施等投入，是营造安全发展环境、维护人民群众生命权和健康权的必然要求；对企业而言，加强安全生产资金和设备等的投入，是最基本的投入，是企业提高经济效益、持续健康发展的重要保障。然而，在市场经济条件下，出于获取最大经济利益的考虑，一些企业对安全生产标准降低、投入减少、超能力生产，导致安全生产风险增大、事故增多，最终还是丧失了经济效益和社会效益。

原劳动部从1994年开始对我国境内的所有企业、行业以及社会上的各类重大事故隐患进行调查，以准确掌握全国重大事故隐患状况及分布区域，逐步建立国家重大事故档案库。主要调查可能造成一次死亡10人以上，或直接经济损失500万元以上，或可能造成重大影响的事故隐患。

到1995年底，经汇总统计，当时全国重大、特大事故隐患共1032项，其中有关地区755项，有关部门277项，可估算的整改资金约70亿元。在全部1032项事故隐患当中，爆炸隐患占27.13%，火灾隐患占24.52%，坍塌隐患占21.8%，水害隐患占7.56%，煤尘与瓦斯突出占5.32%，滑坡隐患占3.5%，泄漏隐患占3.1%，铁路隐患占1.92%，中毒与窒息隐患占1.64%。对此，原劳动部提出了进行隐患治理要重点采取两方面的措施，一是将事故隐患治理纳入各部门和地方政府工作的议事日程，同时也要纳入安全生产管理部门的议事日程；二是应该有投入。

1997年初，原劳动部安全生产管理局局长郑希文撰文指出："在我国由计划经济向社会主义市场经济过渡的时期，对安全生产绝不存在'松绑'问题，同时必须用法律手段对安全生产实施强制性管理。现在有的企业领导片面追求效益，忽视管理，这是一种目光短浅、违反科学的错误行为。出现了效益比较好的企业忽视安全，效益不好的企业顾不上安全的现象。企业领导干部对安全抱侥幸心理，对隐患不闻不问，对职工教育抓得不紧，用设备去拼效益，甚至忽视职工的生命去拼效益。……把企业推向市场以后，由法人、承包人决策的安全生产投入明显减少了；隐患和恶劣劳动条件继续存在并有所发展；违章指挥和违章操作，在'为了市场需要'的借口下合法化了。"

1999年8月21日，全国城市公共消防设施建设工作会议在山东省青岛市召开，会议介绍了全国城市公共消防设施建设和管理的情况，指出："由于历史的原因，我国城市公共消防设施建设发展滞后，欠账严重。据统计，目前全国231个地级以上城市中，按照规划消防站应建2640个，实有1450个，欠账45%；消火栓应建32.8万个，实有17.6万个，欠账46%；尚有60个城市没有建立能够集中受理火警的消防通信调度指挥系统，仍然采用落后的分散接警方式。城市消防通道、消防装备方面的差距也很大。这种状况很不适应保障城市消防安全和社会、经济发展的需要，给有效地预防和扑救火灾特别是遏制重特大恶性火灾的发生带来了很大困难。从1997年1月至今年7月，全国仅特大火灾就发生了202起，其中51座大型商场、市场、宾馆、饭店被大火烧毁，造成了严重的经济损失和重大人员伤亡。这些特大火灾的发生，都同城市公共消防设施建设严重滞后直接相关。"

随着国民经济持续快速发展，国家和企业的经济实力也在不断增强，然而安全投入不足的问题依然普遍存在。2006年4月21日，国家安全生产监督管理总局局长李毅中在中央党校讲我国的安全生产问题时指出:"长期投入不足,欠账较多,企业安全生产设施设备落后。去年国家组织专家对54个重点煤矿、462个矿井进行了安全技术会诊,查出了5886条重大隐患,治理费用需要689亿元。一批老工业基地和大型国有企业,多年没有进行大的技术改造,生产工艺落后,设备陈旧老化甚至超期服役。据调查,国有煤矿在用设备约1/3应淘汰更新;一些小煤矿甚至靠人拉肩背,原始野蛮作业。随着城市化进程加快,一些原来位于郊区的工业危险设施,逐渐被包围在繁华闹市中,成为威胁公共安全的重大隐患。仅11个省市就有407家危险化学品生产企业需要搬迁。"

对安全生产重视不够、投入不足,在企业中是一种很普遍的现象,其中小厂小矿和个体私营企业尤为严重。为了追求更大的经济效益,一些企业甚至整个行业超产愿望强烈,带来的不仅仅是风险隐患,还有生产安全事故。

2006年9月19日在北京举行的第三届中国国际安全生产论坛上,国家安全生产监督管理总局局长李毅中指出:"能源原材料和交通运输市场需求旺盛,企业扩大生产规模的冲动强烈,工厂矿山超能力、超强度、超定员生产,交通运输超载、超限、超负荷运行现象比较普遍,事故和安全风险增加,导致新建改扩建煤矿、危险化学品生产运输、道路交通运输事故多发。"

2011年8月3日,国家安全生产监督管理总局局长骆琳在全国安全生产视频会议上指出,当前安全生产工作面临更加严峻的挑战,高危行业企业抢产超产的愿望和冲动强烈,超强度、超能力、超定员生产行为极易出现;交通运输市场需求旺盛,超载、超速、超员运输行为极易加剧;大量基建项目进入施工旺季和竣工期,抢工期、赶进度、忙竣工投产行为极为普遍;一些地方党委政府换届,急于出"政绩",不顾安全条件,大干快上争项目,放松安全管理,甚至对非法违法和瞒报谎报行为视而不见等情况可能发生。

抓好安全生产既是企业的重要职责,也是政府的重要职责。特别是在社会主义市场经济条件下,对于企业重经济效益、轻安全生产,重发展速度、轻发展质量的情况,政府部门更要担负起安全监督管理的责任。面对事故不断的严峻局面,一些地方政府已经明确表示要牢固守住安全生产这条防线,坚决不要带血的产值和利润。请看报道:

山东省长:坚决不要带血的GDP和带血的企业利润

中新社济南8月10日电 10日在此间召开的山东省安全生产电视会议上,针对7月份山东重特大事故反弹的局面,山东省长姜大明在会上表示,山东将深刻汲取几起重特大安全事故的惨痛教训,严防各类重特大事故发生,坚决不要带血的GDP和带血的企业利润,坚决守住安全生产这条红线。

通报称,7月份,山东连续发生3起重特大事故。7月6日,枣庄市防备煤矿有限公司发生煤矿火灾事故,28名矿工遇难;7月10日,潍坊市昌邑正东铁矿发生透水事故,23人遇难;7月22日,威海市交通运输集团有限公司一辆卧铺客车在河南信阳境内爆燃起火,造成41人死亡、6人受伤。

姜大明要求,当前和今后一个时期,相关部门在事故隐患排查和专项整治中,要切实做到不放过每一个矿山、每一寸巷道,不放过每一辆车、每一艘船等,确保隐患排查治理工作不留盲区和死角。

在煤矿和非煤矿山领域,山东将严格矿山安全生产许可管理,矿山企业登记注册、有关人员从业资质要上收管理,老旧矿、资源枯竭矿山不得借技改之名搞扩产,矿山主体工程不得搞承包。今后,省内原则上不再审批地下开采非煤矿山项目,确需批建的必须通过省联席会议联审。在交通运输领域,今后不再新增卧铺客车,不再批准

2000公里以上的长途客运班线。

在安全监管与事故责任追究方面，山东要求安全监管部门做到铁面无私、敢于负责、依法监管，严厉查处安全生产非法违法行为；在重大、特大事故中负有主要责任的企业主要负责人，终生不得担任本行业企业负责人；在较大事故中负有主要责任的企业主要负责人，5年内不得担任本行业企业负责人。

中新社2011年8月10日播发

2004年，国家安全生产监督管理局开展了“完善我国安全生产监督管理体系”课题的研究工作，对市场经济体制下企业安全生产现状进行了分析，在其研究成果、煤炭工业出版社2005年6月出版的《完善我国安全生产监督管理体系研究》一书中指出：“在市场经济体制下，随着现代企业制度建立，企业成为市场经济中的主体，效益与发展是最优先考虑的问题。在商品经济大潮中，市场竞争的风险时刻关系到企业的生存发展，关系到企业所有者和管理人的直接利益。在国家监督管理力度不够的情况下，企业为追求经济利益最大化，千方百计降低生产成本，减少安全生产方面的投入，既不改善作业环境，也不配发劳动保护用品，更忽视对工人的安全培训与教育，甚至直接冒着伤亡事故和职业危害的风险强行生产。在有些企业看来，市场竞争风险远大于安全生产的风险值。片面追求产值、利润的目标容易诱导企业负责人产生急功近利甚至要钱不要命的思想，从而忽视了劳动安全卫生对企业发展所具有的潜在和长远效益。在这种情况下，企业就会自觉或不自觉地消极应付，甚至抵制政府的监察管理，轻视劳动者在安全健康上的基本权益，在某些经济效益差的企业或一些民营企业，这种情况更为严重。”

在高额利润的刺激下，还有一些企业铤而走险，非法违法组织生产，直接导致许多群死群伤恶性事故的发生。

2005年6月24日，国家安全生产监督管理总局局长李毅中在北京市作“关于当前安全生产形势及对策”的形势报告时指出：“关停小煤矿，不执行怎么办？为什么有些矿主拒不执行政府的监管，三令五申拒不执行？比如说山西3月9日、3月19日两次事故，你贴了封条，他给撕掉，你再贴，他再撕，你上了锁，他给砸掉，胆大妄为到这种程度。比如说河北承德刚刚发生的'5.19'事故，50人死亡。今年1月18日、4月13日两次给他发停产整顿通知书，他不听，照样生产。比如6月8日湖南娄底资江煤矿发生的煤与瓦斯突出事故死了22人。3年前发生过同样事故。当时井下232人，大部分逃生了，如果要有火源爆炸的话，就不堪设想了。这个矿4月8日当地煤监局发了停产通知书，他不听，5月27日国家煤监局对停产整顿的矿井登报公告，这个矿榜上有名，他也不听。为什么这样猖狂，一个原因是执法不严、处罚不力。"

市场化导致的安全生产风险隐患，除了企业为了谋求更大利润而忽视对安全的投入、非法违法生产外，还有一个重要方面，就是企业职工特别是农民工的教育培训问题。

20世纪90年代以来，随着我国工业化进程的加快和社会生产规模的急剧扩大，第一产业劳动力大量向第二和第三产业转移，在为经济建设和企业发展提供了充足的劳动力资源的同时，由于业务技能和安全知识培训没有同步跟上，留下了诸多安全隐患。

2005年初，国务院领导同志就研究解决农民工问题作出批示，要求由国务院研究室牵头，组织有关部门和地方以及部分专家，对农民工问题进行全面、深入系统的调查研究。这次调研完成后，国务院研究室于2006年初发布了《中国农民工调研报告》。《报告》指出，在今后相当长的一个时期内，我国农村劳动力的主要特征是总量过剩与结构性短缺同时存在。《报告》显示，我国外出农民工数量为1.2亿人左右；如果加上在本地乡镇企业就业的农村劳动力，农民工总数大约有2亿人，而且在总量上还会继续增加，未来若干年内都不会出现减少的趋势。

调查表明，全国农民工中16岁至30岁的占61%，31岁至40岁的占23%,41岁以上的占16%,农民工平均年龄为28.6岁。农民工总体素质仍然偏低,多数只能吃"青春饭",从事简单体力劳动。2005年,我国农村劳动力中接受过短期职业培训的占20%,接受过初级职工技术培训或教育的占3.4%,接受过中等职业技术教育的占0.13%,而有76.4%的农村劳动力没有接受过任何技术培训。

2006年9月19日,李毅中在第三届中国国际安全生产论坛开幕式上指出:"农村劳动力大量转移,迫切需要进行教育培训。随着工业化、城市化进程加快,农民工已成为高危行业生产一线主力。据我们对9省区的抽样调查,在煤矿、金属和非金属矿山、危险化学品、烟花爆竹4个行业人员中,农民工占56%,其中煤矿为48.8%,非煤矿山为66.3%,危化品生产企业为33.7%,烟花爆竹企业为95.8%。另据调查了解,全国3000万建筑施工队伍中,约80%是农民工。农民工中文盲与半文盲占7%,小学文化占29%,高中以上仅占13%。近几年高危行业发生的伤亡事故,有80%发生在农民工较集中的小煤矿、小矿山、小化工、烟花爆竹小作坊和建筑施工包工队。加强对农民工的转产培训和安全教育,已成为当务之急。"

人力资源和社会保障部农民工社会保障专题组发布的《关于农民工社会保障问题研究报告》(见2009年2月3日《工人日报》第6版)指出:"在第二产业中农民工占全部人员的58%,其中在加工制造业中占68%,在建筑业中接近80%;第三产业中的批发、零售、餐饮业中,农民工占到52%以上。显而易见,农民工已成为我国产业工人的主力军。"

安全生产是一门科学,各行各业特别是高危行业的安全生产更是一项专门技术,不经系统、专门培训将很难理解和掌握。广大农民工从第一产业转移到第二产业和第三产业,成为我国产业工人的主力军,但受其文化知识、求职心理、劳动习惯等的影响,对新工作岗位的安全风险了解不够,对安全知识和技能培训不足,对维护自身安全健康权益认识不多,这就导致在实际工作中风险隐患和安全事故不断发生。

为了提高农民工特别是高危行业农民工自我安全保护的意识和能力，有效保障农民工生命安全，促进全国安全生产形势稳定好转，2006年10月27日，国家安全生产监督管理总局、教育部、农业部、全国总工会等七个部门联合下发《关于加强农民工安全生产培训工作的意见》，指出："由于多种原因，造成当前农民工整体文化素质较低，安全意识淡漠，缺乏必要的安全知识和自我防范能力，给安全生产带来很大压力。据统计，近几年发生的生产安全伤亡事故，90%以上是由于人的不安全行为造成的，80%以上发生在农民工比较集中的小企业；每年职业伤害、职业病新发病例和死亡人员中，半数以上是农民工。因此，加强农民工安全生产培训，已经成为当前解决农民工问题、保护农民工根本利益和促进安全生产形势稳定好转的一项紧迫任务。农民工安全生产培训的主要内容包括：安全生产法律法规；安全生产基本常识；安全生产操作规程；从业人员安全生产的权利和义务；事故案例分析；工作环境及危险因素分析；危险源和隐患辨识；个人防险、避灾、自救方法；事故现场紧急疏散和应急处置；安全设施和个人劳动防护用品的使用和维护；职业病防治等。"

在市场经济条件下，企业讲求经济效益是必然的，但是必须正确处理经济效益和安全生产之间的关系。如果为了谋求更多的利润而不顾安全生产，甚至为了利润而牺牲安全生产，不仅违反法律，而且迟早会发生事故，经济效益也得不到保证，这类教训太多了。

四、国际化导致的风险隐患

当今世界一个十分突出的特点，就是经济全球化。

马克思和恩格斯以其敏锐的洞察力，为世人描绘了一幅19世纪中期发生的经济全球化的图景：**"资产阶级，由于开拓了世界市场，使一切国家的生产和消费都成为世界性的了。……新兴工业的建立已经成为一切文明民族的生命攸关的问题；这些工业所加工的已经不**

是本地的原料，而是来自极其遥远地区的原料；它的产品不仅供本国消费，而且同时供世界各地消费。旧的、靠本国产品来满足的需要，被新的、要靠极其遥远的国家和地带的产品来满足的需要所代替了。过去那种地方性和民族性的自给自足和闭关自守的状态被各民族的各方面的互相往来和各方面的互相依赖所代替了。"（《马克思恩格斯选集》，第 1 卷，人民出版社，1972 年版，第 254 页）

可见，经济全球化的产生是同第一次工业革命密切相关的。18 世纪中叶到 19 世纪后期第一次工业革命，应属人类历史上经济全球化的开端，或者说这 100 多年就是第一轮经济全球化。到了 19 世纪末、20 世纪初，伴随着新的科技革命、产业革命，世界上主要资本主义国家工业化已经完成，开始了第二轮经济全球化。从 20 世纪 70 年代中期开始，特别是 80 年代和 90 年代经济全球化浪潮兴起，这是又一轮即第三轮经济全球化。

这新一轮经济全球化的推动，仍然来自资本主义社会所创造的生产力，这就是以往人类历史上从未达到过的，以信息技术和知识经济为标志的，通过强有力促进交通、通讯、金融、流通而使经济全球化迅猛发展的新生产力。

这一阶段全球化的特点，一是国际货币体系经历了由布雷顿森林体系向牙买加货币体系的转变，在 1976 年 1 月确立了以浮动汇率为主要特征的国际金融体制。二是国际贸易获得空前发展，多边贸易体制框架初步形成，出口贸易和外国直接投资得到迅猛发展。三是随着世界各国对外开放度的提高，跨国公司登上历史舞台。作为经济全球化的微观载体，跨国公司成为影响世界经济发展的重要因素。联合国《2000 年世界投资报告》披露，到 1999 年底，以跨国公司为载体的世界对外投资存量达到 5 万亿美元，跨国公司的数量达到 6.3 万家，其附属公司至少有 69 万家，对东道国经济的影响越来越突出。

跨国公司作为一种新兴重要经济体，随着其实力的快速壮大，在世界经济贸易中的地位日益突出，世界上一些大型跨国公司的海外销售额已经超过一些中等收入国家的国内生产总值。如今，世界市场已经由跨国公司“看得见的手”组织起来，形成了一个有机联合的整体。传统观念认为由“国家生产”的产品，正在成为由“公司生产”的产品，这就导致生产日益全球化进行，真正意义上的全球化产品脱颖而出。

中国要发展，离不开世界，离不开世界市场。1984年6月30日，邓小平同志指出：**“现在的世界是开放的世界。中国在西方国家产业革命以后变得落后了，一个重要原因就是闭关自守。……三十几年的经验教训告诉我们，关起门来搞建设是不行的，发展不起来。”**（《邓小平文选》，第3卷，人民出版社，1993年版，第64页）1984年10月22日，邓小平指出：**“现在任何国家要发达起来，闭关自守都不可能。”**（同上，第90页）

1978年党的十一届三中全会以来，随着对外开放的广度和深度不断拓展，我国同世界各国经贸往来持续加深，中国日益融入国际市场。三十多年来，我国抓住经济全球化机遇，一方面大规模“引进来”，另一方面大踏步“走出去”，已经成为世界贸易大国。

对外贸易总量不断攀升。改革开放初期，我国对外经济交流活动十分有限，再加上国内市场化水平不高，造成了与国际市场相对隔绝的状态。1978年，我国货物进出口总额只有206亿美元，世界排名第29位，1988年突破了1000亿美元，1994年突破了2000亿美元，1997年突破了3000亿美元，2004年又突破了1万亿美元大关，2012年，货物进出口总额已达到38671亿美元，比1978年增长186倍，年均增长16.6％，仅次于美国，位居世界第二位；货物出口总额20487亿美元，增长209倍，年均增长17％，居世界第一位；货物进口总额18184亿美元，增长166倍，年均增长16.2％，居世界第二位。2012年，我国货物出口总额和进口总额分别占世界的11.2％和9.8％。

引进外资与对外投资活动日益频繁。改革开放以来，我国充分发挥了资源、劳动力等要素优势和巨大的潜在市场优势，成为国际直接投资的热土，利用外资规模不断扩大，外商直接投资成为推动我国经济发展和技术进步的重要力量。1979 年至 2012 年，我国实际使用外商直接投资 12761 亿美元，1984 年至 2012 年以年均 18%的高速度增长。我国已连续多年成为吸收外商直接投资最多的发展中国家，世界排名也上升至第二位。近些年来，随着我国企业实力的提升，“走出去”的步伐开始加大，中国对外直接投资净额由 2007 年的 265 亿美元快速提高到 2012 年的 878 亿美元，2012 年末对外直接投资存量达到 5319 亿美元。

然而，伴随我国对外开放和交流不断深化，对外贸易总量不断攀升、引进外资与对外投资活动日益频繁的同时，来自国外的安全生产风险也在增加。2003 年 12 月发布的《国家安全生产规划纲要(2004-2010)》指出：“经济全球化带来发达国家向我国转移‘高风险产业’，安全生产形势将更加严峻。”

安全生产无国界。经济社会发展和工业化进程中的安全生产，是一个历史性、全球性问题，是世界各国政府都必须郑重对待的问题。面对经济全球化，面对发达国家向我国转移高风险产业的状况，我们必须科学研判和正确对待，把好安全生产门槛，坚决防止我国在对外经济交流往来增加的同时安全生产风险隐患也在同步增长，为我国经济社会持续发展提供有力的安全生产保障。

第三节　正常生产的保障

马克思明确指出，一个社会不能停止消费，同样，它也不能停止生产。由此可见，生产对人类社会所具有的极端重要性。与此同时，安全对生产又具有极端重要性，因为没有安全那么生产也无法进行。

如今的生产是社会化大生产，它最重要的特点就是机器化和工厂化，以及由此而产生的风险隐患的日益增加，这就导致了安全生产的复杂性和反复性。恩格斯明确指出了拥有庞大工厂的现代工业“两个复杂化”的生产特点，一是联合活动、相互依赖的工作过程的复杂化，二是生产和流通的物质条件的复杂化。在科学技术创新发展的推动下，如今工业生产所具有的复杂化比以往又增加了无数倍，这一方面提升了安全工作在当今社会的重要性，另一方面又增加了抓好安全工作的艰巨性。

要保障生产正常平稳进行，就必须对现代生产中的风险隐患采取针对性的措施，这样才有根本性和实效性，才是治本之策。现代生产中的各种风险和隐患同恩格斯所说的“两个复杂化”，即工作过程的复杂化和生产及流通条件的复杂化紧密相连，对这一问题应当采取辩证的方法来看待，一方面，“两个复杂化”的程度在加深，范围在扩展；而另一方面，随着实践的发展，人类对于经济社会发展规律、现代工业生产规律、安全生产运行规律的认识也在不断深化，通过采取物质、技术、管理、教育等方法手段，就能有效控制生产风险、消除安全隐患，就能保障正常平稳生产运行。

保障安全生产、正常生产的当前对策，主要包括安全投入、安全培训、安全管理、安全准入、安全监督等。

一、安全投入

安全投入从广义上讲所包含的内容很多，如资金和设备的投入、人员和技能的投入、政策措施的投入、安全法律法规的投入、安全科技的投入、社会舆论的投入等等；而狭义上的安全投入主要是指资金和设备的投入，在此仅从狭义方面加以论述。

机器是现代化的生产工具，是大工业的技术基础，是工厂和企业进行生产必不可少的设施。马克思明确指出，机器是一种生产力，现代工厂就是以应用机器为基础的。恩格斯也指出，大工厂生产能够用机器代替手工劳动并把劳动生产率增大千倍。所以，我们进行社会主义现代化建设，离开机器是无法想象的。

然而，无论机器有多么强大的功能，无论机器能够将劳动生产率提高多少倍，机器总是会有损耗的，这就直接影响着安全生产。马克思指出：**“机器的有形损耗有两种。一种是由于使用，就象铸币由于流通而磨损一样。另一种是由于不使用，就象剑入鞘不用而生锈一样。在后一种情况下，机器的磨损是由于自然作用。前一种磨损或多或少地同机器的使用成正比，后一种损耗在一定程度上同机器的使用成反比。”**（《资本论》，第1卷，人民出版社，1975年版，第443页）

在现代工业和工厂企业中，劳动者在生产劳动过程中始终面临着各种安全风险隐患和职业病危害的可能。马克思指出：**“在这里我们只提一下进行工厂劳动的物质条件。人为的高温，充满原料碎屑的空气，震耳欲聋的喧嚣等等，都同样地损害人的一切感官，更不用说在密集的机器中间所冒的生命危险了。这些机器象四季更迭那样规则地发布自己的工业伤亡公报。社会生产资料的节约只是在工厂制度的温和适宜的气候下才成熟起来的，这种节约在资本手中却同时变成了对工人在劳动时的生活条件系统的掠夺，也就是对空间、空气、阳光以及对保护工人在生产过程中人身安全和健康的设备系统的掠夺，至于工人的福利设施就根本谈不上了。”**（《资本论》，第1卷，人民出版社，1975年版，第466-467页）

从马克思的这些论述我们可以得知，第一，机器是一直在损耗的，无论是运转使用还是停止不用；第二，工厂劳动物质条件的好坏直接影响着工人人身安全和健康状况。这样，要实现工厂和企业范围内的安全生产，首先就应保障对机器设备的投入，抓好机器的维护、保养、维修、更新；同时还要努力改善工厂、车间的工作环境和条件，安装必备的防护设施，并努力减少和防止有害有毒物质对人体的损害。如果忽视这些最基本的投入，迟早一定会发生事故。

要实现安全生产，就要加大资金投入，不断更新机器设备，提高工艺技术的先进性和可靠程度;同时还要查找和整改各种隐患,从根源上消除事故。这对于各个生产经营单位来讲原本属于一般常识。但是,由于我国处于社会主义初级阶段,生产力不发达,无论是国家还是企业,经济条件都很有限;另外,企业在生产方面的投资大多具有直接性、及时性,容易收到立竿见影的效果,但是安全方面的投资却相反,往往具有间接性、滞后性、潜在性,很难起到立竿见影的作用。因此,安全投入不足和不及时就成为一种普遍现象,由此就给企业乃至整个社会的安全和稳定埋下了隐患。

中央领导同志对于加大资金投入、及时消除隐患十分重视。1995 年 7 月 24 日,中共中央政治局委员、国务院副总理吴邦国在全国安全生产工作电话会议上指出:“目前,全国的事故隐患还十分严重,一旦失管失控,后果不堪设想。消除这些事故隐患,主要靠企业的力量。各主管部门和地方政府要督促企业加强对隐患的监控和治理,并从技术上给予支持,从资金上给予必要的补充,特别是要制定治理事故隐患的总体规划,在地区经济发展计划中专项作出安排,保证人民生命和国家财产不受损失。”

1996 年 12 月 26 日,吴邦国在全国安全生产工作电视电话会议上指出:“要保证企业安全生产的资金投入,基本建设和技术改造项目要按规定提取足够的资金用于安全投入。对于每一个新建工程、新建项目,都要严格执行有关安全的标准和规定,要经过严格审查,不能因建设资金不足而削减用于安全生产的资金,留下事故隐患后再补救,再整改。无论是大中型企业,还是小企业,都要有足够的资金用于事故隐患整改。把生产与安全、效益与安全有机结合起来,不能只顾赚钱,看见事故隐患不闻不问,把危险留给职工和群众。企业技术改造要注意采用新设备和新工艺,完善各类安全设施,提高安全度。对不具备安全生产条件的企业,要限期整改,仍然达不到基本要求的,要坚决关闭。”

1999 年 8 月 21 日,全国城市公共消防设施建设工作会议在山东省青岛市召开，中共中央政治局委员、国务委员罗干在会上指出："这些年，我国火灾严重的状况一直未能从根本上得到改变，暴露出来的诸多问题中比较突出的还是城市公共消防设施严重滞后，由此造成了对火灾既不能做到有效地预防、又不能及时扑救的问题。近几年发生的多起重、特大火灾，很多是由于火场周围没有消防水源，消防车只能到很远的地方往返拉水，延误了救火时间，影响了及时扑救。究其原因，主要还是领导重视不够，没有深刻认识'小洞不补，大洞受苦'的道理，心存侥幸，得过且过，以为在消防基础设施上少花钱或者不花钱，也不会出什么大事。而事实告诉我们，这种认识和做法是错误的，也是危险的。"罗干在会上专门强调："要加大对消防的投入，提供必要的经费保障。尽管各级财政现在还有一定的困难，但消防方面的必要开支是不可缺少的一块，该花的钱一定要花。"

受生产力发展水平和科技实力的限制，我国一些行业和企业技术装备落后，机械化水平不高，急需加大投入加以改善。2008 年 5 月 6 日，中共中央政治局委员、国务院副总理张德江在全国煤矿安全生产座谈会上指出："煤矿安全生产基础仍然薄弱，突出表现在技术装备、安全管理和职工素质等方面。我们虽然也拥有神东煤矿等国际一流的现代化矿区，但为数众多的小煤矿，安全投入不足、开采方式落后、设施设备简陋，安全没有保障。即使是国有煤矿，平均机械化程度也仅有 45%，远低于世界主要产煤国家 95%以上的水平。"

对于企业而言，加强安全生产方面资金和设备的投入，是最基本的投入，是企业提高经济效益、持续健康发展的重要保障。对于社会而言，加强安全方面的资金投入以及基础设施建设等方面的投入，是营造安全发展环境，维护广大人民群众生命权、健康权的迫切需要。要得到安全这一结果，加大资金和设备的投入是必不可少的。

加强资金和设备的投入，是保障安全生产、正常生产的基本条件，对这方面的花费应当看成是"投资"而不是"成本"，因为加强安全生产基本投入是一定会产生回报的，也就是安全生产效益。一般而言，安全生产效益具有间接性、滞后性、依附性和不确定性，因此它的作用不直接、不明显，容易被忽视，但这决不能成为企业减少甚至取消安全投入的理由。国家安全生产监督管理局2003年开展的《安全生产与经济发展关系研究》课题，通过科学的研究分析，确定安全生产对社会经济的综合贡献率是2.4%，安全生产的投入产出比为1∶5.8。这充分说明，加大安全生产投入一定会改善安全生产条件，提高安全保障水平，并取得相应的经济回报。

二、安全培训

现代工业生产是一个“人—机器—环境”系统，抓好安全生产就要确保这一系统的完整和可靠。在这个系统中，人具有能动的创造性，是安全生产的主体，机器、环境都被人所驾驭、控制和影响，人在其中发挥着主导作用，是安全与否的关键。

人有保护自身不受伤害的本能，在生产劳动中劳动者在主观上不会愿意伤害自己，但是由于生理、心理、技术、经济、社会等许多因素的影响，人发生行为失误是难以完全避免的，特别是在工厂企业中，劳动者对于机器的操作和对环境的适应并不是天生的，而必须经过长期培训和反复练习。马克思明确指出：**“要改变一般的人的本性，使它获得一定劳动部门的技能和技巧，成为发达的和专门的劳动力，就要有一定的教育和训练。”**（《资本论》，第1卷，人民出版社，1975年版，第195页）而且，现代工业生产是社会化大生产，是一种集体劳动，在生产作业过程中的协调配合也至关重要，一个人的不慎有可能给其他人造成不利影响。马克思指出：**“一个工人是给另一个工人，或一组工人是给另一组工人提供原料。一个工人的劳动结束，成了另一个工人劳动的起点。”**（同上，第383页）一个人的失误，就可能导致周围设施和其他劳动者受到破坏和伤害，而加强协作和配合也不是自发就能做到的，同样离不开培训。

我国历来十分重视职工安全培训。1983年8月，劳动人事部在吉林省召开全国第一次安全教育工作经验交流会，会议检查了全国劳动保护宣传教育工作三年规划执行情况，交流了各省市建立劳动保护宣传教育中心和企业进行劳动保护教育的工作经验。

1995年11月，劳动部印发《企业职工劳动安全卫生教育管理规定》，对生产岗位职工和管理人员安全教育作出了明确规定。

2002年11月1日起施行、2014年8月31日修正的《中华人民共和国安全生产法》，有多项条款均涉及安全生产教育培训，如第二十五条规定："生产经营单位应当对从业人员进行安全生产教育和培训，保证从业人员具备必要的安全生产知识，熟悉有关的安全生产规章制度和安全操作规程，掌握本岗位的安全操作技能，了解事故应急处理措施，知悉自身在安全生产方面的权利和义务。未经安全生产教育和培训合格的从业人员，不得上岗作业。"第五十五条规定："从业人员应当接受安全生产教育和培训，掌握本职工作所需的安全生产知识，提高安全生产技能，增强事故预防和应急处理能力。"

2004年1月9日，国务院印发《关于进一步加强安全生产工作的规定》指出："搞好安全生产技术培训。加强安全生产培训工作，整合培训资源，完善培训网络，加大培训力度，提高培训质量。生产经营单位必须对所有从业人员进行必要的安全生产技术培训，其主要负责人及有关经营管理人员、重要工种人员必须按照有关法律、法规的规定，接受规范的安全生产培训，经考试合格，持证上岗。"

2010年7月19日，国务院印发《关于进一步加强企业安全生产工作的通知》，强调要强化职工安全培训。《决定》指出："企业主要负责人和安全生产管理人员，特殊工种人员一律考核合格，按国家有关规定持职业资格证书上岗；职工必须全部经过培训合格后上岗。企业用工要严格依照《劳动合同法》与职工签订劳动合同。凡存在不经培训上岗、无证上岗的企业，依法停产整顿，没有对井下作业人员进行安全培训教育，或存在特种作业人员无证上岗的企业，情节严重的要依法予以关闭。"

2011年11月26日,国务院印发《关于坚持科学发展安全发展促进安全生产形势持续稳定好转的意见》,强调要加强安全知识普及和技能培训。《意见》指出:"全面开展安全生产、应急避险和职业健康知识进企业、进学校、进乡村、进社区、进家庭活动,努力提升全民安全素质。大力开展企业全员安全培训,重点强化高危行业和中小企业一线员工安全培训。完善农民工向产业工人转化过程中的安全教育培训机制。建立完善安全技术人员继续教育制度。大型企业要建立健全职业教育和培训机构。加强地方政府安全生产分管领导干部的安全培训,提高安全管理水平。"

2011年11月16日,国家安全生产监督管理总局印发《安全生产教育培训"十二五"规划》,指出:"坚持先培训后上岗,持证上岗。依法强化煤矿、非煤矿山、危险化学品、烟花爆竹、民用爆炸物品、冶金等重点行业(领域)企业主要负责人和安全生产管理人员安全资格培训,并按规定进行复训,做到持安全资格证或职业资格证上岗;加强特种作业人员安全培训及监督管理,严格特种作业人员的条件准入。把农民工和外包施工企业人员作为重点,严格对新上岗人员进行强制性岗前安全培训。对从事加工、制造等生产性质的单位的其他从业人员,坚持厂(矿)、车间(工段、区、队)和班组三级安全生产教育培训,未经培训或培训不合格的,一律不得上岗作业。以企业自主培训为主,实施班组长安全培训工程,每年将班组长培训一遍。加强应急演练,强化应急管理和应急救援人员培训,做到全面覆盖。大力推进用人单位职业卫生培训工作。深入开展安全生产、应急避险和职业健康知识进企业、进学校、进乡村、进社区、进家庭等活动,不断提高全民特别是农民工安全意识。"

安全教育和培训受到如此重视,当然有其道理。

国际劳工组织在其所编写的《事故预防》一书中指出:"预防工业事故的早期努力,主要集中在机械防护和安全装置上。但不久就认识到,单靠机械防护装置是不够的,而且对消除事故的根本原因起的作用很小。逐渐地人们认识到了，事故预防中人的因素和安全教育(知识)的必要性。”

在生产劳动中影响安全的因素可以分为三个方面：人的因素、物的因素和环境因素，而人的因素是最重要的。大量的统计数据表明，工业生产中80％以上的事故原因是人的不安全行为引发的，另外将近20％的物的不安全状态的背后往往也包含着人的因素。从以下正反两方面的几个实例可以看出人的安全知识和技能的不同，会导致怎样的安全结果。

案例1：

1985年12月，河南省宜阳县对宜阳化工厂硫酸钡分厂进行检查，发现该厂存在严重安全问题，果断决定立即停产整顿。但该厂停产后并没有认真整顿，而是应付敷衍。一个月后，在基本未整改的情况下，以加工收尾为由要求复工，并在未经上级批准复工的情况下擅自复工。由于操作工不懂安全生产知识，就按照厂领导所说“多出产品多受益”，盲目投料，将大量硫酸直接泼入钡浆池内，致使硫化氢迅速增加，一名操作工不知危害，跳入池内搅拌钡浆，当即中毒死亡；接着又有3名工人也因无知，没有采取保护措施就跳下池中救人，也相继中毒死亡。之后又发展到有15人先后下池救人，所幸池中有毒气体已经逐渐稀薄，浓度降低，这15名中毒者经医院抢救生还。

案例2：

1997年6月19日，一辆个体大客车由车主兼驾驶员驾驶，从贵州省仁怀市驶往遵义市，途中与一辆东风大货车会车时，因客车超载、路面狭窄、驾驶员判断错误、强行通过，车辆压毁路肩后翻下48米深谷，造成32人死亡，26人轻重伤、客车报废的特大交通事故。

案例3：

2009年9月5日，河南省平顶山市新华区四矿发生冒顶。9月8日，安全副矿长侯民、矿长助理袁应周等在收到限期整改通知书的第二天，仍强行组织93名矿工下井生产。当时井下因冒顶造成局部通风机停止运转,积聚大量高浓度瓦斯,而瓦斯传感器被破坏无法正常预警,煤电钻的线路短路产生高温火源,引发瓦斯爆炸,导致76人死亡,2人重伤,4人轻伤。经调查发现,该矿在技术改造和停工整顿期间,矿领导违反规定组织工人擅自开采生产;多次开会要求瓦斯检查员确保瓦斯超标时瓦斯传感器不报警,否则予以罚款;指使瓦斯检查员将井下瓦斯传感器传输线拔脱或置于风筒新鲜风流处,使瓦斯传感器丧失预警防护功能,指使他人填写虚假瓦斯数据报表,使真实瓦斯数据不能被准确及时掌握,最终酿成大祸。

案例4:

2006年1月,加拿大萨斯喀彻温省一家钾盐矿的72名矿工,在因该矿发生火灾而被困井下一天之后全部获救,充分说明了安全知识和技能在关键时刻所发挥的巨大作用。1月29日凌晨,这家钾盐矿发生火灾后,在各个工段作业的矿工首先通过无线电将险情迅速报告给地面,并根据地图指示以最快的速度撤到就近的"特别隔离室";而6个营救小组在接报后两小时内就已到位,并展开了紧锣密鼓的营救行动。一位营救队员回忆说,当时矿井里烟很大,温度也很高,但是他们并没觉得有太大困难,因为这和平时训练时的模拟环境差不多,"只不过更复杂了一些"。在营救成功后的当天,该矿发言人汉米尔顿特别强调,被困矿工之所以毫发未伤,很大程度上是因为"平时安全生产训练得好"。

从以上正反两方面的案例可以看出,现代生产中风险隐患是普遍存在的,要控制风险、消除隐患,就对劳动者的能力和素质提出很高的要求,既要有安全意识、又要有安全技能,既要有安全责任、又要懂安全方法,既要遵守安全制度、又要严守安全法律,既要自己遵章守纪、又要督促他人不能违章。所有这些,离开安全教育培训,既不可能自动掌握,更不可能自觉执行。

人在生产劳动中实际产生的安全或不安全的结果,是由人的安全或不安全的行为所决定的,安全行为才能得到安全结果,不安全行为则可能产生不安全结果。

人的行为是完成工作任务，实现预定目标的必要条件。在生产和生活当中人们总要进行一系列的行为和活动，这些行为要么是安全的，要么是不安全的，必居其一。所谓不安全行为，是指可能导致危险、引发事故、产生意外情况的人的行为差错，是人的一种主观行为。要实现安全生产，就必须控制和消除人的不安全行为。

国际劳工组织将不安全行为分为以下六个方面：

(1)没有监督人员在场时，不履行确保安全操作和接受警告；

(2)用不安全的速度操作机器和作业；

(3)使用丧失安全性能的装置；

(4)使用不安全的机具代替安全机具，或用不安全的方法使用机具；

(5)不安全的装载、培植、混合和连接方法；

(6)在不安全的位置进行作业和持不安全的态度。

我国对不安全行为也进行了分类。国家标准局 1986 年 5 月 31 日发布，于 1987 年 2 月 1 日起实施的《企业职工伤亡事故分类标准》(GB 6441-86)，将不安全行为分为以下 13 大类：

7.01　操作错误，忽视安全，忽视警告

7.01.1　未经许可开动、关停、移动机器

7.01.2　开动、关停机器时未给信号

7.01.3　开关未锁紧，造成意外转动、通电或泄漏等

7.01.4　忘记关闭设备

7.01.5　忽视警告标志、警告信号

7.01.6　操作错误(指按钮、阀门、搬手、把柄等的操作)

7.01.7　奔跑作业

7.01.8　供料或送料速度过快

7.01.9　机械超速运转

7.01.10　违章驾驶机动车

7.01.11　酒后作业

7.01.12　客货混载

7.01.13　冲压机作业时，手伸进冲压模

7.01.14　工件紧固不牢

7.01.15　用压缩空气吹铁屑

7.01.16　其他

7.02　造成安全装置失效

7.02.1　拆除了安全装置

7.02.2　安全装置堵塞，失掉了作用

7.02.3　调整的错误造成安全装置失效

7.02.4　其他

7.03　使用不安全设备

7.03.1　临时使用不牢固的设施

7.03.2　使用无安全装置的设备

7.03.3　其他

7.04　手代替工具操作

7.04.1　用手代替手动工具

7.04.2　用手清除切屑

7.04.3　不用夹具固定、用手拿工件进行机加工

7.05　物体（指成品、半成品、材料、工具、切屑和生产用品等）存放不当

7.06　冒险进入危险场所

7.06.1　冒险进入涵洞

7.06.2　接近漏料处（无安全设施）

7.06.3　采伐、集材、运材、装车时，未离危险区

7.06.4　未经安全监察人员允许进入油罐或井中

7.06.5　未“敲帮问顶”开始作业

7.06.6　冒进信号

7.06.7 调车场超速上下车

7.06.8 易燃易爆场合明火

7.06.9 私自搭乘矿车

7.06.10 在绞车道行走

7.06.11 未及时了望

7.07 攀、坐不安全位置(如平台护栏、汽车挡板、吊车吊钩)

7.08 在起吊物下作业、停留

7.09 机器运转时加油、修理、检查、调整、焊接、清扫等工作

7.10 有分散注意力行为

7.11 在必须使用个人防护用品用具的作业或场合中,忽视其使用

7.11.1 未戴护目镜或面罩

7.11.2 未戴防护手套

7.11.3 未穿安全鞋

7.11.4 未戴安全帽

7.11.5 未佩戴呼吸护具

7.11.6 未佩戴安全带

7.11.7 未戴工作帽

7.11.8 其他

7.12 不安全装束

7.12.1 在有旋转零部件的设备旁作业穿过肥大服装

7.12.2 操纵带有旋转零部件的设备时戴手套

7.12.3 其他

7.13 对易燃、易爆等危险物品处理错误

人的不安全行为是实现安全生产的最大障碍。诸多安全生产实践表明,不安全行为是工业生产最主要的事故原因。海因里希指出:人的不安全行为是大多数工业事故的原因;威格里沃思(Wiggleworth)指出,人的不安全行为构成了所有类型伤害事故的基础;皮

特森(Petersen)指出，事故原因包括人的不安全行为和管理缺陷两方面的因素。无论哪种观点，都说明了人的不安全行为对于不安全结果的直接影响。

要确保安全生产，就必须消除人的不安全行为；而要消除人的不安全行为，则要加强安全培训、完善安全管理。可见，加强安全教育和培训、提高劳动者的安全素养，是抓好安全生产工作的一项战略性基础工程，既有速效作用，又有长效功能。只有真正抓好这项基础工作，才有助于实现安全生产的长治久安。

三、安全管理

在人类的社会活动中，人们总是要或多或少地组织起来集体行动，以达到个人单独行动所无法达到的效果，这就离不开管理。世界各国管理学家和学者对管理所下的定义多达上百条，其中得到广泛公认的是法国工业家、管理学家亨利·法约尔所下的定义：管理就是实行计划、组织、指挥、协调和控制。

加强管理是人类社会发展的必然要求，是由人们在生产劳动过程中的协作性质所引起的，尤其是在当今社会化大生产条件下，管理的作用和地位同以往相比更加重要，抓好管理更为紧迫。科学技术越先进、生产规模越大、劳动的社会化程度越高、市场竞争越激烈，管理工作就越复杂、越重要。

对于管理，马克思明确指出：**“一切规模较大的直接社会劳动或共同劳动，都或多或少地需要指挥，以协调个人的活动，并执行生产总体的运动——不同于这一总体的独立器官的运动——所产生的各种一般职能。一个单独的提琴手是自己指挥自己，一个乐队就需要一个乐队指挥。一旦从属于资本的劳动成为协作劳动，这种管理、监督和调节的职能就成为资本的职能。”**(《资本论》，第1卷，人民出版社，1975年版，第367-368页)马克思在这段话里，鲜明地指出共同劳动、分工协作就必须进行管理，当许多人在一起为了实现共同的目标进行劳动时，就需要统一指挥，以协调许多人的活动，对共同劳动的指挥，就是管理最基本、最普遍的职能和作用。

人类社会中的管理由来已久，但是管理在经济社会发展中起着重大作用、占据重要位置，则是工业革命以后才出现的。随着现代化大工厂、大工业的出现，不仅科学技术更加先进，生产工艺更加复杂，企业内部分工和协作更加精细，而且社会化程度更高，社会联系更加广泛，要使生产力的各种要素科学地结合在一起，使人力、物力、财力都能得到有效配合和利用，就更加需要科学管理。

管理是促进现代社会文明进步的三大支柱之一，它与科学和技术三足鼎力。当代著名管理学权威曾指出，管理是促进经济社会发展的最基本的关键的因素。国外有学者认为，19 世纪经济学家特别受到欢迎，而 20 世纪 40 年代以后，则是管理人才的天下了。

经济的发展，固然需要丰富的资源、雄厚的资金和先进的技术，但更重要的还是组织经济的能力，即管理能力。目前在研究国与国之间的差距时，人们已将着眼点从技术差距转到管理差距上来。如今，先进的科学技术和先进的管理已经成为推动现代社会发展的两个车轮，二者缺一不可；即使有先进的技术，也要求有先进的管理与之相适应，否则落后的管理就不能使先进的技术得到充分的发挥。美国制造原子弹的曼哈顿工程技术总负责人奥本海默教授说："使科学技术充分发挥威力的是科学的组织管理。"

中央领导同志对管理高度重视，并提出许多具体要求。

1984 年 6 月 30 日，邓小平同志指出：**"我们欢迎外资，也欢迎国外先进技术，管理也是一种技术。"**（《邓小平文选》，第 3 卷，人民出版社，1993 年版，第 65 页）1992 年初，邓小平同志指出：**"社会主义要赢得与资本主义相比较的优势，就必须大胆吸收和借鉴人类社会创造的一切文明成果，吸收和借鉴当今世界各国包括资本主义发达国家的一切反映现代社会化生产规律的先进经营方式、管理方式。"**（同上，第 373 页）

1994年6月20日，江泽民同志在广东考察工作时指出：**“要下大力气搞好管理工作。经济要发展，管理要加强。管理工作要全面，管理水平要提高。经济、法律、行政、社会的管理水平都要提高。搞现代化建设，没有现代化的管理是不可想象的。要向管理要秩序、要速度、要效益。”**（《江泽民文选》，第1卷，人民出版社，2006年版，第377页）

2000年1月26日，朱镕基同志在国务院第五次全体会议上指出：“管理是一个老话题，但还必须大讲特讲。因为我国在管理方面的问题还远没有解决。这里说的管理，包括加强监督和进行整顿。不仅企业要加强管理，工业、农业、财税、金融、贸易、科技、教育、文化、卫生等各行各业都要加强管理。……只有各方面在加强科学管理上下大功夫、真功夫、硬功夫，向管理要效率、要质量、要效益，才能真正贯彻落实好中央的方针政策和各项改革措施，促进经济和社会事业健康发展。”（2000年3月10日《人民日报》）

加强管理，无论是对于企业还是社会其意义都是十分重大的，正如江泽民同志所说，进行现代化建设，没有现代化的管理是不可想象的。特别是对于安全生产，不加强安全管理，想要得到安全结果是不可能的。开展安全管理，对企业而言，健全制度、落实责任、严格考核、隐患治理、安全达标等都很重要，但首要的则是通过计划、组织、指挥、协调和控制，确保具备安全生产基本条件。

我国的《安全生产法》明确规定，国家实行安全生产准入制度，企业应当具备安全生产法和有关法律、行政法规和国家标准或者行业标准规定的安全生产条件；不具备安全生产条件的，不得从事生产经营活动。

为了规范企业安全生产条件，防止和减少生产安全事故，国务院于2004年1月颁布了《安全生产许可证条例》，规定企业取得安全生产许可证，应当具备以下安全生产条件：

（1）建立、健全安全生产责任制，制定完备的安全生产规章制度和操作规程；

(2)安全投入符合安全生产要求；

(3)设置安全生产管理机构，配备专职安全生产管理人员；

(4)主要负责人和安全生产管理人员经考核合格；

(5)特种作业人员经有关业务主管部门考核合格，取得特种作业操作资格证书；

(6)从业人员经安全生产教育和培训合格；

(7)依法参加工伤保险，为从业人员缴纳保险费；

(8)厂房、作业场所和安全设施、设备、工艺符合有关安全生产法律、法规、标准和规程的要求；

(9)有职业危害防治措施，并为从业人员配备符合国家标准或者行业标准的劳动防护用品；

(10)依法进行安全评价；

(11)有重大危险源检测、评估、监控措施和应急预案；

(12)有生产安全事故应急救援预案、应急救援组织或者应急救援人员，配备必要的应急救援器材、设备；

(13)法律、法规规定的其他条件。

《安全生产许可证条例》第14条还明确要求："企业取得安全生产许可证后，不得降低安全生产条件，并应当加强日常安全生产管理。"

2004年1月9日，国务院印发《关于进一步加强安全生产工作的决定》，明确指出要强化管理，落实生产经营单位安全生产主体责任。《决定》指出："强化生产经营单位安全生产主体地位，进一步明确安全生产责任，全面落实安全保障的各项法律法规。生产经营单位要根据《安全生产法》等有关法律规定，设置安全生产管理机构或者配备专职(或兼职)安全生产管理人员。保证安全生产的必要投入，积极采用安全性能可靠的新技术、新工艺、新设备和新材料，不断改善安全生产条件。改进生产经营单位安全管理，积极采用职业安全健康管理体系认证、风险评估、安全评价等方法，落实各项安全防范措施，提高安全生产管理水平。”

2010年7月19日，国务院印发《关于进一步加强企业安全生产工作的通知》，明确要求严格企业安全管理，并作出具体规定，要进一步规范企业生产经营行为、及时排查治理安全隐患、强化生产过程管理的领导责任、强化职工安全培训、全面开展安全达标。这些具体规定，有着很强的针对性，认真加以落实，就一定会改善企业安全基础工作，提高现场安全管理水平。

东汉荀悦所著《申鉴》指出：“一曰防，二曰救，三曰戒。先其未然谓之防，发而止之谓之救，行而责之谓之戒。防为上，救次之，戒为下。”将这一方式用在安全生产工作中，就产生了三种方法：第一种是在事故没有发生之前就及时采取各种措施加以防范，防患于未然，这就是预防；第二种是在出现事故征兆、产生一定险情时及时采取断然措施加以制止，将事故消灭在萌芽状态，这叫补救；第三种是事故已经发生了，对责任人进行处罚教育，这叫惩戒。这三种方法中预防是上策，补救是中策，惩戒是下策。加强安全生产管理，其目的就在于夯实安全基础工作，提高人员的安全技能和责任心，及时发现和消除各种风险隐患，将各种不安全的因素加以排除和化解，做好预防工作，提高安全保障水平，使安全生产始终处于可控、受控状态。

四、安全准入

我国多年来安全生产基础薄弱，事故不断，形势严峻，同许多行业的生产企业“多、小、散、差”状况有着直接关系。由于兴办企业的安全门槛较低，20世纪八九十年代许多小企业纷纷进入煤矿、非煤矿山等高危行业，由于其数量多、规模小、分布散、基础差，几十年来一直成为我国经济社会发展的主要事故源，这也是当前我国安全生产形势严峻的一个历史性、深层次问题。在这方面，小煤矿是一个典型代表。

多年来，我国小煤矿盲目发展，过多过滥，虽然在历史上对缓解煤炭供应紧张局面起过一定作用，但小煤矿单井规模平均只有七八千吨，有的只有两三千吨，基本上采用的是原始落后的开采方式，设备十分简陋，劳动生产率很低，安全事故不断。虽经多次关闭和整顿，到 2000 年全国小煤矿仍有 2.5 万多处，占全国矿井总数的 95%；我国煤炭行业人均年产煤只有 200 多吨，而美国则是 6000 多吨，差距一目了然。

针对小煤矿数量多、产量低、安全保障能力差、生产事故多发的现状，国家有关方面从推进煤炭工业可持续发展、加快煤炭行业结构调整、保障煤炭行业长治久安的高度出发，确定了关闭整顿小煤炭、走大公司大集团发展道路的工作思路，对产量低、安全没有保证的小煤矿进行了持续多年的整顿关闭工作。

1998 年 11 月 11 日，全国煤炭行业关井压产工作会议在北京召开。中共中央政治局委员、国务院副总理吴邦国在会上指出，关闭非法和布局不合理煤矿，是煤炭行业进行的又一重大改革。这对合理开发利用煤炭资源，调整和优化煤炭工业结构，规范生产经营秩序，实现煤炭产需平衡，促进煤炭工业摆脱困境，具有重大意义。吴邦国指出，要采取坚决有力措施，保证关井压产目标的实现。国务院决定，从现在起到 1999 年底，关闭非法和布局不合理的各类小煤矿 2.58 万处，压减产量 2.5 亿吨左右。

1998 年 12 月 5 日，国务院印发《关于关闭非法和布局不合理煤矿有关问题的通知》，对关闭非法和布局不合理煤矿、压减煤炭产量工作进行了具体安排。从此，我国开始了有计划、有步骤的大规模关闭整顿小煤矿工作。

2000 年 7 月 7 日，国务院办公厅印发《关于切实加强安全生产工作有关问题的紧急通知》，指出，要结合产业结构调整，下决心关闭和淘汰一批不符合安全生产条件的烟花爆竹厂、打火机厂、小炼油厂、小煤矿等小厂小矿。

2002年4月9日，国家安全生产监督管理局局长张宝明在全国煤矿安全整治会议上提出了深化煤矿安全整治的总体目标：坚持结构调整，发展大矿，关闭小矿，淘汰落后的矿。小煤矿在现有基数上再关闭30%，力求到年底将小煤矿数量减少到1.5万个左右；全国煤矿事故死亡人数和重、特大事故起数比去年下降10%；煤矿安全装备水平和技术素质得到明显改善。

2003年11月29日，国家安全生产监督管理局副局长梁嘉琨在全国乡镇煤矿安全监察工作座谈会上指出，作为国家的能源战略，首要的是确保煤炭供应能力，靠小煤矿支撑我国经济高速发展的能源供应是不可能、不现实的。大型煤矿要做强做大，不具备安全生产基本条件的小型煤矿要逐步退出，建立优胜劣汰的机制，继续淘汰落后的生产能力，关闭不具备基本安全条件的小煤矿，使资源枯竭、污染环境、安全得不到保证的煤炭生产企业退出市场。

2005年6月7日，国务院印发《关于促进煤炭工业健康发展的若干意见》，明确提出要进一步改造整顿和规范小煤矿。各产煤地区要加快中小型煤矿的整顿、改造和提高，整合煤炭资源，实行集约化开发经营。鼓励大型煤炭企业兼并改造中小型煤矿，鼓励资源储量可靠的中小型煤矿通过资产重组实行联合改造。积极推进中小型煤矿采煤工艺改革和技术改造，规模以上煤矿必须尽快做到正规化开采。继续淘汰布局不合理、不符合安全标准、不符合环保要求和浪费资源的小煤矿，坚决取缔违法经营的小煤矿。

2007年1月24日，国家安全生产监督管理总局局长李毅中在全国安全生产工作会议上指出，整顿关闭工作要认真实施“整顿关闭、整合技改、管理强矿”三步走战略，破除阻力、强力推进，为“三年解决小煤矿问题”打下坚实基础。

2008年10月，国家发展和改革委员会、国家能源局、国家安全生产监督管理总局、国家煤矿安全监察局联合印发《关于下达“十一五”后三年关闭小煤矿计划的通知》，提出各地区要将现有小煤矿通过淘汰落后关闭一批、扩能改造提高一批、大矿托管提升一批，确保完成三年小煤矿关闭工作任务。《通知》确定，2008 年全国共有小煤矿 14069 处，到 2010 年底需关闭小煤矿 2501 处，扩建改造或大矿托管小煤矿 1616 处，到 2010 年底保留 9952 处。

2010 年 1 月 19 日，国家安全生产监督管理总局局长骆琳在全国安全生产工作会议上指出，一年来共查处煤矿滥采乱挖、越层超界开采等非法违法行为 3.76 万余起，取缔无证非法采煤窝点和“死灰复燃”矿井 3112 处，整顿关闭小煤矿 1088 处。2010 年要继续整顿关闭非法和不具备安全生产条件的小矿、小厂、小作坊等；认真执行安全生产行政许可制度，严格市场准入；加大煤矿整顿关闭力度，坚决完成全国小煤矿控制在 1 万处以下的规划目标。

经过坚持不懈的努力，我国小煤矿从 1998 年的 8 万多处减少到 2005 年的 23388 处，到 2010 年实现了全国小煤矿控制在 1 万处以下的规划目标。与此同时，我国煤炭行业的安全生产形势有了明显好转，从中就可看出设置安全门槛、严格安全准入的重要作用。

不仅仅是煤矿企业，其他行业一些小厂小矿小企业由于实力弱、基础差，在安全生产方面重视不多，投入不够、事故不断，成为阻碍我国安全发展的一个重要原因。

2000 年 7 月 12 日，中共中央政治局委员、国务院副总理吴邦国在全国安全生产工作电视电话会议上指出：“一些地区和部门在安全生产监督管理方面，不能适应社会主义市场经济发展的要求，仍停留在计划经济时期的管理体制和管理思想上，重大厂、大矿，轻小厂、小矿；重视国有企业，忽视集体企业、‘三来一补’企业、私营企业，对小厂和小矿、集体企业‘三来一补’企业和私营企业及个体工商户疏于监管，在工作中存在着盲区……对于不符合安全生产规定的小工厂、小矿山、个体工商户及不符合安全、消防等规定的各类公共娱乐场所，要坚决予以关闭或吊销营业执照。”

2001 年 8 月，朱镕基同志在贵州省考察工作时指出：“大力整顿和规范生产秩序，特别要坚决关闭污染环境、破坏资源、不符合安全生产条件的‘五小’企业。‘三证’不全和不具备基本安全生产条件的小煤矿和其他‘五小’企业，都必须依法坚决关闭，彻底端掉，决不能手软。”

经过10年左右的时间，我国对小厂小矿特别是小煤矿的整顿工作成效如何呢？

2010年2月6日，国务院印发《关于进一步加强淘汰落后产能工作的通知》指出：加快淘汰落后产能是转变经济发展方式、调整经济结构、提高经济增长质量和效益的重大举措，是实现工业由大变强的必然要求。《通知》明确规定了电力、煤炭、焦炭、铁合金、电石、钢铁、有色金属、建材、轻工业、纺织10个重点行业淘汰落后产能的具体目标任务，其中对煤炭行业的规定是，2010年底前关闭不具备安全生产条件、不符合产业政策、浪费资源、污染环境的小煤矿8000处，淘汰产能2亿吨。也就是说，应当在2010年关闭的这8000处小煤矿，平均单矿年产煤能力只有2.5万吨。

2011年1月12日，中共中央政治局委员、国务院副总理张德江在全国安全生产电视电话会议上指出：“安全工作基础不够牢。在目前全国430万个生产经营单位中，中小企业约占90%以上，煤炭等高危行业‘小、散、乱、差’的状况尚未得到根本性改变。一些小厂小矿技术装备水平低，员工素质低，安全管理形同虚设。”

我国工业企业规模小、实力弱，有其历史原因，改革开放以来尽管提出了做大做强的要求，但进展不一。根据1996年进行的第三次全国工业普查，1995年全国共有工业企业和工业生产单位734万个，其中大中型工业企业23007个，占全国工业企业单位数的0.3%，其中特大型企业215个，大型企业6201个，中型企业16591个。

美国经济学家迈克尔·波特经过大量实证研究后得出结论：在一个相对统一的市场中，如果生产相同产品的前四家企业的市场占有率(集中度)的总和低于40%,则该行业很有可能出现无序竞争的现象。

按照这一观点,我国许多行业的企业平均规模偏小,在国内对市场的影响力和控制不大,在国际上同许多国家相比差距很大,国际竞争力不强。

2005年我国粗钢产量500万吨以上的企业有18家,其产量占全国粗钢总产量的46%;2004年日本粗钢产量最高的4家企业,占日本粗钢产量的73%;美国三家企业占61%;俄罗斯5家企业占78%;韩国两家企业占82%。

我国煤炭行业这一状况更为严峻。矿井数量多、单井规模小,缺乏一批对全国煤炭供需平衡和市场稳定具有一定调节能力的特大型煤炭企业,是我国煤炭行业的基本状况。2005年我国有各类煤矿2.8万处,平均每处年生产能力约为7万吨,其中年产煤能力1万吨以下的占41%,年产9万吨以上的仅占8%。2004年我国产煤量最大的8家煤炭企业总产量仅占全国产量的20.6%,前四家煤炭企业总产量仅占全国产量的15%,远低于世界其他主要产煤国的水平,澳大利亚为46%,美国为51%,南非为87%,印度为89%。

要改变我国高危行业"小、散、乱、差"状况,扭转安全生产被动局面,提高安全门槛、严格准入条件是一项必不可少的有力措施。这无论是对于扩大企业规模、增强企业实力、提高主要骨干企业的市场占有率和影响力,还是对于安全生产,都具有积极作用。在这方面,有关方面早已提出了明确要求。

2005年12月,国务院印发《促进产业结构调整暂行规定》指出:产业结构调整要坚持走新型工业化道路的原则。要以信息化带动工业化,以工业化促进信息化,走科技含量高、经济效益好、资源消耗低、环境污染少、安全有保障、人力资源优势得到充分发挥的发展道路,努力推进经济增长方式的根本转变。《规定》明确指出,调整改造中小煤矿,坚决淘汰关闭不具备安全生产条件和浪费破坏资源的小煤矿。

《规定》分别列出了鼓励类、限制类、淘汰类工艺技术装备和产品。

限制类主要是工艺技术落后，不符合行业准入条件和有关规定，不利于产业结构优化升级，需要督促改进和禁止新建的生产能力、工艺技术、装备及产品。按照以下原则确定限制类产业指导目录：

(1)不符合行业准入条件、工艺技术落后，对产业结构没有改善；

(2)不利于安全生产；

(3)不利于资源和能源节约；

(4)不利于环境保护和生态系统的恢复；

(5)低水平重复建设比较严重，生产能力明显过剩；

(6)法律、行政法规规定的其他情形。

淘汰类主要是不符合有关法律法规规定，严重浪费资源、污染环境、不具备安全生产条件，需要淘汰的落后工艺技术、装备及产品。按照以下原则确定淘汰类产业指导目录：

(1)危及生产和人身安全，不具备安全生产条件；

(2)严重污染环境或严重破坏生态环境；

(3)产品质量低于国家规定或行业规定的最低标准；

(4)严重浪费资源、能源；

(5)法律、行政法规规定的其他情形。

2010年2月6日，国务院印发《关于进一步加强淘汰落后产能工作的通知》，明确指出要严格市场准入，强化安全、环保、能耗、物耗、质量、土地等指标的约束作用，制定和完善相关行业准入条件和落后产能界定标准，提高准入门槛，鼓励发展低消耗、低污染的先进产能。要提高生产、技术、安全、能耗、环保、质量等国家标准和行业标准水平，做好标准间的衔接，加强标准贯彻，引导企业技术升级。

2010年7月19日，国务院印发《关于进一步加强企业安全生产工作的通知》，明确要求“严格行业安全准入”，指出：“加快完善安全生产技术标准。各行业管理部门和负有安全生产监管职责的有关部门要根据行业技术进步和产业升级的要求，加快制定修订生产、安全技术标准，制定和实施高危行业从业人员资格标准。对实施许可证管理制度的危险性作业要制定落实专项安全技术作业规程和岗位安全操作规程。严格安全生产准入前置条件。把符合安全生产标准作为高危行业企业准入的前置条件，实行严格的安全标准核准制度。矿山建设项目和用于生产、储存危险物品的建设项目，应当分别按照国家有关规定进行安全条件论证和安全评价，严把安全生产准入关。”

2011 年 11 月 26 日，国务院印发《关于坚持科学发展安全发展促进安全生产形势持续稳定好转的意见》，明确要求“严格安全生产准入条件”，指出：“要认真执行安全生产许可制度和产业政策，严格技术和安全质量标准，严把行业安全准入关。强化建设项目安全核准，把安全生产条件作为高危行业建设项目审批的前置条件，未通过安全评估的不准立项；未经批准擅自开工建设的，要依法取缔。严格执行建设项目安全设施“三同时”（同时设计、同时施工、同时投产和使用）制度。制定和实施高危行业从业人员资格标准。加强对安全生产专业服务机构管理，实行严格的资格认证制度，确保其评价、检测结果的专业性和客观性。”

提高安全门槛、严格安全准入，关闭整顿安全生产基础条件差、保障能力弱的小厂小矿工作，得到国家安全生产监督管理总局的高度重视。

2006 年 4 月 18 日，国家安全生产监督管理总局局长李毅中在非煤矿山等行业关闭整顿工作电视电话会议上指出，安全生产市场准入门槛低，不具备安全生产条件的企业没有“卡住”，大量生产力水平低下、管理手段落后、缺乏安全保障能力的小厂小矿充斥高危行业。这些企业一般都不具备基本的安全生产条件，大多数基础很差，整顿无望；还有相当一部分 2005 年就已列入关闭计划，至今仍未完全关闭到位。安全生产许可证制度的实施，为解决高危行业领域不具备安全条件的小厂、小矿问题提供了法律依据和良好契机。用好安全许可这个法律武器，抓住目前的有利时机，打赢整顿关闭不具备安全生产小厂小矿这一仗。

2007年10月22日，国家安全生产监督管理总局副局长孙华山在非煤矿山及相关行业安全监督工作现场会上指出："提高企业生产规模，是促进企业安全生产的有效措施，非煤矿山企业以及冶金、有色等行业都应当具备一定的生产规模，才能有利于企业实现安全生产。企业规模过小、安全技术水平低下，是当前伤亡事故高发的一个重要原因。为此，必须树立安全发展的理念，按照走新型工业化道路的要求，淘汰那些规模小、生产工艺和设备落后的企业。要对非煤矿山和冶金、有色等具有较高危险性的企业设定最低生产规模，提高准入门槛，达不到标准就不能进入市场。这些措施必将对安全生产起到十分重要的作用。"

2012年9月19日至20日，国家安全生产监督管理总局在北京市召开全国非煤矿山整顿关闭暨"打非治违"工作推进会。会议提出，为尽快解决金属非金属矿山"多、小、散、差"问题，更好地把握非煤矿山安全生产主动权，国家安全生产监管总局与国家发展改革委、国土资源部等部门达成共识，将在全国范围内开展一场金属非金属矿山整顿关闭攻坚战，大体上用三年多的时间，取缔关闭两万座非法违法、不符合国家和地方产业政策、安全保障能力低下的小矿山。通过打好这场整顿关闭攻坚战，彻底转变一些矿山以牺牲生命、浪费资源、破坏环境、败坏风气为代价的不科学、不安全、不健康、不协调、不可持续的发展方式，真正走上科学发展、安全发展之路。

2012年10月，国家安全生产监督管理总局局长杨栋梁明确指出："借鉴煤矿经验，认真组织实施非煤小矿山整顿关闭攻坚战，大致用3年左右的时间，在全国取缔关闭两万座以上非法违法、不符合国家和地方产业政策、安全保障能力低下的小矿山，基本解决我国非煤矿山'多、小、散、差'和事故多发问题。"

2012 年 11 月 4 日，国务院办公厅转发国家安全生产监督管理总局、国家发展和改革委、公安部等 9 部门联合下发的《关于依法做好金属非金属矿山整顿工作的意见》，明确提出，要坚持严格依法、淘汰落后、标本兼治、稳步推进的原则，统筹采取"关闭、整合、整改、提升"等措施，依法取缔和关闭无证开采、不具备安全生产条件和破坏生态、污染环境等各类矿山尤其是小矿山。到 2015 年底，无证开采等非法违法行为得到有效制止，不符合产业政策、安全保障能力低下的小型矿山得到依法整顿关闭，浪费破坏矿产资源、严重污染环境等行为得到有效遏制，小型矿山数量有较大幅度减少，安全基础工作进一步加强，矿山安全生产条件进一步改善，矿山规模化、机械化、标准化、信息化、科学化水平进一步提高，生产安全事故持续下降，较大、重大事故得到有效遏制，努力杜绝特别重大事故，促进矿山安全生产形势持续稳定好转。

提高安全门槛、严格安全准入，对于从源头上减少和消除生产安全事故、推进我国安全生产形势根本好转有着重要的现实意义。小厂小矿特别是像煤矿、非煤矿山等高危行业的小厂小矿，成为生产安全事故的多发区、重灾区由来已久，影响恶劣。其原因也是明显的：工艺设备落后、技术水平低下、专业人才缺乏、职工素质不高，在这种状况下这些企业仍然将挣钱放在重于一切的位置，而不是将安全放在重于一切的地位，不出事是侥幸，出事则是必然。要改变我国安全生产基础薄弱、安全事故易发多发的状况，提高门槛、严格准入是一个有效措施，也是一条必由之路。

五、安全监管

实行严密完善的安全生产监督监管体制，是世界上许多国家的通行做法。为了保障公民的生命安全、身体健康，维护社会资源和财富不受损失，这些国家一般都实行"国家立法、政府监督、业主负责、员工守章”的安全生产管理体制。国家颁布安全生产法律法规，不断健全完善安全生产法律体系；政府依照安全生产法律制定安全生产监督法规，督促企业依法做好职业安全健康工作；对不符合国家安全生产规范的企业和项目不允许开业和投运；相关政府部门各司其职各负其责，使安全生产各个环节有序、受控。同时一些非政府组织和行业协会也会密切配合政府部门的安全监督工作，加强行业内部的监督管理。

我国历来十分重视安全生产监督管理工作，相关管理机构和职能也几经调整，并不断完善。

早在新中国成立前夕，第一届中国人民政治协商会议通过的《共同纲领》就规定，人民政府“实行工矿检查制度，以改进工矿的安全和卫生设备”。

1950年5月，政务院批准的《中央人民政府劳动部试行组织条例》，和《省、市劳动局暂行组织通则》规定：“各级劳动部门自建立伊始，即担负起监督、指导各产业部门和工矿企业劳动保护工作的任务。”

1979年5月，国家劳动总局召开全国劳动保护会议，强调了加强安全宣传和建立安全生产监察制度的重要性和迫切性。

1982年2月，国务院先后发布《锅炉压力容器安全监察暂行条例》、《矿山安全条例》和《矿山安全监察条例》，对锅炉压力容器和矿山安全工作的监察作出了明确规定。

1993年7月12日，国务院印发《关于加强安全生产工作的通知》，确定在建立社会主义市场经济体制过程中，实行“企业负责、行业管理、国家监察、群众监督”的安全生产管理新体制；并规定，由劳动部负责综合管理全国安全生产工作，对安全生产实行国家监察。

1998年国务院机构改革中，确定将原先由劳动部承担的安全生产综合管理、职业安全卫生监察、矿山安全卫生监察的职能划归国家经济贸易委员会承担，原先由劳动部承担的锅炉压力容器监察的职能划归国家质量技术监督局承担。国家经贸委成立安全生产局，综合管理全国安全生产工作，对安全生产行使国家监督监察管理职权。

2000 年 12 月，为进一步加强对安全生产的监督管理，预防和减少各类伤亡事故，国务院设立国家安全生产监督管理局，国家煤矿安全监察局与其一个机构、两块牌子。国家安全生产监督管理局(国家煤矿安全监察局)是综合管理全国安全生产工作、履行国家安全生产监督管理和煤矿安全监察职能的行政机构，由国家经贸委负责管理。

2003 年 3 月，十届全国人大一次会议通过《国务院机构改革方案》，将原先由国家经贸委管理的国家安全生产监督管理局改为国务院直属机构，负责全国安全生产综合监督管理和煤矿安全监察。

2005 年 2 月，国家安全生产监督管理局调整为国家安全生产监督管理总局，升为正部级，为国务院直属机构；国家煤矿安全监察局设为副部级，为国家安全生产监督管理总局管理的国家局。这一变动，提升了政府安全生产监督管理的权威性和严肃性，使政府对企业安全生产监督管理的力度进一步加大。

《中华人民共和国安全生产法》第九条，对安全生产监督管理作出明确规定："国务院安全生产监督管理部门依照本法，对全国安全生产工作实施综合监督管理；县级以上地方各级人民政府安全生产监督管理部门依照本法，对本行政区域内安全生产工作实施综合监督管理。国务院有关部门依照本法和其他有关法律、行政法规的规定，在各自的职责范围内对有关行业、领域的安全生产工作实施监督管理；县级以上地方各级人民政府有关部门依照本法和其他有关法律、法规的规定，在各自的职责范围内对有关行业、领域的安全生产工作实施监督管理。"

2004 年 1 月 9 日国务院印发的《关于进一步加强安全生产工作的决定》，明确规定要加强安全生产监督管理："强化安全生产监管监察行政执法。各级安全生产监管监察机构要增强执法意识，做到严格、公正、文明执法。依法对生产经营单位安全生产情况进行监督检查，指导督促生产经营单位建立健全安全生产责任制，落实各项防范措施。组织开展好企业安全评估，搞好分类指导和重点监管。对严重忽视安全生产的企业及其负责人或业主，要依法加大行政执法和经济处罚的力度。认真查处各类事故，坚持事故原因未查清不放过、责任人员未处理不放过、整改措施未落实不放过、有关人员未受到教育不放过的四不放过原则，不仅要追究事故直接责任人的责任，同时要追究有关负责人的领导责任。”

《决定》还要求加强对小企业的安全生产监管。指出：小企业是安全生产管理的薄弱环节，各地要高度重视小企业的安全生产工作，切实加强监督管理。从组织领导、工作机制和安全投入等方面入手，逐步探索出一套行之有效的监管办法。坚持寓监督管理于服务之中，积极为小企业提供安全技术、人才、政策咨询等方面的服务，加强检查指导，督促帮助小企业搞好安全生产。要重视解决小煤矿安全生产投入问题，对乡镇及个体煤矿，要严格监督其按照有关规定提取安全费用。

对生产经营单位的安全生产情况进行监督检查和管理，作为政府安全生产监督管理部门的法定职责，受到国家安全生产监督管理总局的高度重视。

2002年7月9日，国家安全生产监督管理局局长王显政在安全生产工作座谈会上指出：“新颁布的《安全生产法》第九条明确规定，‘国务院负责安全生产监督管理的部门依照本法，对全国安全生产工作实施综合监督管理’。这一规定，将国家赋予我们的职能法制化。……安全生产监管工作到位，就是要全面履行好安全生产综合监督管理职能，并在实施监管中树立国家安全生产综合监督管理的权威。”

2005年7月25日，国家安全生产监督管理总局局长李毅中在安全生产工作座谈会上指出：“政府是安全生产的监管主体。对安全生产实施监督管理，是政府履行市场监管、社会管理职能的重要内容。政府安全监管主体又可以分为地方政府及其安全监管部门、行业主管部门、国有资产管理部门、国务院安全生产综合监管部门。”

2007年4月12日，国家安全生产监督管理总局副局长梁嘉琨在安全生产综合监管工作座谈会上指出：“总局党组一直高度重视综合监管工作，始终把综合监管作为总局的重要工作之一。当前，要以事故多发行业和领域为重点，以事故跟踪查处为切入点，查清事故原因，搞好事故分析、支援，配合有关部门采取针对性措施。联合开展专项整治。协调有关部门遇到的重大问题，实施隐患整改，遏制重特大事故的发生。以此来体现综合监管，体现安全监管部门的综合性和全局性，体现指导、协调和监督的职责。”

2008年9月26日，国家安全生产监督管理总局副局长赵铁锤在全国安全监管监察交流视频会议上指出：“必须加大监管监察执行力度，求真务实、真抓实干，在抓落实上狠下功夫。目前党中央、国务院关于安全生产工作的各项要求已经很明确，关键是抓落实，各级安全监管监察机构要以向党向人民高度负责的态度，认真履行职责，加大安全监管监察执法力度，严格执法，秉公执法，对违背党和国家安全生产方针政策、法律法规的行为，该罚的罚，该停的停，该关的关，绝不姑息迁就。”

为进一步加强安全生产综合监督管理、增强综合监管工作效能，2009年6月29日，国家安全生产监督管理总局印发《关于进一步加强安全生产综合监管工作的指导意见》，明确了各省区市安全生产监督管理局依法履行的13项综合监管工作职责，分别是：

(1)加强地方法规和标准体系建设；

(2)推动本行政区域内安全生产发展规划实施；

(3)实施安全生产目标责任考核；

(4)组织开展安全生产专项整治；

(5)加强指导协调和督促检查；

(6)严格事故调查和责任追究；

(7)推进行政执法监督工作；

(8)综合分析和把握安全生产形势;

(9)协调解决安全生产重大问题;

(10)指导协调安全生产相关工作;

(11)指导督促建设项目安全设施“三同时”工作;

(12)加强安全生产应急管理工作;

(13)开展安全生产宣传教育和培训工作。

在我国现行体制下,加强安全监管工作,对各有关部门、地区及企业的安全生产工作实施宏观管理和有效监督,是保证安全生产法律法规、标准规范、方针政策和安全发展的指导原则得到全面贯彻落实的必要手段,是保障人民群众生命财产安全、促进经济社会发展的重要举措;同时,扎实开展安全监管,也是应对当前安全生产基础薄弱、生产事故易发多发被动局面的有力措施。可以说,实施好安全监察,速效成果可观,长效成果可期。

安全生产监察的方式可以分为行为监察和技术监察两种。

行为监察的内容主要包括监督检查生产经营单位安全生产的组织管理、规章制度建设、职工安全培训考核、安全生产责任制的执行、重大危险源和事故隐患监控整改、应急演练开展情况等工作。此外,对于经常发生事故或者发生了重、特大安全事故的生产经营单位还应采取强制性的行为监察,对其保持一种威慑力,促使这些单位自觉主动抓好安全生产工作。

技术监察是指对物质条件的监督监察,包括对新建、改建、扩建和技术改造工程项目的“三同时”监察,对用人单位防护措施与设施的完好率、使用率的监察,对个人防护用品的配备、质量与应用的监察,对危险性较大的设备、危害性严重的作业场所和特殊工种作业的监察等。技术监察的特点是专业性强,技术要求高,常常需要专门的检测检验仪器和设备作为依托。

从专业监察的角度划分,安全生产监察的种类可分为一般监察、专门监察和事故监察。

一般监察是对生产经营单位的日常生产活动进行的常规的全面监察。随着我国安全生产法律法规的不断完善，一般监察的具体内容、方式方法等方面已有明确规定。如监察内容包括安全管理、安全技术、教育培训、隐患治理、事故调查等；监察形式包括不定期地组织监察执法活动、按照安全生产检查考核标准进行系统的检查和评估、根据举报进行监察活动等。

专门监察是针对特殊问题进行的监察，主要包括对生产性建设项目的监察，对特种设备的监察，对劳动防护用品的监察，对特种作业人员的监察，对女职工和未成年工特殊保护的监察，对严重有害作业场所的监察。

事故监察是对伤亡事故的报告、登记、统计、调查和处理的监察。

当今社会化大生产最突出的特点就是机器化和工厂化，由此产生了大量的风险隐患，而风险隐患的进一步发展就是安全事故。为了及时发现、消除和控制安全风险隐患，强化正常生产的各项保障措施如安全投入、安全培训、安全管理、安全准入、安全监管等不仅是必不可少的，而且是必须长期坚持的，只有扎扎实实做好这些基础工作，才能从根本上提升我国安全生产工作水平。

第四节 长治久安的对策

我国安全生产工作具有长期性、艰巨性、复杂性、反复性的特点，特别是当前正处于工业化、城镇化快速发展进程中，处于生产安全事故易发多发的高峰期。面对当前事故多发的严峻形势，必须做好打持久战的准备，在制定安全对策措施时要坚持“两手抓”，既要有当前对策，又要有长远打算；既要治标，更要治本，努力追求安全生产的长治久安。

2005 年 12 月 21 日，国务院召开第 116 次常务会议，决定在采取断然措施、坚决遏制重特大事故的同时，有针对性地采取一系列对策措施，抓紧解决影响和制约我国安全生产的深层次、历史性问题，加快建立安全生产长效机制和长远对策，就是由十二项治本之策构成安全生产政策措施体系，具体包括：

(1)制定安全发展规划，建立和完善安全生产指标体系。

(2)加强行业管理，修订行业安全标准和规程。

(3)加大安全投入，扶持重点煤矿治理瓦斯等重大隐患。

(4)推进安全科技进步，落实项目、资金。

(5)研究出台经济政策，建立完善经济调控手段。

(6)加强教育培训，规范煤矿招工和劳动管理。

(7)加快安全立法工作。

(8)建立安全生产激励约束机制。

(9)强化企业主体责任，严格企业安全生产业绩考核。

(10)严肃查处责任事故，防范惩治失职渎职、官商勾结等腐败现象。

(11)倡导安全文化，加强社会监督。

(12)完善安全监管体制，加快应急救援体系建设。

由这十二项治本之策所构成的安全生产政策措施体系，建立在对社会主义市场经济条件下和工业化加速发展阶段安全生产规律特点深入分析、准确把握的基础上，符合现阶段国情和安全生产领域的实际，是我国安全生产方针和安全生产法律制度的具体化，是多年来安全生产工作方式方法、手段途径的概括和总结，是用安全发展理念指导安全生产工作实践的一项重要成果。这一体系的建立，标志着我国安全生产政策趋于完善，标志着安全生产工作开始进入标本兼治、重在治本、追求安全生产长治久安的新阶段。

第二章　保障人员安全健康

马克思主义的历史唯物主义认为，人是人类社会之本，是社会历史的现实主体，是人类社会发展的根本力量。

马克思主义明确坚持人是人类社会之本的观点。恩格斯指出：**“有了人，我们就开始有了历史。”**(《马克思恩格斯选集》，第3卷，人民出版社，1972年版，第457页)如果没有人，没有人的活动，就没有历史，就没有人类社会。

马克思主义关于人是人类社会之本的思想，其内涵十分丰富，大致包括以下三个方面：

首先，人是社会历史的根本。社会是由人们相互联系、相互结合而形成的，人是社会历史的现实主体，社会发展的历史也就是人的活动的历史。正如恩格斯所指出的：**“在社会历史领域内进行活动的，全是具有意识的、经过思虑或凭激情行动的、追求某种目的的人。”**(《马克思恩格斯选集》，第4卷，人民出版社，1972年版，第243页)

其次，人是社会价值的根本。也就是说，人是社会中的价值主体。人是具有自觉能动性的社会存在物，是具有各种需求的社会主体。作为改造客观世界的物质活动，人类的实践活动都是有意识、有目的地进行着，人们所进行的活动、所创造的事物，归根到底都是人出于自身需要而进行和创造的，都是人追求和奋斗的产物。

最后，人是衡量和评价一切问题的根本。也就是说，人是现实世界的中心，是处理和解决一切问题的出发点和落脚点，是衡量一切事物、现象和人的行为的对错、好坏、善恶、美丑的最终标准和根本尺度。

正因为人是人类社会之本，是天地之间万事万物当中最为重要的，同时也是生产力中最活跃的因素，因此保障人员安全健康也就成为安全生产中最重要的任务。一旦离开了人，离开了人的安全健康，经济社会发展就既没有目标又没有动力；而且就安全生产自身而言，实现、保持和维护生产安全地运行下去也必须依靠人，如果没有劳动者的安全健康，安全生产既不能存在，也没有意义。

同时，保障人员安全健康也是维护人权、促进人的全面发展的必然要求。人的各项权利的实现，其基础是人的生命存在，如果连生命都不存在了，又何谈其他权益。而促进人的全面发展包括人的个体特征的发展和社会特征的发展，也同样要以人的生命存在为前提。

由此可见，保障人员安全健康是安全生产的重要任务和核心目标，是坚持以人为本的根本体现，是人类社会文明进步的重要标志。

第一节　人类实践与生存发展

人类社会的历史，就是人类通过实践认识世界和改造世界的历史。人类社会的发展，就是人类自觉地进行创造的过程，就是人类自己创造自己的历史的过程。人是社会的主人，是历史的主体，历史是人的活动的结果。社会发展、历史活动离不开人，在社会内部的各个领域、各个方面、各个要素之中都渗透着人的影响和作用，都是人活动的产物和结果。

人类历史的延续，人类历史的发展，包括人自身的存在都不离开实践。那么，什么是实践呢？马克思主义认为，所谓实践，就是指人们能动地改造和探索客观世界的一切社会的客观物质活动，包括生产实践、处理社会关系的实践、科学实验三种基本形式，其中生产实践是基础，它决定和制约着处理社会关系实践和科学实验。

作为社会主人、历史主体的人，是处于一定社会关系之中、从事一定实践活动的人，具有以下四个方面的特征：一是自然性。人是自然界长期发展的产物，具有自然属性，这是人能够成为认识主体和实践主体的物质前提。二是社会性。人不但是自然存在物，而且是社会存在物。人和动物的根本区别就在于人能够劳动，人在劳动中不仅同自然界发生关系，而且人与人之间还要结成社会关系，在一定社会关系之中从事实践活动。所以，作为主体的人的本质不是自然性而是社会性。三是意识性。人的活动是有意识、有目的的自觉能动的活动，这是认识主体和实践主体的显著特征。四是实践性。人的能动性不仅表现为意识性，更重要的表现为实践性。动物的活动只是消极适应周围环境的本能的活动，而人则是有意识的，能够制造和使用工具进行生产、改造自然、改造世界，这是人区别于动物的根本标志。人的自然性、社会性、意识性和实践性，是密切联系、不可分割的，其中最重要的是社会性和实践性。

作为人认识和改造世界的必然方式，实践是人的实践，是一定社会历史条件下的实践，它具有以下三方面的特征：

一是客观物质性。实践是一种客观物质活动，它的各个要素如作为实践主体的人、作为实践手段的工具、作为实践对象的物品，都是客观物质因素。不论实践是否达到预期目的，都会产生一定的结果，而这一结果不管怎样都是客观的。因此，实践具有客观物质性。

二是自觉能动性。人的实践活动，是在一定的思想、理论、原则、计划、方案的指导和规范下有目的、有意识进行的活动，是主观见之于客观的活动，所以是自觉的、能动的活动。

三是社会历史性。实践不是孤立的个人活动，也不是纯动物的本能活动，而是在一定的社会历史条件下处于一定的社会关系中的人改造客观世界的活动。实践离不开一定的社会历史条件和社会关系，离不开社会的共同协作。在不同的社会发展阶段和社会历史条件下，实践的手段、对象、内容、水平、深度和广度都是不同的。实践不会永远停留在一个水平上，而是在不断发展的。

实践无论是对于单个的人还是整个人类来说，都具有极其重要的作用。实践活动是人和其他动物最本质的区别。其他动物的活动并不是自觉的能动活动，而是无意识的、被动地适应自然界的、仅仅为了个体生存和种类繁衍的本能活动。而人的活动则是自觉的能动活动，是既改造客观世界、又改造主观世界的有意识的活动。实践也是产生和决定人的其他特征的前提和根据。正是实践使人类远离动物界，超越自然属性而产生了社会属性；正是实践使人类超越各种自然条件的限制和束缚，创造出种类繁多、日益发达的人工产品；正是实践使人类能够不断改善自我，自己创造着自己的历史。

人们有意识、有目的地探索和改造现实世界的实践活动，具有两大社会功能：一是创造客体价值，二是优化主体素质。人们通过实践活动作用于实践客体，创造出具有一定用途的人工产品，就是创造客体价值。几乎一切有关于人们生存发展的客体价值，都不是大自然直接提供的，而是由人的实践活动发明和生产出来的。同时，人的实践活动也在改造主体本身。实践主体与实践客体是相互作用和相互影响的，实践主体通过实践活动征服、改造实践客体的同时，实践客体也在反作用于实践主体，使实践主体的知识水平、动手能力包括部分人体器官的功能得到提高完善，促使实践主体不断发展。

人类正是这样不断通过实践活动，认识、改造和利用自然界，创造出人们所需要的物质产品和精神产品，从而不断提高人类生活水平，同时也在改变着大自然的面貌。另一方面，人们在实践活动中，也不断地改造自己的主观世界，增加自己的知识，提高自己的思维能力，并使部分生理功能得到完善，使人本身得到发展。所以，人类社会物质生产和精神生产的发展，人们物质生活水平的提高和精神文化水平的提高，以及人自身素质和能力的提高，归根结底都是由实践活动引发和推动的，都离不开实践。

第二节　人的价值与文明进步

人类社会的历史，是人类实践不断向纵深发展的历史，是人类文明提升进步的历史，是人类认识自然、改造自然的强大力量不断被认识和运用的历史，是人自身的价值不断发挥和展现的历史。随着社会的发展进步，人的作用和价值明显呈现上升趋势。正如邓小平同志所指出的：**“同样数量的劳动力，在同样的劳动时间里，可以生产出比过去多几十倍几百倍的产品。”**（《邓小平文选》，第2卷，人民出版社，1994年版，第87页）

经济社会的发展、社会财富的增加，都是建立在物的价值和人的价值不断被发现、被增大的基础之上的，这是人类智力的充分展现，是科技进步的必然结果；而所有这些，根本就在于人。

人类改造客观世界的强大能力，突出体现在生产工具的变化上，即从手工工具到机器再到电子计算机的变化过程，从而使社会生产力的发展由自然条件起决定作用到人的作用占主导，再到人从直接生产过程当中解放出来成为生产过程的监督者和调控者。从这些发展变化中可以看出，生产力中的智能性要素即科学技术在整个社会生产力当中从开始比重比较小上升为一种关键的力量进入物质生产过程并逐渐成为决定性因素，从而使人类社会从愚昧走向文明、从原始走向现代、从落后走向发达；而贯穿其中的，则是人的智慧不断进化和提升、人的价值不断增长和扩展。也就是说，人的作用越来越大，越来越起决定性的作用。

自从人类诞生以来，从原始社会、奴隶社会到封建社会，生产力在不断发展和提高，但其发展速度是非常缓慢的。然而，进入资本主义社会，这一状况发生了巨大转变。马克思、恩格斯在《共产党宣言》中写道：**“资产阶级在它的不到一百年的阶级统治中所创造的生产力，比过去一切世代创造的全部生产力还要多，还要大。”**（《共产党宣

言》,人民出版社,1992 年版,第 31 页)

马克思、恩格斯所说的“资产阶级在它的不到一百年的阶级统治中所创造的生产力,比过去一切世代创造的全部生产力还要多,还要大”,其原因究竟何在呢?

从直接原因上讲,在于科学技术的进步,特别是机器的发明和应用。

恩格斯对机器在工业生产所拥有的巨大生产能力有着精辟的见解,他指出:**“事情已经发展到这样的地步:今天英国发明的新机器,一年以后就会夺去中国成百万工人的饭碗。”**(《马克思恩格斯选集》,第 1 卷,人民出版社,1972 年版,第 214 页)**“大工业创造了象蒸汽机和其他机器那样的工具,这些工具使工业生产在短时间内用不多的费用便能无限制地增加起来。”**(同上,第 216 页)

工业革命至今 200 多年时间里,科学技术发展应用并向现实生产力转化的速度和节奏越来越快,周期越来越短。据统计,这一转化时间在第一次世界大战前为 30 年,第一次与第二次世界大战之间为 16 年,第二次世界大战以后平均为 9 年,20 世纪 80 年代以来缩短为 5 年甚至更短。科学技术被广大劳动者所掌握和应用,就会大大提高人们认识自然、改造自然和保护自然的能力;科学技术和生产资料相结合,就会大幅度提高工具的效能,从而提高劳动生产率;就会使生产向深度和广度进军。因此,科学技术是第一生产力,是先进生产力的集中体现和主要标志,科技进步对生产力的发展越来越具有决定性的作用,它不仅几十倍、几百倍地提高了生产力水平,而且在人类社会生活的各个领域也发生了广泛而又深刻的影响。

马克思、恩格斯所说的“资产阶级在它的不到一百年的阶级统治中所创造的生产力,比过去一切世代创造的全部生产力还要多,还要大”,从根本原因上讲,则在于人的作用的发挥、人的价值的展现。

任何社会要发展、任何企业要发展,都离不开相应的资源和条件;在不同的历史时期,经济社会发展所需资源不尽相同,各种资源在发展中的作用和地位也不一样。工业革命以来一个十分明显的趋势就是人的作用在增大，人的地位在提高；尤其在当今社会，人更是具有决定性的作用。美国奈斯比特和阿布尔丹在其所著《西方企业和社会新动向》一书中明确指出："在工业社会里，战略资源是资本。在新的信息社会，这种关键性的资源都转而变为信息、知识、创造力了。只有一处可供企业开采这些有价值的新资源，就是它的职工。这就意味着把人这个资源放到了全局重要的地位。"

人在经济社会发展所需各种资源中的重要日益增大、地位日益上升，有其历史必然性，是社会发展和文明进步的必然规律。

我国古人很早就认识到了人的重要，并有许多论述：

周朝荣启期指出："天生万物人为贵。"

东汉末年思想家王符在《潜夫论》中指出："天地之所贵者，人也。"

战国时期思想家荀子在《荀子·王制篇》中指出："水火有气而无生，草木有生而无知，禽兽有知而无义，人有气、有生、有知，亦且有义，故最为天下贵也。"

对人的作用和价值认识最深刻、论述最精辟的，则是春秋时期的政治家管仲。他指出："一树一获者，谷也；一树十获者，木也；一树百获者，人也。"

虽然有这些正确的认识，但在当时的社会历史条件下，广大劳动群众的地位十分低下，他们的作用和价值不能充分发挥，对促进生产力发展做出的贡献受到很大限制。

对人的作用和价值进行研究当然不限于中国，世界各国许多有识之士都有着自己的看法。英国哲学家培根在《新工具》一书中指出："人类的知识和人类的权力归于一，任何人有了科学知识，才可能认识自然规律；运用这些规律，才可能驾驭自然，没有知识是不可能有所作为的。"

英国古典经济学家亚当·斯密在 1776 年出版的《国富论》一书

中指出:“学习一种才能,须受教育,须进学校,须当学徒。这种才能的学习,所费不少。这样费去的资本,好象已经实现并且固定在他的人格上。这于他个人,固然是财产的一部分,对于它属于的社会,亦然。这种优越的技能,可以和职业上缩减劳动的机械工具,作同样看法,就是社会的固定资本。学习的时候,固然要用一笔费用,但这种费用可以希望偿还,而兼取利润。”

美国著名管理学家德鲁克指出:“企业或事业唯一的真正资源是人。管理就是充分开发人力资源做好工作。”

工业革命以来,由于生产方式和交换方式的一系列变革,以及资产阶级从实际利益出发赞助科学,使各种促进生产的实用发明层出不穷,这就直接导致了劳动生产率的大幅度提高。从 1770 年到 1840 年,英国工人的劳动生产率平均提高了 20 倍。1740 年,英国铁的产量只有 1.7 万吨,1835 年则达到 102 万吨,1848 年达到 200 万吨,1870 年接近 600 万吨。在世界工业生产中英国一直保持着一马当先的态势。1850 年世界生产中,英国出产了一半的铁,采掘了一半以上的煤炭,加工了将近一半的棉花。

在科学技术引领和推动下,在人的创造财富的积极性被激发出来的情况下,资产阶级在它的阶级统治中所创造的生产力之多、之大,由此可见一斑。正如马克思所说:**“它第一个证明了,人的活动能够取得什么样的成就。”**(《共产党宣言》,人民出版社,1992 年版,第 29 页)而科学技术的创新和应用,归根结底同样是人的作用和价值的发挥和体现。

科技革命是世界经济发展的决定性因素。它的发生意味着在科技革命的影响下决定某一时期技术体系性质的主导技术的变革,也意味着决定某一时期生产力发展水平的社会生产技术基础的变革。工业革命是用机器劳动代替手工劳动的历史性变革,是以工业技术作为杠杆改变生产面貌的革命,它提高了人类认识自然、利用自然的能力,创造出比手工劳动高得多的劳动生产率,使世界工业生产的增长速度大大高于以往。

人类生产力的大幅度提高，同机器的广泛应用紧密相连；机器的发明应用，同科技创新紧密相连；而科技进步和创新作为现代生产力的巨大推动力量，同人的探索钻研紧密相连，同人的聪明才智充分发挥和人生价值的充分展现紧密相连。马克思指出，科技进步的实质是人的进步，是人的智力和知识与创造力的发展。他指出，科学**“既是财富的产物，又是财富的生产者”，“既是观念财富，同时又是实际的财富”**，是**“财富的最可靠的形式”**。（《马克思恩格斯全集》，第46卷，人民出版社，1980年版，第34页）

我们通常所说的人生价值，主要是指人的社会价值，也就是一个人对于社会的发展和进步所做的贡献。一个人的人生价值的大小，既同主观条件即本人的能力水平和努力程度有关，又同客观条件即他所处时代的政治、经济、社会状况有关。一个总的趋势是，随着人类社会的文明进步，随着科学技术的不断发展，随着人们为社会发展进步做贡献的环境和条件不断改善、方式和途径不断增多，随着人的自我价值实现意识的增强，人们客观上所做出的贡献、所创造的价值也在不断增加。

20世纪中叶以来，科技进步与创新已经成为发展生产力的决定因素，是经济和社会发展的主导力量，其原因就在于科学技术促进了劳动资料即工具系统的高级化，促进了劳动对象系统的高级化，促进了劳动者素质能力的高级化。

首先，科学技术推动工具系统的高级化。生产工具是生产力发展最重要的标志。人在制造和使用生产工具的活动中，延长了自身的器官，从而将自己从动物界中分离出来。如果说动物的发展史是动物器官变化的历史，那么人类的发展史则是人造的器官即生产工具的发展史。一代又一代的人在生产实践中逐步积累经验，创造科技成果，将其物化并世代相传，这才实现了人类社会从低级到高级的不断发展，从茹毛饮血的远古，发展到火箭、电子计算机的今天。只要将粗糙简陋的古代石器同高度精密的电子计算机相比较，就可以清楚地认识到，导致生产工具巨大差别的根本原因就在于科学技术。

其次，科学技术促进劳动对象系统不断高级化、丰富化。劳动对象是生产力不可缺少的重要组成部分，在人类发展历史的绝大多数时间内，劳动对象全部由大自然直接提供。马克思指出：**“劳动不是一切财富的源泉。自然界和劳动一样也是使用价值的源泉。”**（《马克思恩格斯选集》，第3卷，人民出版社，1972年版，第5页）恩格斯也指出：**“劳动和自然界一起才是一切财富的源泉，自然界为劳动提供材料，劳动把材料变为财富。”**（同上，第508页）

到工业革命初期，劳动对象还全部依赖于自然物，充其量只是自然物的初级转化形态。第二次产业革命以来，物理学、化学、生物学对物质结构及其运动的认识不断深化，材料技术不断发展，引发了生产力系统中劳动对象的革命。可以说，每一种重要的材料的发明和应用，都将人类支配自然的能力提高到一个新的水平。据统计，到20世纪80年代，世界合成染料占全部染料的99%，合成药品占全部药品的75%，合成橡胶占全部橡胶的70%，合成纤维占全部纤维的30%以上。随着第三次科技革命的兴起，大规模集成电路所用基础材料、电子计算机配套关键材料、化合物半导体材料、能源新材料、超导材料、各种复合材料等，更是层出不穷。劳动对象的革命，极大地促进了生产力的发展，拓宽了生产力的领域，使人类在生存发展的道路上掌握了更大的主动。

最后，科学技术促使劳动力素质能力高级化。科学技术的不断发展，一方面对劳动者的素质能力提出了更高的要求，另一方面又为劳动者提高其素质能力提供了有利的条件。据美国科技预测学家詹姆斯·马丁测算，人类的知识在19世纪是每50年增加一倍，20世纪初是每10年增加一倍，20世纪70年代是每5年增加一倍，20世纪80年代以来是每3年增加一倍。形势如此逼人，不加强学习、提高素质，其结果必然是落后和淘汰。

科学技术的发展、科学知识的增加，使产业知识化、管理科学化程度大大增强，体力劳动、简单劳动逐步趋向脑力劳动、复杂劳动。不仅如此，知识和智力在生产发展中地位明显上升，引起了产业结构的重大变化。知识密集型、智力密集型等新兴产业逐步代替劳动密集型和资金密集型传统产业，知识形态的生产力已经成为决定性的生产力和经济的主导关键因素。据统计，在机械化初期，体力劳动者与脑力劳动者的数量之比为 9∶1，在中等机械化程度时，两者之比为 6∶4；在生产全自动化情形下，两者之比为 1∶9。劳动者科技水平和素质能力的高低，不仅决定着一个企业或行业的经济状况，甚至决定着一个国家或地区的发展水平。

在科技创新与进步的推动下，人类认识自然、改造自然的能力大大提升，人自身的聪明才智和力量得以充分展示，社会劳动生产率大幅提高，人对社会创造的价值同几百年、几千年相比可谓天壤之别。恩格斯指出：**“用机器代替手工劳动，并把劳动生产率增大千倍。”**（《马克思恩格斯文选》，第 1 卷，人民出版社，1958 年，第 543 页）

科学技术的发展，改变了人的劳动性质，提高了人在劳动中的主动性和创造性；改进和完善了劳动工具，创造了新的工艺过程；发明出具有特殊性能的新材料和新能源，大大扩展了劳动对象。所有这些，使如今人们的生产能力、创造能力同以往人们相比提高了成百上千倍，如今人们对社会的贡献和创造的价值同以往人们相比也增大了成百上千倍，这才有了如今高度发达的人类文明。

文明时代与人的价值的发挥原本就是互相促进的关系，人的价值能够充分发挥和体现，创造出更多的物质成果和精神成果，就能更好地推进人类文明的发展和进步；而人类文明每向前发展一步，就能为人的价值的发挥提供更有利的条件。从这一意义上讲，人类社会发展进步，必须以人为动力、以人为目的，所以首先必须保障人员的安全健康，因为这是社会发展和文明进步的根本前提。

第三节　生命权与人权

发展生产、繁荣经济，其最终目的都是为了人，是为了人的更好发展。经济社会发展，既是为了人，也要依靠人，而它的前提就是人的生命存在；没有这一根本前提，既谈不上依靠人，更谈不上为了人。正如马克思和恩格斯所说：**“任何人类历史的第一个前提无疑是有生命的个人的存在。”**（《马克思恩格斯选集》，第 1 卷，人民出版社，1972 年版，第 24 页）因此，保障人的生命、保障人的生存，不仅关系到经济社会的持续发展，关系到人类文明的进步程度，更关系到人类自身的生存和发展；这不仅是经济社会发展的最大任务，更是劳动的首要前提。

为了保障人的生命安全，1948 年 12 月 10 日，联合国大会通过了《世界人权宣言》，明确规定：“人人有权享有生命、自由和人身安全。”《宣言》部分条款如下：

第一条

人人生而自由，在尊严和权利上一律平等。他们赋有理性和良心，并应以兄弟关系的精神相对待。

第二条

人人有资格享有本宣言所载的一切权利和自由，不分种族、肤色、性别、语言、宗教、政治或其他见解、国籍或社会出身、财产、出生或其他身份等任何区别。

并且不得因一人所属的国家或领土的政治的、行政的或者国际的地位之不同而有所区别，无论该领土是独立领土、托管领土、非自治领土或者处于其他任何主权受限制的情况之下。

第三条

人人有权享有生命、自由和人身安全。

第二十三条

一　人人有权工作、自由选择职业、享受公正和合适的工作条件并享受免于失业的保障。

二 人人有同工同酬的权利,不受任何歧视。

三 每一个工作的人,有权享受公正和合适的报酬,保证使他本人和家属有一个符合人的生活条件,必要时并辅以其他方式的社会保障。

四 人人有为维护其利益而组织和参加工会的权利。

第二十四条

人人有享有休息和闲暇的权利,包括工作时间有合理限制和定期给薪休假的权利。

人权是历史的产物,作为一个通用的概念,是17-18世纪欧洲资产阶级在反对封建专制的斗争中提出来的。为了否认和对抗当时被认为神圣不可侵犯的神权、君权和等级特权,资产阶级思想家和政治家举起了天赋人权的旗帜。他们断言,每个人都是天生自由、平等、独立的,生命、财产、自由、平等以及反抗压迫等等是不可剥夺的自然权利;放弃或剥夺这种权利,就是放弃或剥夺人的做人资格,是违反人性的。

1776年美国《独立宣言》第一次将“天赋人权”写进资产阶级革命的政治纲领,该《宣言》宣称:“人人生而平等,他们都从‘造物主’那里被赋予了某些不可转让的权利,其中包括生命、自由和追求幸福的权利。”1789年法国大革命期间通过的《人权和公民权宣言》,则第一次将“天赋人权”写进了国家的根本大法。它宣布:“在权利方面,人们生来是而且始终是自由平等的。”此后,各国资产阶级在夺取政权后,相继将人权写入宪法。

我国对维护和保障人权也很重视,2004年3月召开的全国人民代表大会十届二次会议通过的《宪法》修正案,将“国家尊重和保障人权”正式载入《宪法》,使尊重和保障人权由政策主张上升为国家的法律规定,成为我国社会主义建设的奋斗目标之一。2009年4月发布的《国家人权行动计划(2009-2010年)》,是一份中国政府促进和保障人权的阶段性政策文件，其内容覆盖政治、经济、文化等多个领域。《行动计划》明确指出："实现充分的人权是人类长期追求的理想，也是中国人民和中国政府长期为之奋斗的目标……中国政府坚持以人为本，落实'国家尊重和保障人权'的宪法原则，既尊重人权普遍性原则，又从基本国情出发，切实把保障人民的生存权、发展权放在保障人权的首要位置，在推动经济社会又好又快发展的基础上，依法保证全体社会成员平等参与、平等生活的权利。"

人权大致上可以分为人的基本权利、公民权利、人应当享有的一切权利这三个层次；其中在人的基本权利中，生存权、发展权又是最根本、最重要的人权，是享有其他人权的前提。

尊重和保障人权，就必须首先尊重和保障人的生命权，保障人的生命安全不受危害或威胁，这是保障人权最基本的要求，这在我国政府发布的相关文件中都有明确阐述。

1991 年 11 月发布的《中国的人权状况》指出："中国十分注意劳动保护。全国已制定 29 类共 1682 项有关的法规和规章。有 28 个省、自治区、直辖市制定了劳动保护方面的地方性法规。全国已颁布了有关职业安全卫生国家技术标准 452 项。中国建立了劳动安全卫生监察体系，实行国家监察制度，包括劳动安全、劳动卫生、女工保护、工作时间与休假制度等。现在，中国已设立劳动监察机构 2700 多个，监察人员达 3 万余名。监察机构的职责是，对企业及其主管部门的劳动安全卫生工作条件进行监察，促使企业不断改善劳动条件。中国对劳动保护实行'安全第一，预防为主'的方针，采取国家监察、行业管理、群众监督相结合的办法。政府规定，每年从企业更新改造资金中提取 10%至 20%用于劳动安全卫生工作。国家将劳动保护工作作为考核企业管理工作的重要内容。企业发生伤亡事故，要追究有关领导和人员的责任。"

2009 年 4 月发布的《国家人权行动计划（2009-2010 年）》指出："落实安全生产法，坚持安全第一，预防为主，综合治理的方针，加强劳动保护，改善生产条件，亿元国内生产总值生产安全事故死亡率比2005年降低35%，工矿商贸就业人员10万人生产安全事故死亡率比2005年降低25%。”

2012年6月发布的《国家人权行动计划（2012-2015年）》指出：“实施安全生产战略。加强安全生产监管，防止重特大事故发生。到2015年，国家和省（自治区、直辖市）、市以及高危行业中央企业应急平台建设完成率达到100%，重点县达到80%以上。到2013年，非煤矿山、危险化学品、烟花爆竹以及冶金、有色、建材、机械、轻工、纺织、烟草和商贸8个工贸行业规模以上企业均达到安全标准化三级以上；到2015年，交通运输、建筑施工等行业领域以及冶金等8个工贸行业规模以下企业均实现安全标准化达标。各类安全生产事故死亡人数以及较大、重大和特别重大事故起数均明显下降。公开安全生产信息。设立举报信箱，统一和规范12350安全生产举报投诉电话。”

2013年5月发布的《2012年中国人权事业的发展》指出：“保障人民生活和生产安全。……国家着力解决制约安全生产的突出问题和深层矛盾，安全生产法规政策体系不断完善。颁布了多项安全生产标准，严厉打击非法违法生产、经营、建设行为，深入治理违规违章行为，持续开展安全生产年活动，不断深化隐患排查治理。2012年，全国查处无证和证照不全从事生产经营、建设等各类非法违法行为144万起，违规违章行为305万起。平均每年培训高危行业主要负责人、安全管理人员和特种作业人员500多万人次，农民工1300万人次，煤矿班组长13万人。发布了1022项重大事故防治关键技术和355项新型安全实用产品，集中推广了100个安全动态监测监控项目。安全生产事故起数和死亡人数持续下降。各类生产安全事故起数、死亡人数2011年比2010年分别下降4.3%、5.1%，2012年比2011年又分别下降3.1%、4.7%；亿元GDP事故死亡率、工矿商贸十万就业人员事故死亡率、煤矿百万吨事故死亡率、交通万车事故死亡率,2011 年比 2010 年分别下降 13.9%、11.7%、24.7%和 12.5%,2012 年比 2011 年又分别下降 18%、13%、34%和 11%。”

正如 1991 年 11 月发布的《中国的人权状况》所指出的,“生存权是中国人民长期争取的首要人权”。要保障生存权,首先就得保障生命权;没有这一点,任何人权都谈不上。但在现实生活中,我国每年发生的诸多生产安全事故,夺走了成千上万人的生命,对当事者的人权造成了最大的伤害。从以下煤炭、交通运输、石油化工、火灾几个行业和领域发生的事故造成人员群死群伤的状况,就可以清楚地看到安全事故对于人权的侵害有多么严重。

煤炭行业

近年来,我国安全生产形势非常严峻,而煤矿安全生产形势则更加严峻,由于煤炭行业事故多、死亡人数多,造成我国煤矿百万吨死亡率居高不下,煤矿安全也成为我国安全生产工作的重中之重。

从 1949 年 10 月 1 日新中国成立,到 2009 年 10 月 1 日新中国成立 60 年来,共发生死亡 100 人以上的特别重大恶性事故 41 起,其中煤炭行业共有 22 起:

(1)1950 年 2 月 27 日,河南省新豫煤矿公司宜洛煤矿瓦斯爆炸,死亡 174 人。

(2)1954 年 12 月 6 日,内蒙古自治区包头市大发煤矿瓦斯爆炸,死亡 104 人。

(3)1960 年 5 月 9 日,山西省大同市老白洞煤矿瓦斯爆炸,死亡 684 人。

(4)1960 年 11 月 28 日,河南省平顶山市五庙煤矿瓦斯爆炸,死亡 187 人。

(5)1960 年 12 月 15 日,重庆市中梁山煤矿瓦斯爆炸,死亡 124 人。

(6)1961 年 3 月 16 日,辽宁省抚顺市胜利煤矿火灾事故,死亡 110 人。

(7)1968 年 10 月 24 日，山东省新汶矿务局华丰煤矿煤尘爆炸，死亡 108 人。

(8)1969 年 4 月 3 日，山东省新汶市潘西煤矿煤尘爆炸，死亡 115 人。

(9)1975 年 5 月 11 日，陕西省铜川市焦坪煤矿瓦斯爆炸，死亡 101 人。

(10)1977 年 2 月 24 日，江西省丰城矿务局坪湖煤矿爆炸，死亡 114 人。

(11)1981 年 12 月 24 日，河南省平顶山煤矿五矿瓦斯爆炸，死亡 134 人。

(12)1983 年 7 月 31 日，河南省平顶山矿务局高庄矿井下火灾，死亡 112 人。

(13)2000 年 9 月 27 日，贵州省水城矿务局木冲沟矿瓦斯爆炸，死亡 162 人。

(14)2002 年 6 月 20 日，黑龙江省鸡西矿务局城子河煤矿瓦斯爆炸，死亡 115 人。

(15)2004 年 10 月 22 日，河南省郑州煤炭工业公司大平煤矿瓦斯爆炸，死亡 148 人。

(16)2004 年 11 月 28 日，陕西省铜川矿务局陈家山煤矿瓦斯爆炸，死亡 166 人。

(17)2005 年 2 月 14 日，辽宁省阜新市孙家湾煤矿瓦斯爆炸，死亡 214 人。

(18)2005 年 8 月 7 日，广东省梅州市大兴煤矿透水事故，死亡 123 人。

(19)2005 年 11 月 27 日，黑龙江省龙煤集团七台河分公司东风煤矿井下爆炸，死亡 171 人。

(20)2005 年 12 月 7 日，河北省唐山市刘官屯煤矿煤尘爆炸，死亡 108 人。

(21)2007年8月17日，山东省新泰华源煤矿灌水事故，死亡172人。

(22)2007年12月5日，山西省临汾市瑞之源煤业有限公司井下瓦斯爆炸，死亡105人。

1980年到2000年，我国煤矿平均每年死亡6027人，是俄罗斯的26倍，印度的36倍、美国和南非的88倍；同一时期，我国煤矿百万吨死亡率平均为6.33，是印度的7倍，俄罗斯的8倍、南非的15倍、美国的78倍。2005年，我国生产煤炭21.6亿吨，占全球的37%，而我国煤炭行业事故死亡人数则占近80%。如此严峻的安全生产状况，不仅严重威胁着广大劳动者的生命安全和健康，也直接影响到中国的国际形象。

在国家高度重视之下，经过多方共同努力，我国煤矿安全生产状况如今有了很大好转。2010年12月26日，中共中央政治局委员、国务院副总理张德江在全国煤矿班组安全建设推进会上指出："'十一五'以来，在全国煤炭产量增长40%的同时，全国煤矿生产安全事故出现三个显著下降：一是事故总量显著下降，2009年的事故起数和死亡人数比2005年分别下降了51%和55.7%；二是重特大事故显著下降，2009年的事故起数和死亡人数比2005年分别下降了65.5%和70.7%；三是煤炭百万吨死亡率显著下降，由2005年的2.81下降到2009年的0.892。"

交通运输行业

交通运输业是支持经济良性发展、促进社会全面进步、提高人民生活水平的基础性产业，同经济发展和人民生活息息相关。然而，无论是空中、水上还是陆上载人运输，由于特定的运输条件、快速的运行速度，以及在较小的范围内人员高度密集，一旦发生事故，很容易造成群死群伤的重大和特大交通事故。

1988年1月18日，西南航空公司一架飞机在重庆市龙凤场新民村界内失事，机上108全部遇难。

1991年9月3日，一辆拉运2.4吨剧毒液态甲胺的货车，在江西省上饶地区上饶县沙溪镇发生泄漏，造成附近居民595人中毒，其中37人死亡。

1994年6月6日，西北航空公司一架飞机在空中解体，在陕西省西安市长安县鸣犊镇坠毁，机上160人全部遇难。

1999年11月24日，山东航运集团有限公司控股企业烟大汽车轮渡股份有限公司所属“大舜”轮，从烟台驶往大连途中在烟台附近海域倾覆，船上304人中，22人获救，282人遇难。

2000年7月7日，广西柳州市壶东大桥发生公交大客车坠入柳江的特大交通事故，车内司乘人员79人全部死亡。

2008年4月28日，山东省胶济铁路发生客车脱线相撞事故，造成70人死亡，416人受伤。

2011年7月23日，甬温线浙江省温州市鹿城区双屿路段，D301次列车与D3115次列车发生追尾事故，造成40人死亡，191人受伤。

2011年10月7日，全国接连发生3起重大道路交通事故。早上6点30分左右，河南省道社旗县境内一辆重型半挂货车与一辆面包车迎面相撞，面包车上11人全部死亡。7时许，连霍高速公路安徽省萧县境内发生7起连环车祸，造成6人死亡、19人受伤。下午16时许，滨保高速公路天津界内发生一起特别重大交通事故，造成35人死亡。

石油化工行业

石油化工行业技术性强，风险性大，所属企业普遍具有高温高压、易燃易爆、有毒有害、连续作业等特点，炼油化工企业的许多产品还通过管道输送，所有这些都使石油化工企业安全生产的风险较其他类型的企业高许多倍，稍有不慎，就容易造成重大事故。

1979年11月25日，石油工业部海洋石油勘探局渤海2号钻井船在渤海湾内翻沉，72人死亡。

1997年6月27日，北京东方化工厂储罐区发生特大爆炸和火灾事故，9 人死亡，39 人受伤，直接经济损失 1.17 亿元。

2003 年 12 月 23 日，中国石油四川石油管理局川东钻探公司在重庆开县罗家 16H 井钻井施工过程中，发生特大井喷事故，243 人死亡。

2013 年 11 月 22 日，山东省青岛市中国石化东黄输油管道油气泄漏，发生爆炸，造成 62 人死亡、136 人受伤，直接经济损失 7.5 亿元。

火灾

火造福于人类，这是人所共知的。但是火具有两重性，善用则为福，不善用则为祸。当对火失去控制时，它就成为一种具有很大破坏力的灾害，给人类的生产、生活造成重大威胁。在当今社会各种灾害当中，火灾是最经常、最普遍地威胁公众安全和社会生活的一种灾害，火灾对人类的危害非常大，据统计，全世界每年火灾造成的经济损失占整个社会生产总值的 0.2%。

火灾事故对我国经济社会发展造成的损失很大。随着国民经济持续快速发展，我国工业生产运输和商业活动增加，企业及城乡居民物质财富迅速增长，火灾已经成为我国城市中居于首位的灾害因素，呈现出致灾因素增加、隐患险情增加、火灾数量增加、扑救难度增加、火灾损失增加"五个增加"的特点。据统计，20 世纪 80 年代全国发生火灾 37.6 万起，死亡 2.36 万人，直接经济损失 32 亿元；90 年代全国发生火灾 75.7 万起，死亡 2.37 万人，直接经济损失 106 亿元；2000 年至 2009 年全国发生火灾 205 万起，死亡 2.08 万人，直接经济损失 137 亿元。

1994 年 11 月 27 日，辽宁省阜新市艺宛歌舞厅发生特大火灾事故，233 人死亡。

1994 年 12 月 8 日，新疆克拉玛依市友谊馆发生特大火灾事故，325 人死亡。

2000 年 12 月 25 日，河南省洛阳市东都商厦发生特大火灾事故,309 人死亡。

2004 年 2 月 15 日一天之内,吉林省、浙江省发生两起特大火灾,共死亡 93 人。2 月 15 日 11 时 20 分左右,吉林省吉林市中百商厦发生火灾,造成 53 人死亡、71 人受伤。当天下午 14 时 15 分,浙江省海宁市黄湾镇五丰村发生火灾,造成 39 人死亡,4 人受伤;到 2 月 16 日,一名重伤者在医院去世,使死亡人数达到 40 人。

2010 年 11 月 15 日,上海市胶州路一栋公寓发生火灾,58 人死亡。

面对如此严峻的火灾形势,如何有效防止火灾和火灾发生后怎样正确科学处置,已经成为全社会共同面临的重要课题。

除了人为因素导致的责任事故以外,自然因素引发的安全事故也给人的生命安全造成重大损失,但是仔细分析深层次的原因,人自身的责任仍然无法逃避。

1989 年 8 月 12 日,中国石油天然气总公司管道局胜利输油公司黄岛油库 5 号混凝土油罐爆炸起火,大火共燃烧 104 个小时,烧掉原油 4 万多立方米,占地 250 亩的老罐区和生产区的设施全部烧毁,直接经济损失 3540 万元,在灭火抢险中 19 人死亡,100 多人受伤,其中公安消防人员牺牲 14 人,受伤 85 人。

经过现场勘查和综合分析,确定这次事故的原因是该库区遭受对地雷击产生感应火花从而引爆油气,但油库选址、设计、建设、管理等方面均存在许多问题,诸多因素交织,导致这一重大事故发生,一是黄岛油库储油规模过大,生产布局不合理;二是混凝土油罐先天不足,固有缺陷不易整改;三是混凝土油罐只有储油功能,大多数因陋就简,忽视消防安全和防雷避雷设计,安全系数低,很容易遭到雷击,1985 年 7 月 15 日黄岛油库 4 号混凝土油罐就曾遭到雷击起火;四是消防设计错误,设施落后,力量不足,管理水平不高;五是油库安全生产管理存在不少漏洞,就在这次事故发生前的几个小时雷雨期间,油库一直在输油,外泄的油气加剧了雷击起火的危险性,油库 1 号、2

号、3号金属油罐设计原是5000立方米，都凭领导个人意志就将5000立方米的储油罐改为10000立方米的储油罐，实际罐间距只有11.3米，远远小于安全防火规定间距33米。一连串的不规范、不符合、不达标，加上自然因素的影响，终于引发了这场重大事故。

无论是人为责任事故还是自然因素引发的事故，导致人员伤亡、财产受损，都是我们国家和社会的共同损失，都是对不幸伤亡者人权的侵害，只有认真抓好安全生产工作，使劳动者和其他群众生命安全得到有效保障，使他们能够安全地生产劳动和平安地生活，才是真正维护他们的人权。

第四节　健康权与人权

维护和保障人权，离不开维护和保障人的健康权。

关于健康，古今中外许多名人都有过十分精辟的论述。

美国著名科学家、发明家富兰克林(1706-1790年)说：保持健康这是对自己的义务，甚至也是对社会的义务。

法国著名启蒙思想家、文学家卢梭(1712-1778年)说：身体必须要有精力，才能听从精神的支配。

美国著名思想家、文学家爱默生(1803-1882年)说：健康是人生的第一财富。

法国著名物理学家、两次诺贝尔奖获得者居里夫人(1867-1934年)说：幸福的基础是健康的身体。

印度《五卷书》指出：在地球上没有什么收获比得上健康。

英国谚语说：健全的身体比金冕更有价值。

我国著名教育家徐特立(1877-1968年)说：一个人的身体绝不是个人的，而应把它看作是社会的宝贵财富，凡是有志为社会出力、为国家成大事的青年，一定要珍视自己的身体健康。

我国著名教育家陶行知(1891-1946年)说：忽视健康的人，就是等于在与自己的生命开玩笑。

健康对我们每一个人都十分重要，健康权是人权中十分重要的一部分，关乎个人其他各项权利的行使和幸福美好生活。因此，健康得到国际社会和我国的高度重视，从以下一些健康日的设立就可见一斑：

3 月 3 日：全国爱耳日。

6 月 6 日：全国爱眼日。

10 月 8 日：全国高血压日。

4 月 7 日：世界卫生日。

5 月 31 日：世界无烟日。

9 月 20 日：国际爱牙日。

10 月 13 日：世界保健日。

11 月 14 日：世界糖尿病日。

尽管健康工作得到我国的高度重视，但我国广大社会公众的身体健康仍然存在许多隐忧，不仅在生活当中存在许多影响和损害健康的因素，在生产劳动中的职业病也是损害劳动者健康权的一个重要因素。

根据《中华人民共和国职业病防治法》的定义，职业病是指企业、事业单位和个体经济组织等用人单位的劳动者在职业活动中，因接触粉尘、放射性物质和其他有毒、有害因素而引起的疾病。

人类自从开始进行生产活动以来，就出现了因为接触生产环境和劳动过程中的有毒有害因素而发生的疾病。追溯国内外相关历史，最早发现的职业病都同采石开矿和金属冶炼有关。随着工业的兴起和发展，生产环境中使人类产生疾病的有害因素的种类和数量也在不断增加。因此，职业性疾病的发生通常与社会经济的发展紧密相关。公元 14 至 16 世纪，意大利文艺复兴出现，西欧科技开始兴起，矿工和冶炼工的职业病如冶炼金、银、铜、锌、汞等所引起的职业病，在 16 世纪德国《论金属》一书中被提及。1700 年，意大利的拉马齐尼出版《手工业者疾病》一书，描述了50多种职业病，包括矿工、石工、陶工、制玻璃工、油漆工、磨面粉工等的疾病和金属中毒，成为职业病的经典著作，拉马齐尼也因此被誉为“欧州职业医学之父”。

我国古代很早就出现了关于职业病方面的记载和论述。汉代王充在其所著《论衡》一书中提到，治炼时会产生灼伤和火烟侵害眼鼻。11至12世纪北宋孔平仲在《谈苑》中记述了冶炼作业中烧伤、刺激性气体中毒和汞中毒等职业病。明代李时珍在《本草纲目》中提及铅矿工人的铅中毒。1637年，宋应星在《天工开物》中记述煤矿井下简易通风方法，并指出烧砒(三氧化二砷)工人应站在上风向操作，并保持十余丈的距离，以免发生中毒。这些记载表明，一些由职业危害因素引起的疾病，如尘肺以及铅、汞、砷中毒等在我国由来已久。

随着经济社会的发展和科技进步，各种新职业、新材料、新工艺、新技术的不断出现，产生职业危害的因素种类越来越多，导致职业病的范围越来越广，我国对法定职业病的范围也在不断修订。1957年我国规定有14种法定职业病，1987年修订为9类99种；2002年4月，卫生部、劳动和社会保障部公布职业病分类和目录，分为10类115种；2013年12月23日，国家卫生计生委、安全监管总局等四部委对职业病的分类和目录进行了调整，分为10类132种。

多年来，我国职业健康工作在各方共同努力下取得了长足发展，职业危害防治工作不断加强，国家职业健康监管体制逐步理顺，法律、法规、标准体系渐趋完善。特别是《职业病防治法》实施以来，全社会职业病防治意识逐步增强，大中型企业职业卫生条件有了较大改善。但是，随着经济的快速发展以及工业化、城镇化的不断推进，我国职业危害形势依然严峻。由于职业危害防治工作基础比较薄弱，用人单位责任不落实，大量进城就业的农民工健康保护意识不强、职业危害防护技能缺乏，以及政府监管存在薄弱环节，导致我国职业病发病率呈现高发态势，我国职业病防治形势仍十分严峻。

据统计，我国有毒有害企业有1600多万家，接触职业病危害的劳动者高达2.2亿人，占现有劳动力人口7.6亿人的29%。根据卫生部的统计，到2010年我国累计报告职业病74.99万例，今后我国职业病发病还将继续呈现上升趋势。仅就煤炭行业而言，全国煤矿有265万名接触煤尘人员，据测算，每年有5.7万人患上尘肺病，因尘肺病死亡的有6000多人。对此，我国煤炭行业500多万名职工强烈呼唤体面劳动，要求采取更有力的措施防治尘肺病等各种职业病的危害。

我国过去30年粗放型的经济发展模式埋下了很多职业病隐患。由于职业病有潜伏期，近几年我国职业病发病状况呈现高发态势。2008年，我国共报告职业病13744例，新中国成立以来累计报告职业病704602例；2009年，共报告职业病18128例，同2008年相比增加4384例，增长幅度为32%，全国累计报告722730例；2010年，共报告职业病27240例，同2009年相比增加9112例，增长幅度为50%，全国累计报告749970例。

高发的职业病是一个十分危险的信号，它不仅给社会救助和养老造成巨大压力，给社会和谐稳定带来直接危害，而且给个人和家庭带来巨大灾难和沉重负担。当前我国职业病防治的严峻形势，需要引起全社会的共同关注。请看报道：

职业病发病率呈现出高发态势
我国接触职业危害的劳动者达2.2亿

本报北京6月19日电(记者王冬梅) *今天，由中国职业安全健康协会举办的贯彻落实职业病防治法座谈会上，与会专家、学者表示，贯彻落实新修改的《职业病防治法》是一项长期工作，需要全社会共同关注、共同努力。*

我国过去30年粗放型的经济发展模式埋下了很多职业病隐患。由于职业病有潜伏期，近几年，我国职业病发病率呈现出了高发态

势。据卫生部统计，我国2009年的职业病报告病例比2008年增加了32%，2010年比2009年增加了50%。我国现有劳动力人口7.5亿，其中接触职业危害的劳动者达2.2亿。

国家安监总局副局长杨元元认为，当前的工作离新修改的《职业病防治法》要求还有较大差距。主要表现在：职业危害现场监管难度大，技术性、专业性强，相关人员难以适应要求；需制定完善的法规、规章、标准较多，点多面广；与相关部门的协调工作亟待加强。

与会专家在发言中认为，监管部门应加大职业病防治宣传教育力度，从幼小抓起，从普通群众抓起，增强社会公众自觉、主动防范职业病的意识；分清并推动落实政府监管和企业两个主体责任，将职业危害防治作为企业履行社会责任的重要内容；依靠科技进步，创新职业危害防治技术，加强源头治理和过程控制；加强职业危害防治体制、机制建设，加大考核力度；积极引入中介机构，发挥专业技术人员的技术支撑作用，解决用人单位尤其是中小型企业专业人员短缺的问题；加大问责力度，对职业危害事故给予严格调查和严肃处理。

原载2012年6月20日《工人日报》

尤其令人担忧的是，在我国职业病患者当中，农民工是主要受害者。由于农民工文化程度不高，在我国2.6亿名农民工中，小学文化程度及文盲占15.8%，初中占60.5%，高中占13.3%，中专及以上文化程度占10.4%，他们职业卫生知识缺乏，自我保护意识薄弱，对企业安排工作的工种、岗位以及生产作业现场的职业安全卫生条件很难提出较高的要求，大量承担了企业的苦、脏、累、险工作；同时，农民工群体流动性较大，难以得到健康监护，使得农民工成为尘肺病等职业病的最大受害群体。而一旦患上职业病，无论是否得到企业的赔偿，通常都会因为治病而使其本人及家庭陷入贫困之中。

健康无论是对个人、对家庭还是对社会都十分重要，但是令人触目惊心的现状却是我国常年接触职业病危害的劳动者高达2.2亿人，每年尘肺病检查人数高达5.7万人，今后十多年我国职业病发病还将继续呈现上升趋势。

为预防控制和消除职业病危害，保护广大劳动者的身体健康和其他合法权益，2001 年 10 月 27 日，九届全国人大常委会第二十四次会议通过了《中华人民共和国职业病防治法》，并于 2002 年 5 月 1 日起施行。2011 年 12 月 31 日，十一届全国人大常委会第二十四次会议审议通过了《全国人民代表大会常务委员会关于修订〈中华人民共和国职业病防治法〉的决定》，并正式施行新修订的《职业病防治法》。为制定和贯彻落实好新修订的《职业病防治法》，国家安全生产监督管理总局于 2012 年 1 月印发《关于贯彻落实〈职业病防治法〉认真做好职业卫生监管工作的通知》，指出："对于在规定时限达不到治理要求的用人单位，要依法提请当地人民政府予以关闭。"请看报道：

国家安监总局发布通知落实《职业病防治法》职业病危害治理不达标，关门！

__本报北京 1 月 16 日电(记者王冬梅)__ 国家安监总局今天发布关于贯彻落实《职业病防治法》认真做好职业卫生监管工作的通知，要求各级安全监管部门和煤矿安全监察机构对于职业病危害在规定时限内达不到治理要求的用人单位，要依法提请当地人民政府予以关闭。

2011 年 12 月 31 日，第十一届全国人民代表大会常务委员会第二十四次会议审议通过了《全国人民代表大会常务委员会关于修改〈中华人民共和国职业病防治法〉的决定》，随后第 52 号主席令予以公布施行。修改后的《职业病防治法》，明确了卫生、安全监管、人力资源社会保障等部门和工会组织在职业病防治工作中的监管职，突出了职业病的前期预防，强化了用人单位职业病危害防治的主体责任，进一步加强了对劳动者权益的保护。

今天发布的通知指出，各级安全监管部门和煤矿安全监察机构

要以防治矽尘、煤尘、高毒物质等职业病危害为重点，继续在煤矿、花岗岩和石英岩类矿山、石棉、木质家具制造业四个行业领域开展职业病危害专项治理。地方各级安全监管部门要根据本地区职业病危害的实际情况，研究确定职业病危害治理的重点行业领域，争取用两年左右的时间，全面达到《国家职业病防治规划(2009—2015年)》提出的目标要求。

通知明确，职业卫生监管职责尚未划转的地区，要依据《职业病防治法》中关于职业卫生监管职责的规定，积极争取有关方面的理解和支持，努力做好职责调整工作。

国家安监总局表示，各级安全监管部门和煤矿安全监察机构要针对不同地区、不同行业领域职业病危害程度，按照"统筹规划、合理布局、整合资源、完善装备、保障执法、支撑有力"的原则，加强职业健康技术支撑体系建设，构建覆盖全国、布局合理、装备完善、技术精湛、管理有序、服务上乘的国家、省、市、县四级职业卫生技术支撑网络。

原载2012年1月17日《工人日报》

职业病对劳动者的危害是一个全球性的问题，长期以来一直得到国际社会的高度关注。1979年，世界卫生组织提出"到2000年人人享有健康"的全球性健康策略。1985年，国际劳工组织在日内瓦召开的第71届国际劳工大会通过了《职业卫生服务公约》，并于1995年进行了修订。1994年，国际劳工组织和世界卫生组织提出"人人享有职业卫生"。

2013年4月28日，国际劳工组织在世界安全与健康日这天发布《预防职业病》报告披露，全球每年有202万人死于职业病，但半数以上国家和地区还缺乏对职业病情况的统计。世界卫生组织已经提出，到2030年完全消除尘肺病。

认真开展职业病的防治工作，是国际社会的共同行动，也是维护人民群众根本利益的具体体现，事关我国数亿劳动者的安全健康及其家庭的幸福团圆，事关小康社会的全面建成，需要全社会尤其是企事业单位的重视和支持，同时也需要广大劳动者积极参与，只有这样才能扭转我国职业病高发的局面，维护和保障劳动者的安全健康权益。

第五节　安全健康与人的全面发展

发展是人类社会永恒的主题。千百年来，人类社会发展的脚步一往无前，永不停滞；人类文明进步的潮流奔腾不息，无可阻挡。

人类社会的发展，实践最多、认识最深的是生产的发展和经济的发展。人的肉体组织决定了人必须有吃有喝有住才能维持生存，而人的吃、喝、住所需要的物质资料，只有通过生产劳动才能得到。正因如此，我们对发展的理解在很长时间内都主要局限在经济繁荣和物质财富增加的范围内，而对其他方面的发展却有意无意地忽视了。

从经济学的意义上讲，发展是经济增长和物质财富积累的过程，也是经济结构和社会结构变迁的过程。人们通常将人均国民生产总值增长率作为经济发展的一项指标，以衡量一个国家是否能够以比人口增长率更快的速度扩大其产出能力。从经济结构的变动看，发展主要是指在生产和就业方面，农业部门份额减少、工业和服务业比重上升的现象和过程。从社会结构的变动看，发展是在国民生产总值增长的基础上，贫困、不平等和失业不断减少的过程。

美国经济学家迈克尔·托达罗在其《经济发展》一书中，将发展定义为整个社会或社会制度向着更加美好的、更为人道的方向持续前进。他认为，发展有三个核心内容，即生态、自尊和自由。首先，人类有一些共同的基本需要，如食物、住房、安全保障和良好的生态环境等，这些是维持人们生存所必需的条件，也是经济活动的目的之一。其次，当人的生存得不到保障时，人的尊严也难以得到体现，所以美好的生活还意味着人的价值能够实现，人的各项权利得到尊重。

最后，人们还应具有能够摆脱各种物质生活条件束缚的能力，有更多的选择自由。从这个意义上说，发展可以解释为人的生活条件不断得到满足和改善、人的尊严得到维护和尊重、人的自由选择空间持续扩大的过程。

20世纪中期以来，世界各国对发展的普遍理解就是指经济增长，发展的实践就是追求尽可能快的经济增长和尽可能大的经济总量，这是一种将发展等同于经济增长的发展观。在这种发展观主导下，工业化成为一个国家或地区经济活动的中心内容，经济增长成为一个国家或地区追求的主要目标。

以经济增长为核心的发展观对于促进经济增长、迅速积累财富起到了积极作用，但是在经济快速增长的同时，许多发展中国家并没有实现预期的发展目标，反而出现一些严重的社会问题。

20世纪60年代，一些国家经济快速增长，但是人民生活水平并没有提高；一些国家在经历了短暂的繁荣之后，经济增长乏力，甚至迅速回落。这些情况表明，单独的、短期的经济增长不一定能给人们带来普遍的福祉，甚至会带来分配不公、两极分化、社会腐败、政治动荡。学术界将这种现象称为“有增长无发展”、“没有发展的增长”，甚至“负增长”。

“没有发展的增长”引起了各国政府以及许多专家学者的反思。美国经济学家托达罗认为，发展不纯粹是一个经济现象，从最终意义上说，发展不仅包括人民生活的物质方面，还包括其他更广泛的方面；因此，应当把发展看作包括整个经济和社会体制重组的多维过程。

联合国有关机构在确定联合国第一个十年国际发展战略(1961-1970年)时提出，发展等于经济增长加社会变化，反映了国际社会在发展问题上认识的深化。

1968年，瑞典发展经济学家缪尔达尔在考察了部分亚洲发展中国家的基础上，出版了《亚洲的戏剧：对一些国家贫困问题的研究》一书，指出：发展意味着从不发达状态中解脱出来，进而消除贫困的过程；发展不仅是国民生产总值的增长，而且是经济、文化和社会的上升运动；促进发展，应当更加注重社会问题的解决。

20 世纪 80 年代前后，实践将发展理论推进到一个新的阶段，许多学者对社会发展的综合性有了更加深入的认识，认为发展不仅是经济的发展、社会的发展，更重要的是人的发展；人既是发展的目标，又是发展的动力。这实际上提出了一个以人为中心的综合发展观。

1983 年，法国学者佩鲁接受联合国的委托，撰写了《新发展观》一书，指出发展是“整体的”、“综合的”、“内生的”和“以人的发展为中心的”。所谓“以人的发展为中心”，是指从人的角度出发，将人的发展看作是发展的主题、目标和核心。这种发展观将人与人、人与经济、人与环境的协调发展作为新的发展主题，把发展看作是一个综合提升、全面进步的过程。按照这种发展观，对发展好坏及快慢的评价和检验，不再是任何物化指标，而是人的发展进步程度。

在这种发展观的影响下，联合国开发计划署从 1990 年开始，每年都发布《人类发展报告》。该报告围绕人类发展的概念、人类发展程度的衡量、人类生存安全等不同主题，对人的发展问题进行综合分析与评述。该报告公布的人类发展指数（HDI），包括三个基本要素，即寿命、知识和生活水平。寿命通过预期寿命来衡量，知识通过成人识字率和受教育平均年限来测算，生活水平通过实际购买力来评价。从这三个要素可以看出，人类发展指数蕴含着经济增长、社会进步、人的发展等更为广泛的内容，不仅是对国民生产总值这一指标的改进和补充，而且是对经济社会全面发展的科学评价。这种发展观由重物转变为重人，是发展观演进历史上的一大飞跃。

在借鉴国际社会对发展观的认识的基础上，2003 年 10 月，党的十六届三中全会完整地提出了科学发展观：坚持以人为本，树立全面、协调、可持续的发展观，促进经济社会和人的全面发展；按照统筹城乡发展、统筹区域发展、统筹经济社会发展、统筹人与自然和谐发展、统筹国内发展和对外开放的要求推进改革和发展。

科学发展观的核心是以人为本。坚持以人为本,就是要坚持人民群众在经济社会发展中的主体地位,坚持发展为了人民、发展依靠人民、发展成果由人民共享;就是要以实现人的全面发展为目标,从人民群众的根本利益出发谋发展、促发展,不断满足人民群众日益增长的物质文化需要,切实保障人民群众的经济、政治、文化、社会权益,让发展的成果惠及全体人民。

坚持以人为本,把人的需求和全面发展作为经济社会发展的出发点和归宿,是对发展观认识的深化,是对经济社会发展规律认识的深化。随着经济的发展、社会的进步和生活的改善,人们越来越深刻地认识到,促进经济社会的发展,不仅是物资财富的积累,更重要的是实现人的全面发展;发展经济的目的,不仅是为了满足人民群众日益增长的物质文化生活的需要,而且包括满足人民群众生命安全和身体健康的需要、人的全面发展的需要。

实现人的全面发展,为什么具有这么重要的位置,成为经济社会发展的出发点和根本目的?

从根本上讲,就在于人是人类社会之本,是社会的主体。

人是社会的主体,社会就是由人们相互联系而形成的,社会发展的历史也就是人的活动的历史。马克思指出:**“历史不过是追求自己目的的人的活动而已。”**(《马克思恩格斯全集》,第 2 卷,人民出版社,1957 年版,第 118 页)如果没有人和人的活动,就没有社会历史。

人是人类社会之本,是天地之间万事万物中最为宝贵的,同时人还是生产力中最活跃的因素,将实现人的全面发展作为经济社会发展的出发点和根本目的,也就成为一种必然选择和必然结果。正是为了实现人的全面发展,保证人员的安全健康就成为生产劳动的必然要求和安全生产的本质特征。

1994 年在哥本哈根召开的世界社会发展首脑会议发出了这样的号召:“我们发誓向世界上对我们人类的安全与和平、生存与健康构成严重威胁的现象作斗争，并将此作为我们工作的重点和优先领域。”我国派出代表参加了这次会议并在相关文件上签字，表示将把保护劳动者的安全和健康列入社会发展的重点和优先考虑的领域。

尽管我国将保护劳动者的安全和健康当作社会发展的重点工作，但因种种条件限制，我国生产安全事故总量依然较大，重大、特别重大事故时有发生，给人民群众生命安全造成严重伤害。在一些重特大生产安全事故发生后，中央领导同志往往会作出一些指示和批示，从中也可以看出对安全生产工作的重视和对人员生命的关心。

——1999 年 1 月 16 日，江泽民同志在看了当晚中央电视台《晚间新闻》关于宁夏发生一起锅炉爆炸事故的报道后，立即给国家经贸委主要负责同志打电话，对安全生产作出指示：“像锅炉这类压力容器，它的质量好坏，直接影响到国家财产和群众生命的安全，切不可稍有疏忽。人命关天的事，一定要慎之又慎，确保万无一失。”

——2000 年 3 月 11 日，江西省萍乡市上栗县东源乡私营花炮厂发生烟花爆炸事故，33 人死亡，12 人受伤。3 月 12 日深夜，江泽民同志在得知这一消息后当即批示：“同类事故仍不断发生，令人十分痛心。……在社会主义市场经济的条件下，不能允许只要有钱赚，就可以危及人民的生命安全。”

——2010 年 3 月 28 日，中煤集团陕西省临汾市王家岭煤矿发生透水事故，胡锦涛、温家宝作出指示：调动一切力量和设备，千方百计抢救井下人员，严防发生次生事故。4 月 5 日，153 名井下被困人员有 115 人成功获救；得知这一消息后，胡锦涛、温家宝要求进一步加大救援工作力度，全力以赴、争分夺秒，千方百计搜救其余被困人员。

——2011 年 7 月 23 日，D301 次列车在甬温线永嘉至温州之间的高架桥上与 D3115 次列车发生追尾事故，造成 39 人死亡，192 人受伤。7 月 24 日，胡锦涛同志作出指示：把救人放在第一位，全力以赴组织做好救援工作。

——2013年6月3日，吉林省德惠市宝源丰禽业公司发生特别重大火灾事故，造成120人死亡。正在国外访问的习近平同志得到这一消息后立即作出指示，要求全力以赴组织救援，千方百计救治受伤人员，最大限度减少人员伤亡，认真做好遇难者的善后工作，查明事故原因，依法追究责任，深刻总结教训，采取有效措施，坚决防止重特大事故发生。

——2013年11月22日，山东省青岛市黄岛经济开发区中石化黄潍输油管线泄漏引发重大爆炸事故，造成62人死亡，136人受伤。11月24日，习近平考察青岛开发区输油管线事故抢险工作指出，这次事故给人民群众生命财产造成严重损失，令人痛心；各级党委和政府，各级领导干部要牢固树立安全发展理念，始终把人民群众生命安全放在第一位；要以对党和人民高度负责的态度，牢牢绷紧安全生产这根弦，把工作抓牢抓细抓好，坚决遏制重特大事故，促进全国安全生产形势持续稳定好转。

——2014年8月2日，江苏省昆山市中荣金属制品有限公司发生爆炸，造成75人死亡，185人受伤。习近平同志立即指示，要求江苏省和有关方面全力做好伤员救治。

从以上指示和批示可以看出，在发生安全事故、人民群众的生命安全遭受重大伤害后，中央领导同志首先关注和强调的就是维护人民的生命安全，要求把救人放在第一位，但这终归是事后补救，毕竟是在事故已经发生、人民群众已经有所伤亡之后所采取的措施。痛定思痛，全社会更应做好的是如何加强安全工作、消除安全隐患、预防安全事故，这样才能从源头上保护人的安全健康，保障人的全面发展。

促进和保障人的全面发展，不仅是经济社会发展的根本目的，同时也是我们每个人的使命和职责。马克思明确指出：**“任何人的职责、使命、任务就是全面地发展自己的一切能力。”**（《马克思恩格斯全集》，第3卷，人民出版社，1960年版，第330页）

人是社会历史的主体，在推动社会不断发展的过程中，自身也是在不断发展的。人的发展是一个具有丰富自然和社会内涵的过程，既受环境影响，又在影响环境。追求发展是人的一大目标，也是人的一大动力，正是由于一代代的人们对美好生活的不懈追求和奋斗，才有了我们今天的人类文明。

社会的发展归根到底就是人的发展。马克思指出：**“整个历史也无非是人类本性不断改变而已。”**（《马克思恩格斯选集》，第 1 卷，人民出版社，1995 年版，第 172 页）他还指出：**“人们的社会历史始终只是他们的个体发展的历史。”**（《马克思恩格斯选集》，第 4 卷，人民出版社，1995 年版，第 532 页）也就是说，社会历史的发展依托于人的发展，体现为人的发展。

实现人的全面发展是经济社会发展的突发点和根本目的，那么人的全面发展具体包括哪些方面呢？主要有三个方面，一是人的素质能力的发展，二是人的需要的发展，三是人的社会关系的发展。

第一，人的发展体现在人的素质能力不断发展和提高上。

人的素质是指人在一定社会环境中形成的技能、才干和修养，是人从事各种社会活动、进行物质生产和精神生产的基本条件，是人创造社会价值的内在依托。每个人在生存过程中都希望不断扩展和提高自己的素质，从而能够更深入、更广泛、更准确地认识和把握客观世界，更有力、更顺利地改造客观世界，更迅速、更全面地提高自己的社会地位和生活品质，更充分、更有效地实现自己的人生价值。

人的素质能力可以分为显能和潜能两种，显能是指直接表现出来的能力，潜能是指潜在的能力，也就是尚未显现的能力。根据科学研究，如果人的潜能充分发挥出来，可以记住 50 座美国国会图书馆全部藏书容纳的信息，能够熟练掌握 40 种语言。1964 年《苏联今日生活》载文指出：“如果人的大脑使用一半的工作能力，就可以轻而易举地学会 40 种语言，将一本苏联大百科全书背得滚瓜烂熟，还能学会数十所大学的课程。”

国外潜能研究专家和心理专家指出，人类潜能开发，即使是成就卓著的伟人，也是不过开发很小的、微不足道的一部分。

美国心理学家威廉·詹姆斯认为，一个正常健康的人，只运用了其能力的10%，尚有90%的潜力没有使用。美国人类潜能研究学家奥托在其《人类潜在能力的新启示》一文中指出："据最新估计，一个人所发挥出来的能力，只占他全部能力的4%。我们估计的数字之所以会越来越低，是因为人所具备潜能及其源泉之强大。根据现在的发现，远远超过我们10年前、乃至5年前的估测。"

人的素质能力的发展和提高，显能的展示和增强固然重要，潜能的挖掘和发挥则更重要。这两种能力如能同时提高，不仅会使人的素质能力的提升幅度大大增加，他为社会做出的贡献也将大大增加。

第二，人的发展体现在人的需要的发展和满足上。

人的需要就是人感受到自身内在的物质或精神方面的缺乏，为了维持生存和发展，对外界事物的获取欲望和要求。人的需要是人的属性，同时也是人的本性。马克思指出：**"他们的需要即他们的本性。"**(《马克思恩格斯全集》，第3卷，人民出版社，1960年版，第514页)人的需要是引起人积极从事各项实践活动的根本动力，也是促使人不断发展的内在动力。人们进行实践活动的目的是什么？就是为了满足自己的需要。人的需要是多种多样的，可以分为高低不同的层次，一般来说，在低一层次的需要得到满足后就会产生高一层次的需要。人为了满足眼前的需要而从事生产劳动或者其他社会活动，取得某种成果使自己的需要得到满足，而这种需要的满足又会刺激产生出新的需要。正如马克思所说：**"已经得到满足的第一个需要本身、满足需要的活动和已经获得的为满足需要用的工具又引起新的需要。"**(《马克思恩格斯选集》，第1卷，人民出版社，1972年版，第32页)人的需要的发展会引发人的新的创造活动，从这个角度出发，可以说需要和生产一样是人类生存和发展的基础和前提。可见，人的发展体现为人的需要的发展，其中既有个体的人的需要的发展，又有整个人类的需要的发展；如果没有需要的发展，就不会有人的发展和社会的进步。

第三，人的发展体现在人的社会关系的不断丰富和发展上。

人具有社会性，以社会关系作为自己存在的前提和基础，而人的社会性说到底就是对于社会关系的依赖。马克思指出：**“人的本质不是单个人所固有的抽象物。在其现实性上，它是一切社会关系的总和。”**（《马克思恩格斯选集》，第1卷，人民出版社，1972年版，第18页）人的本质只有在社会关系中才能存在和表现，所以马克思认为，社会关系的状况决定着一个人能够成为什么样的人，能够发展到什么程度；由此，人的发展也就依赖于并体现为人的社会关系的日益丰富和发展。实际上，无论是单个的人还是整个人类，在生存发展过程中，在社会交往和社会生活过程中，其社会关系都是越来越丰富的，这表现在人的社会关系由简单的血缘关系、劳动协作关系、地缘关系等，向越来越多样、越来越密切的人际关系、个人与群体关系、群体与群体关系，以及经济关系、政治关系、文化关系等社会关系的发展。

人是社会的人，社会是人的社会，人的发展离不开社会的发展，社会的发展同样也离不开人的发展，这就是两者之间的辩证关系。所以，人的发展与社会的发展紧密相连，是互为条件、互为因果、互相依赖、互相促进的，这既是经济社会发展的规律，同时也是人的发展的规律。

人类社会的发展离不开生产劳动。生产劳动是人类第一个历史活动，没有生产，人类就不能存在，更谈不上发展。马克思和恩格斯明确指出：**“我们首先应当确定一切人类生存的第一个前提也就是一切历史的第一个前提，这个前提就是：人们为了能够‘创造历史’，必须能够生活。但是为了生活，首先就需要衣、食、住以及其他东西。因此第一个历史活动就是生产满足这些需要的资料，即生产物质生活本身。”**（《马克思恩格斯选集》，第1卷，人民出版社，1972年版，第32页）

生产劳动原本是为了人更好地生存和发展才进行的，但在进入工业社会机器生产阶段后，生产劳动过程中不时发生安全事故，对人的生命安全和身体健康又造成了十分严重的伤害，至今已经成为世界各国普遍面临的难题。人类要生产和发展就不能停止生产，而为了人的安全健康，又不能对安全事故视而不见，听之任之，解决这一矛盾的方法只有一个——就是安全生产、安全劳动，安全地创造出社会所需要的各种产品。实现安全生产，保障人员安全健康，就是在维护人类的生存和发展，就是在维护人类文明不断进步，就是在维护人的全面发展。

第三章　保障财富持续增加

社会主义生产的目的，是最大限度地满足整个社会经常增长的物质和文化的需要；因此，生产劳动创造的产品越多越好，创造的财富越多越好，这样就能更好地满足广大人民群众日益增长的需要，这样也才能更好地体现出社会主义制度的优越性。

发展生产力是社会主义的根本任务，当前我国正处于社会主义初级阶段，也就是不发达阶段，大力发展生产力更具有特殊重要的意义。我国社会主义时期的主要任务就是发展生产力，使社会物质财富不断增长，使人民群众的生活水平不断得到提高。

列宁指出：**“只有社会主义才可能根据科学的见解来广泛推行和真正支配产品的社会生产和分配，也就是如何使全体劳动者过最美好、最幸福的生活。只有社会主义才能实现这一点。”**（《列宁选集》，第3卷，人民出版社，1972年版，第571页）要实现“使全体劳动者过最美好、最幸福的生活”这一目标，当然离不开社会产品的不断增多和物质财富的持续增加，而这又离不开劳动。

劳动是人类创造物质财富和精神财富的活动。马克思指出：**“劳动首先是人和自然之间的过程，是人以自身的活动来引起、调整和控制人和自然之间的物质变换的过程。”**（《资本论》，第1卷，人民出版社，1975年版，第201-202页）

劳动和财富之间是什么关系呢？马克思明确指出：**“劳动不仅在范畴上，而且在现实中都是创造财富一般的手段。”**《马克思恩格斯选集》，第2卷，人民出版社，1972年版，第107页）可见，劳动是创造财富的手段，人们通过自己的劳动，将大自然提供的材料转化为对人有用、为人所需的产品，从而也就创造了社会财富。所以说，没有劳动，就没有社会财富，就没有现代人类文明。

没有生产劳动，就没有产品和财富；那么，是不是只要有生产劳动，就一定会创造出产品和财富吗？不，不一定，要实现这一点，还有一个条件必不可少，就是安全。尤其是在社会化大生产条件下，如果没有安全，不能保证安全生产，不仅创造不出产品和财富，甚至劳动者、劳动资料等也有可能在生产事故中损毁。

随着科学技术的发展，人类社会工业生产越来越呈现出工厂化、机器化、集中化、规模化、大型化、连续化等特点，随之而来的就是复杂化、风险化、高危化。也就是说，现代生产系统是一个充满风险和隐患的系统，安全工作越来越明显地呈现出“四个无不”即安全无时不有、无处不在、无事不重、无人不需的特点，这对我们做好安全生产工作、防范事故发生提出了非常高的要求。对此别无他途，只有把握安全生产的本质，遵循安全生产的规律，才能从根本上、源头上抓好安全生产工作，使生产劳动安全进行，这样才能创造出更多的产品和财富，才能使全体劳动者过上最美好、最幸福的生活。

第一节　生产劳动创造财富

人类社会的发展史，就是一部广大人民群众通过生产劳动等手段，追求和创造美好幸福生活的奋斗史。尽管受种种条件的限制和制约，这一奋斗过程中充满了艰难困苦和曲折坎坷，但千百年来广大劳动群众从未停止和放弃他们的奋斗和追求，并用无数劳动成果支撑和推动了社会的发展和文明的进步。如果没有生产劳动，人类社会将不存在。

正因为劳动在人类社会发展中有着如此重要的作用和影响，马克思对劳动进行了专门研究，并作出了许多精辟论断。

关于劳动的实质。马克思指出：**“在劳动过程中，人的活动借助劳动资料使劳动对象发生预定的变化。”**（《资本论》，第1卷，人民出版社，1975年版，第205页）**“劳动过程，……是制造使用价值的有目的的活动，是为了人类的需要而占有自然物，是人和自然之间的物质变换的一般条件，是人类生活的永恒的自然条件，因此，它不以人类生活的任何形式为转移，倒不如说，它是人类生活的一切社会形式所共有的。”**（同上，第208-209页）

关于劳动的条件。马克思指出：**“劳动过程的简单要素是：有目的的活动或劳动本身，劳动对象和劳动资料。”**（同上，第202页）**“劳动过程所需要的一切因素：物的因素和人的因素，即生产资料和劳动力。”**（同上，第209页）

关于劳动者的生产劳动条件。马克思指出：**“劳动力所有者今天进行了劳动，他应当明天也能够在同样的精力和健康条件下重复同样的过程。”**（同上，第194页）**“劳动力应该在正常的条件下发挥作用。”**（同上，第221页）

关于劳动的结果和目的。马克思指出：**“人通过自己的活动按照对自己有用的方式来改变自然物质的形态。例如，用木头做桌子，木头的形状就改变了。”**（同上，第87页）**“生产者的私人劳动必须作为一定的有用劳动来满足一定的社会需要。”**（同上，第90页）

正如马克思所说，生产劳动是人和自然之间的物质变换的活动，是制造使用价值的活动，是用以满足一定社会需要的活动，是人类生活必不可少的活动。归根结底，正是由于生产劳动创造了社会产品和物质财富，才使人类得以生存发展。

生产劳动所创造的产品和财富，对人类而言意味着什么呢？

马克思指出：**“在劳动过程中，人的活动借助劳动资料使劳动对象发生预定的变化。过程消失在产品中。它的产品是使用价值，是经过形式变化而适合人的需要的自然物质。劳动与劳动对象结合在一起。劳动对象化了，而对象被加工了。……劳动者纺纱，产品就是**

纺成品。"(同上,第 205 页)

可见,生产劳动所创造出的产品和财富,对人类而言具有使用价值,它依靠自己的属性来满足人的某种需要,通俗地讲就是对人们有用。这些产品比如衣服、面粉、书刊等,并非天然生成物品,只有通过劳动才能得到。在这些产品中,都凝聚着人类劳动力在生理意义上的耗费,都是人的脑、肌肉、神经、手等的生产耗费,由于它们凝聚了人类劳动、创造了使用价值,因此都是宝贵的财富,对人们的生存发展都有着相应的作用和价值。正是一代代人们辛勤劳动创造和积累了无数的财富,才有如今现代化的社会。

20 世纪的 100 年,不到世界人口 15%的发达国家依靠消耗全球 60%的能源和 50%的矿产资源实现了工业化。从人类以往走过的历史看,工业化的过程,是人类加快积累社会财富、迅速提高生活水平的过程,同时也是大量消耗自然资源的过程。进入 21 世纪,全球另外 85%的人口将有相当一部分将陆续进入工业化社会,他们也将消耗大量自然资源,也将积累大量社会财富,也将付出相应的生产劳动。

2013 年 3 月 14 日,联合国开发计划署发布 2013 年《人类发展报告》指出,中国和印度在不到 20 年时间里将人均产出翻了一番,这一转变所惠及的人数约为工业革命时的 100 倍。

改革开放以来,我国坚持以经济建设为中心,大力发展社会生产力,已经从落后的农业大国转变为拥有独立的、比较完整的工业体系和国民经济体系的国家,工业化进程取得令人瞩目的成就。改革开放 30 多年来,我国经济总量接连迈上新台阶。社会财富由少变多,综合国力由弱变强,实现了从低收入国家向上中等收入国家的跨越,1979 年到 2012 年,我国国内生产总值年均增长 9.8%,比同期世界经济年均增速 2.8%高出 7 个百分点。1978 年,我国国内生产总值为 3145 亿元,经济总量占世界的份额仅为 1.8%,居世界第 10 位;2012 年,我国国内生产总值为 51.9 万亿元,经济总量占世界的

11.5%,居世界第二位。

我国人民通过生产劳动所创造的产品和财富,通过表3-1、表3-2可见一斑。

表 3-1 我国主要工业产品产量

年份	化学纤维（万吨）	布（亿米）	彩电（万台）	电冰箱（万台）	原煤（亿吨）	发电量（亿千瓦小时）	钢材（万吨）	水泥（万吨）
1978	28	110	0.4	2.8	6.1	2566	2208	6524
1980	45	134	3.2	4.9	6.2	3006	2716	7986
1985	94	146	435	144	8.7	4107	3693	14595
1990	165	188	1033	463	10.8	6212	5153	20971
1995	341	260	2057	918	13.6	10070	8980	47561
2000	694	277	3936	1279	13	13556	13146	59700
2005	1664	484	8283	2987	22	25003	37771	106885
2010	3090	800	11830	7300	32.4	42065	79775	188000
2013	4121	882	12776	9261	36.8	53975	106762	242000

表 3-2 我国主要农产品、林产品产量 单位:万吨

年份	粮食	油料	棉花	糖料	苹果	柑橘	木材（万立方米）	橡胶
1978	30477	521	216	2381	657	38	5162	10
1980	32056	769	270	2911	679	71	5359	11
1985	37911	1578	414	6046	1163	180	6323	18
1990	44624	1613	450	7214	1874	485	5571	26
1995	46662	2250	476	7940	4214	822	6767	42
2000	46218	2954	441	7635	6225	878	4724	48
2005	48402	3077	571	9451	16120	1591	5560	51
2010	54641	3239	597	12045			7284	
2013	60194	3531	631	13759			8367	

我国主要工农业产品产量不仅总量在持续增长,而且人均拥有量也在增加,这是在我国人口连年增长的情况下实现的。由于人口基数较大,我国人口总量保持着逐年上升态势,1978年全国总人口96259万人,1981年突破10亿,达到100072万人;1988年突破11亿,达到111026万人;1995年突破12亿,达到121121万人;2005年突破13亿,达到130756万人;2013年全国总人口136072万人。在这种情况下实现工农业产品人均拥有量的增加,说明这些工农业产品的增长幅度超过了人口增长幅度,如果没有生产劳动当然是不可能的。

劳动成果的增加,保证了广大人民群众收入和财富的增长。根据国家统计局的披露,2012年,我国城镇居民人均可支配收入24565元,同1978年相比年均增长13.4%,扣除价格因素,年均增长7.4%;农村居民人均纯收入7917元,同1978年相比年均增长12.8%,扣除价格因素,年均增长7.5%,我国城乡居民拥有的财富显著增加。2012年,我国经济总量达到51.9万亿元,人均国内生产总值为38354元,按照汇率折算超过6000美元,已经达到世界中等偏上收入国家水平。

中国的财富是靠生产劳动创造出来的,世界的财富也是如此。从世界人口的不断增加这一点就可以看出,如果没有粮食以及其他工农业产品的持续增加,世界上绝对养活不了如此众多的人口。

联合国社会经济司研究数据显示,1800年世界人口为10亿人,1930年达到20亿人,1960年达到30亿人,1975年达到40亿人,1987年达到50亿人,1999年达到60亿人,2011年达到70亿人。人口快速增长,必须有相应粮食产量的增长作保障才能实现。根据联合国粮农组织的统计,1961年世界粮食总产量为9亿吨,1999年为20.8亿吨,2001年为21亿吨,2007年为23.4亿吨。从以上两组数据可以清楚地看出,1960年世界有30亿人,1961年世界粮食总产量为9亿吨;1999年世界有60亿人,当年粮食总产量为20.8亿吨,人口增加一倍，相应的粮食产量也增加一倍。但准确地讲，应当这样说：正是世界粮食产量增加一倍，才使得世界人口能够增加一倍；没有粮食产量的相应增加，是不可能有人口的翻番的。

从 20 世纪钢产量的增长当中，也可以看出生产劳动创造的产品和财富的增加轨迹。

钢铁工业也称黑色冶金工业，是重要的基础工业部门，是发展国民经济与国防建设的物质基础。20 世纪，全球钢产量累计达到 327 亿吨，就工业原材料的应用量和应用范围来讲，20 世纪堪称"钢铁的世纪"。

1901 年，世界钢产量只有 3000 万吨，1951 年为 2 亿吨，1960 年为 3.8 亿吨，1970 年为 6.55 亿吨，1980 年为 7.89 亿吨，1990 年为 7.71 亿吨，2000 年为 8.43 亿吨。回顾 20 世纪钢铁工业的发展历程，其作为全球经济发展和社会进步的重要物质基础的作用和地位是毋庸置疑的。正是钢产量的不断增长，有力地支持了世界经济的持续稳定发展。

产量持续保持增长的人类劳动产品当然不只是粮食、钢这两种，可以说，人类日常所需的生活和生产资料大多数都是连年递增的，这就使人类通过劳动所创造出的财富也在日益增加。见表 3-3。

表 3-3 美、英、法、德、日、中六国 GDP 增长情况 单位：亿美元

年份	美国	英国	法国	德国	日本	中国
1950	2937	372	286	231	109	170
1955	4147	545	498	427	232	349
1960	5264	727	615	720	444	556
1965	7191	1004	1005	1147	912	697
1970	10383	1240	1469	2088	2029	918
1975	16377	2360	3571	4747	4978	1529
1980	27881	5419	6911	9196	10709	3050
1985	42175	4642	5430	7088	13641	3070

续表

年份	美国	英国	法国	德国	日本	中国
1990	58005	10126	12444	17144	30580	3902
1995	74147	11571	15698	25226	52643	7279
2000	99515	14775	13279	19049	46674	11984
2005	126384	22801	21465	27883	45521	22366
2010	145867	22488	25600	32805	54588	59266
2012	156848	24351	26128	33995	59597	82271

注:1950年至1965年为联邦德国(西德)数据。

从表3-3可以看出,从1950年到2012年的60多年间,中国、美国、英国、法国、德国、日本六个国家的国内生产总值实现了几十倍至几百倍的增长,这说明社会生产力和财富创造能力得到了巨大的提升。所有这一切,离开了生产劳动,都不可能。

第二节 安全事故摧毁财富

人类财富创造和保存并不容易,但要摧毁它们却十分简单。无论是自然灾害还是人为事故,可以在几小时甚至几分钟内将宝贵的财富化为乌有。

自从人类诞生以来,自然灾害就如影随形始终伴随在人类身旁。汉字的“灾”字就是大火焚烧房屋的形状,表示外在的自然力量对社会财富和人类文明的破坏;当这种破坏损害人类利益时,“灾”也就成为“害”。

在各种自然灾害当中,对人民群众生命财产安全威胁最大、造成损失最重的首推地震。在我国3000多年的历史典籍中,记载的地震有近万次,其中破坏性地震近3000次,8级以上的特大地震18次。地震对人的生命财产的破坏并不限于地震本身,它还引发一系列次生灾害，如山崩、地表水激荡、河道堵塞、海啸、疫病等，在侵害人的生命及财产的同时，又对自然环境造成极大破坏，其破坏性是多方面的。

我国历史上死亡人数最多、财产损失最大的地震是明朝时期陕西华县大地震，造成约 83 万人死亡。1556 年 1 月 23 日，华县发生 8 级强烈地震，有 101 个县受到地震破坏，分布于陕西、甘肃、宁夏、山西、河南 5 省约 28 万平方公里，地震有感范围为 5 省 227 个县。这次大地震后果十分严重，造成地表出现大规模形变，如山崩、滑坡、地裂缝、地陷、喷水等，各种财物损失无数，民房、官署、书院、庙宇沧为废墟，较为坚固的高大建筑物如城楼、宫殿等也全部倒塌。根据各县州府志记载，地震造成的死亡人数约为 83 万人。

对人的生命安全和社会物质财富具有重大威胁的自然灾害当然不仅仅是地震，水灾也是其中一种。

1117 年（宋徽宗政和 7 年），黄河决口，淹死 100 多万人。

1642 年（明崇祯 15 年），黄河泛滥，开封城内 37 万人，有 34 万人被淹死。

1991 年，淮河、太湖流域大水，受灾人口 5423 万人。

1998 年长江、嫩江、松花江大洪水，有 1.8 亿人受灾，因水死亡 4150 人，直接经济损失 2550 亿元。

像地震、水灾等自然灾害对人类社会的侵害，人类还难以准确预测和有效抵御，但在日常生活中大量事故也在吞噬无数的生命、健康和社会财富。对这些人为灾害，我们必须拿出有效对策加以化解。

当前我国已经进入风险社会，在生产、生活领域面临着广泛的风险隐患，其中最严峻的当属工业生产方面的风险。2005 年 9 月 20 日，国际风险管理理事会大会在北京召开，国家安全生产监督管理总局局长李毅中在会上指出："科技的创新、经济的发展、社会的进步，加速了经济全球化的进程，我们将面临自然、经济、政治以及人类健康安全环境等各方面越来越多的风险和挑战。……目前中国正进入人均国内产值1000至3000美元的快速发展阶段，国内外的经验告诉我们，在这一阶段也是生产事故的易发期，中国的安全生产面临着严峻的挑战。”

李毅中在会上披露，2004年我国发生各类事故80.36万起，死亡13.67万人，伤残约70万人，经济损失达2500亿元，占我国国内生产总值的2%。请看报道。

去年每万人中有1人在事故中死亡
我国进入生产事故易发期

本报讯（记者王一娟）　国家安全生产监督管理总局局长李毅中在9月20日召开的“2005年国际风险管理理事会大会”上说，2004年，我国发生各类事故80.36万起，死亡13.67万人，伤残约70万人，经济损失达2500亿元，约占国内生产总值的2%，大约每亿元国内生产总值死亡1人，每万人中有1人在事故中死亡。

李毅中说，各类事故已成为制约经济社会和谐发展的重要因素。我国正进入人均国内生产总值1000至3000美元的快速发展阶段。国内外经验证明，这一阶段也是生产事故的易发期，我国的安全生产面临着严峻的挑战，提高应对现代风险的意识和能力，显得十分迫切。

专家指出，现代风险呈现跨部门、跨国家和跨区域的特点，具有全球性、综合性和快速扩散性的趋势。因此，国际社会迫切期待风险管理的国际化，以及从整体视角来研究风险管理问题。据悉，联合国已将所有灾害问题都纳入风险管理的范畴，风险管理可能会在全球范围内发展成一个全新的学科领域。现代社会中的风险管理问题已经得到了全球各界人士越来越多的关注。

科技部副部长刘燕华在大会致辞中表示，中国政府高度重视社会发展中的风险管理问题，在各个领域出台了大量有关风险管理的

法律法规，如《安全生产法》、《防震减灾法》等，制定并实施了《突发公共卫生事件应急条例》，国务院成立了应急管理办公室。与此同时，中国政府已经开始对传统的风险管理体系进行积极变革，建立有效的综合协调机制，探索建立专门的风险管理机构的可能性，以提高政府风险管理的效率和能力。

刘燕华说，应对现代风险，需要一种新的风险管理模式。通过政府、企业、社区、非营利组织之间的沟通与合作，构筑共同治理风险的网络联系和信任关系，建立资源和信息交流的平台，从而有效集中社会资源，实现应对未来风险的目标。全球 350 多位经济学家、科学家、管理专家参加了这次会议，共同探讨如何警惕潜在的全球性风险的发生、如何在全球范围内实施风险管理策略等议题。

国际风险管理理事会是一个跨学科咨询机构，主要研究探讨科技发展的不确定性可能导致的现代风险。中国是国际风险管理理事会决策层中唯一的发展中国家成员。

原载 2005 年 9 月 21 日《经济参考报》

现代风险呈现跨部门、跨国家和跨区域的特点，具有全球性、综合性和快速扩散的趋势，是世界各国普遍面临和共同关注的重大课题。当前我国正处于工业化、城镇化快速发展进程中，处于生产安全事故易发多发的高峰期，安全基础薄弱，应对各类风险、实现安全发展已经成为经济社会发展的重大任务。

2007 年 5 月 9 日，中国红十字会主办的主题为“社会力量在应急管理中的作用”的第二届博爱论坛在北京召开，国务院应急管理专家组组长闪淳昌指出：“在我国，每年因自然灾害、事故灾难、公共卫生和社会安全等突发事件造成的非正常死亡超过 20 万人，伤残超过 200 万人，经济损失超过 6000 亿元人民币，我国全民防灾意识教育还相当薄弱。”国家安全生产监督管理总局副局长王德义指出：“安全生产涵盖各地区、各行业、各领域，事故灾难多种多样，何时、何地发生何种事故，以及会造成什么样的后果，都具有高度的不确定性。”

改革开放以来，我国经济建设持续高速发展，经济规模不断扩大，就业人数连年增加，这些都给安全生产工作带来巨大压力，集中表现在安全生产基础薄弱、其进步远远滞后于经济增长速度上。经济发展以积累或台阶的方式实现，但多年来安全基础仍然在原有水平徘徊，安全生产存在的问题依然突出，面临的挑战依然严峻，要走出安全生产事故易发期，还需要一段时期。请看报道：

黄毅：我国目前仍处在安全生产事故易发多发的特殊时期

人民网北京2月21日电（记者杜燕飞）　今日，国家安全生产监督管理总局党组成员、总工程师、新闻发言人黄毅做客人民网时表示，当前，全国安全生产形势总体稳定，持续好转，但形势依然严峻，仍然处在生产安全事故易发多发的特殊时期。

黄毅说，我国目前正处于工业化、城镇化快速发展进程中，仍处在生产安全事故易发多发的特殊时期，安全生产形势依然严峻：一是安全发展理念尚未牢固树立。二是非法违法生产经营建设行为屡禁不止。三是安全管理和监督存在漏洞。四是隐患排查治理和应急处置不力问题在一些地方、行业和企业还比较突出。五是职业危害防治相对薄弱。

黄毅指出，随着经济发展和社会进步，人民群众对安全生产工作的要求越来越高，对安全生产状况的关注度也越来越高。必须准确把握经济社会发展的新要求，准确把握安全生产工作的新规律，准确把握全社会和广大职工保障安全健康权益的新期待，深刻认识安全生产工作的复杂性、艰巨性和长期性，进一步增强责任感、紧迫感和使命感，采取更加坚决有力的措施，切实维护人民群众生命财产安全。

原载2012年2月21日人民网

生产安全事故给人类社会造成巨大灾害，既损害人的生命健康，又摧毁社会财富，它所造成的物质财富的损失究竟有多大呢？

1999年4月11日至16日，由联合国国际劳工组织、国际社会保障协会举办的第15届世界职业安全健康大会在巴西圣保罗市召开。国际劳工组织指出：全世界因职业伤亡事故和职业病造成的经济损失迅速增加，每年有接近2.5亿工人在生产过程中受到伤害，有1.6亿工人患职业病。每年发生工伤死亡人数为110万人，超过道路年平均死亡人数(99.9万)、由于战争造成的死亡人数(50.2万)、暴力死亡人数(56.3万)和爱滋病死亡人数(31.2万)。在110万工伤死亡人数中，有接近1/4的人是由于工作在暴露危险物质的工作场所引发的职业病而死亡。

大会指出，全世界因职业伤亡事故和职业病造成的经济损失迅速增加。赔偿金额的数据显示，由于工伤致残和患职业病丧失劳动能力造成的经济损失、职业病治疗花费的医药费和丧失劳动能力的抚恤费用的总和，已经超过了全世界平均国内生产总值(GDP)的4%。由于职业伤亡事故和职业病所造成的经济损失，已经超过了相当于整个非洲国家、阿拉伯国家和南亚国家国内生产总值(GDP)的总和，同时，也超过了工业发达国家向发展中国家的政府援助资金的总和。

除了职业伤亡事故和职业病以外，道路交通事故对人类的损害也非常严重。

在2004年4月7日“世界健康日”到来之际，世界卫生组织发起以道路安全为主题的活动，并发表《防止道路交通伤害世界报告》指出，道路交通事故每年使120万人死亡、5000万人伤残，世界各国如不立即采取措施确保道路安全，到2020年，道路事故造成的死亡人数将会增加80%。《报告》指出，道路事故还给社会造成巨大的经济损失，每年使世界各国损失5180亿美元，占全球各国国内生产总值的1%至2%；在这5180亿美元中，低收入和中等收入的发展中国家为650亿美元，高于这些国家所获得的发展援助总和。

事故灾害给世界各国造成巨额经济损失，中国也不例外。2003年，我国共发生各类伤亡事故96万起，死亡13.6万人，伤残70余万人，造成的直接经济损失超过2500亿元，相当于国内生产总值的2.5%。

同时，我国道路交通事故易发、多发，万车死亡率一直较高，2002年为13.7，2006年为6.2，而当年美国万车死亡率为1.77，日本为0.77。根据世界卫生组织2004年10月发布的交通事故死亡报告，中国汽车总量仅占全球汽车总量的1.9%，但是中国因交通事故死亡的人数占世界交通事故死亡人数的比重却高达15%，世界卫生组织和世界银行由此将中国的公路称为“世界上最危险的公路”。这些交通事故在导致几十万、上百万人员伤亡的同时，又造成了大量财富的损失。

随着经济连续多年快速发展，社会财富和城市居民物质财富的持续增加，火灾已经成为我国城市中居于首位的灾害因素。当前城市火灾已经呈现出致灾因素增加、隐患险情增加、火灾数量增加、扑救难度增加、火灾损失增加“五个增加”的明显特征，给人民群众生命财产造成巨大损失。

据统计，在20世纪80年代，全国火灾数量为37.6万起，死亡2.36万人，直接经济损失为32亿元；20世纪90年代，全国火灾数量为75.7万起，死亡2.37万人，直接经济损失为106亿元；2000年至2009年，全国火灾数量为205万起，死亡2.08万人，直接经济损失为137亿元。

从北京市2001年至2010年10年间发生的火灾状况（见表3-4），也可以看出火灾对社会财富的破坏程度。

表 3-4 北京市 2001-2010 年火灾状况

年份	发生火灾(起)	抢险救援(起)	死亡(人)	直接财产损失(万元)
2001	5302	1782	27	1392
2002	5542	1866	67	1127
2003	5243	1535	42	1002
2004	4718	1976	59	1226
2005	8498	2636	50	1028
2006	8496	4230	49	1012
2007	8450	6627	30	884
2008	6016	7743	29	724
2009	5577	8320	32	15855
2010	5307	8696	32	4078

自然灾害和生产事故都会对人类安全和社会财富造成损失，而由自然因素引发和加剧的事故所造成的损害则更大，而且在防治方面也更困难。

在各种自然灾害当中，雷电引起的灾害是十分严重的一种，它不仅发生频率高，而且重复发生，破坏性大。全球每年因雷击造成的火灾、爆炸、信息系统瘫痪乃至人员伤亡事故频繁发生，其在航空、航天、国防、通讯、邮电、电力、化工、石油、建筑等领域所造成的损失也越来越大。因此，雷电也成为联合国确定的十种特别严重的自然灾害之一。

航空航天是汇集了人类最新高科技的尖端领域，防雷技术在其中虽然并不突出，但却是一个不可忽视的重要环节，闪电一旦击中航天飞行器，就可能造成重大事故和损失。

1987 年 3 月 26 日，美国国家航天局利用大力神/半人马座火箭从美国卡纳维拉尔角基地发射海军通信卫星时曾遭受雷击而使发射失败，当时火箭发射约 1 分钟后受雷电干扰突然失控，浪涌电压破坏了制导控制计算机，导致星箭俱毁，损失高达 1.7 亿美元。1987 年 6

月9日，美国航天局在瓦罗普斯发射场进行航天发射前，一阵暴风雨突然降临，3枚火箭被雷电击中，雷电触发火箭自行点火启动，导致发射失败。

事故给人类造成的损失是十分巨大的，甚至是触目惊心的。据联合国统计，世界各国平均每年的事故损失约占国民生产总值的2.5%，预防事故和应急救援方面的投入约占3.5%，两者合计为6%。国际劳工组织编写的《职业卫生与安全百科全书》指出："可以认为，事故的总损失即是防护费用和善后费用的总和。在许多工业国家中，善后费用估计为国民生产总值的1%至3%。事故预防费用较难估计，但至少等于善后费用的两倍。"面对这种状况，国际劳工组织的官员惊呼：事故之多、损失之大，真使人触目惊心。从事故损失的严重性，也可以看出安全投入的重要性和必要性。

生产事故造成的损失一般可以分为两个方面，一是人员伤亡，二是财物损失，即使没有造成人员伤亡，一般来说也会有财物损失。那么，生产事故所造成的经济损失怎样来计算和衡量呢？国家标准局于1986年8月22日发布、于1987年5月1日起实施的《企业职工伤亡事故经济损失统计标准》（中华人民共和国国家标准GB 6721-86）作了明确规定。该《标准》全文如下：

企业职工伤亡事故经济损失统计标准

标准规定了企业职工伤亡事故经济损失的统计范围、计算方法和评价指标。

1. 基本定义

1.1　伤亡事故经济损失指企业职工在劳动生产过程中发生伤亡事故所引起的一切经济损失，包括直接经济损失和间接经济损失。

1.2　直接经济损失指因事故造成人身伤亡及善后处理支出的费用和毁坏财产的价值。

1.3　间接经济损失指因事故导致产值减少、资源破坏和受事故影响而造成其他损失的价值。

2. 直接经济损失的统计范围

2.1 人身伤亡后所支出的费用

2.1.1 医疗费用(含护理费用)

2.1.2 丧葬及抚恤费用

2.1.3 补助及救济费用

2.1.4 歇工工资

2.2 善后处理费用

2.2.1 处理事故的事务性费用

2.2.2 现场抢救费用

2.2.3 清理现场费用

2.2.4 事故罚款和赔偿费用

2.3 财产损失价值

2.3.1 固定资产损失价值

2.3.2 流动资产损失价值

3. 间接经济损失的统计范围

3.1 停产、减产损失价值

3.2 工作损失价值

3.3 资源损失价值

3.4 处理环境污染的费用

3.5 补充新职工的培训费用(见附录)

3.6 其他损失费用

4. 计算方法

4.1 经济损失计算公式 $E=E_d+E_i$ 式中:E——经济损失,万元;E_d——直接经济损失,万元;E_i——间接经济损失,万元。

4.2 工作损失价值计算公式 $V_w=D_l \cdot M/(S \cdot D)$

式中:V_w——工作损失价值,万元;D_l——一起事故的总损失工作日数,死亡一名职工按6000个工作日计算,受伤职工视伤害情况按GB 6441-86《企业职工伤亡事故分类标准》的附表确定,日;

M——企业上年税利(税金加利润),万元;S——企业上年平均职工人数;D——企业上年法定工作日数,日。

4.3　固定资产损失价值按下列情况计算:

4.3.1　报废的固定资产,以固定资产净值减去残值计算;

4.3.2　损坏的固定资产,以修复费用计算。

4.4　流动资产损失价值按下列情况计算:

4.4.1　原材料、燃料、辅助材料等均按账面值减去残值计算;

4.4.2　成品、半成品、在制品等均以企业实际成本减去残值计算。

4.5　事故已处理结案而未能结算的医疗费、歇工工资等,采用测算方法计算(见附录)。

4.6　对分期支付的抚恤、补助等费用,按审定支出的费用,从开始支付日期累计到停发日期(见附录)。

4.7　停产、减产损失,按事故发生之日起到恢复正常生产水平时止,计算其损失的价值。

5. 经济损失的评价指标和程度分级

5.1　经济损失评价指标

5.1.1　千人经济损失率计算公式:$Rs=(E/S)\times 1000‰$

式中:Rs——千人经济损失率;E——全年内经济损失,万元;S——企业职工平均人数,人。

5.1.2　百万元产值经济损失率计算公式:$Rv=(E/V)\times 100\%$

式中:Rv——百万元产值经济损失率;E——全年内经济损失,万元;V——企业总产值,万元。

5.2　经济损失程度分级

5.2.1　一般损失事故　经济损失小于1万元的事故。

5.2.2　较大损失事故　经济损失大于1万元(含1万元)但小于10万元的事故。

5.2.3　重大损失事故　经济损失大于10万元(含10万元)但

小于100万元的事故。

5.2.4 特大损失事故　经济损失大于100万元(含100万元)的事故。

按照《企业职工伤亡事故经济损失统计标准》,事故经济损失分为直接经济损失和间接经济损失,直接经济损失是指因事故造成人身伤亡及善后处理支出的费用和毁坏财产的价值,间接经济损失是指因事故导致产值减少、资源破坏和受事故影响而造成其他损失的价值。因此,在计算生产事故造成的财富损失大小时,必须综合、全面地计算,既包括直接经济损失、又包括间接经济损失,既包括物质资料的损失、又包括生产能力的破坏,既包括设施设备的损毁、又包括资源环境的破坏浪费,可见事故损失涉及面之广,危害之大。

千百年来,人们创造和积累财富是十分不易甚至是充满艰辛的,因此无论是劳动产品还是生产出这些产品的必备因素——劳动者、劳动资料和劳动对象,都应当倍加珍惜、倍加爱护;只有这样,我们的财富才会越来越多,我们的生活才会越来越好。而一场事故,或许起因仅仅是少数人甚至是一个人的违规之举甚至无心之失,就可能引发一场重大事故灾难,给社会造成巨大损失和严重后果,这在世界各国的许多重大事故中可以清晰看到。

——1657年3月2日,日本江户(今东京)本妙寺为一名因病死亡的少女做法事,在进行火化时刮起了大风,将死者一只燃烧的衣袖刮走并引发大火。大火烧了两天,烧毁300多座寺庙和无数宅邸,使江户2/3的建筑被毁,死亡人数达10.7万人。

——1666年9月2日,欧洲最大的城市英国伦敦普丁巷的一个面包师忘了关上烤面包的炉子,温度越来越高,最后燃起大火。普丁巷位于泰晤士河北岸,周围的仓库和商店堆满了易燃材料,加之当时伦敦普遍搭建木居,火势一发不可收拾。大火连续燃烧了4天,87间教堂、44家公司和1.3万幢房屋被焚毁,十万人无家可归。这场火灾难造成了1000万英磅的损失,而当时伦敦一年的财政收入仅为

1.2 万英磅。

——1871 年 10 月 8 日至 10 日，美国芝加哥发生大火。由于芝加哥大多数房屋都用木材建造，加之临近隆冬季节，许多地方堆集着过冬用的柴草，大火燃起后就无法控制。随着火势发展，芝加哥煤气站发生爆炸，随之引起弹药库和下水道泄出的甲烷气体一连串爆炸，仅仅 30 个小时就将芝加哥城的 2/3 夷为平地。这场大火使 10 万人无家可归，300 人死亡，被烧毁的房屋按照保守的价格计算，不低于 10 亿美元。

——1986 年 4 月 26 日，乌克兰北部切尔诺贝利核电站发生泄漏事故，这是全世界损失最为惨重的一次事故。核电站 4 号机组爆炸，大量放射性物质泄漏，影响了欧州大部分地区，320 多万人受到核辐射伤害，31 人当场死亡，给乌克兰造成数百亿美元的直接损失。但事故危害远不止这些，与切尔诺贝利核泄漏有关的死亡人数，包括数年后死于癌症者，约有 12.5 万人；相关花费，包括清理、安置以及对受害者赔偿的总费用，约为 2000 亿美元。根据官方的正式消息，事故原因是由于核电站操作人员违反一系列操作规程，无视安全运行条件造成的。

——1988 年 7 月 6 日，英国北海阿尔法钻井平台发生爆炸，这是世界海洋石油工业史上最大的事故，而事故起因却源于一个接一个的小小疏忽。一个已经拆下了安全阀的泵被当作备用泵起动，导致大量凝析油冲破盲板法兰外溢，遇到火花发生爆炸。这本是一个小型爆炸，平台上的防火墙原本可以隔离大火，然而，能够承受住高温的防火墙都未能经受爆炸的冲击力，碎片撞断了一条天然气管道，引发了第二次爆炸。大火延绵不断，无法控制，最终使钻井平台坍塌，倒入大海。这次事故损失十分惨重，钻井平台上共有 226 人，61 人被救生还，165 人死亡，经济损失 34 亿美元。

——2008 年 9 月 12 日，美国加利福尼亚州洛杉矶西北约 50 公里处，两列火车相撞，造成 25 人死亡，100 多人受伤，对伤亡人员的赔偿达5亿多美元。

不仅仅是外国，我国也有许多事故造成重大人员伤亡和经济损失。

——1987年5月6日至6月2日，黑龙江省大兴安岭发生特大火灾，这是新中国成立以来最严重的一次火灾。这次火灾过火面积133万公顷，损失巨大，死亡210人，烧伤266人，大火直接经济损失4.5亿元，间接损失80多亿元。

——1993年8月5日，广东省深圳市清水河危险化学品仓库发生火灾，并产生连续爆炸，导致15人死亡，800多人受伤，3.9万平方米建筑物毁坏，直接经济损失2.5亿元。

——2008年9月8日，山西省临汾市新塔矿业有限公司尾矿库发生特别重大溃坝事故，造成277人死亡，4人失踪，33人受伤，直接经济损失9600多万元。

——2013年6月3日，吉林省德惠市宝源丰禽业有限公司发生特别重大火灾爆炸事故，造成121人死亡，76人受伤，1.7万平方米主厂房被损毁，直接经济损失1.82亿元。

——2013年11月22日，位于山东省青岛市经济技术开发区的中石化东黄输油管道泄漏爆炸，造成62人死亡，136人受伤，直接经济损失7.5亿元。

从以上中外事故案例可以看出，无论火灾、交通事故还是其他生产事故，仅从物质财富的损失上看就已经十分巨大了，而这还只是直接经济损失；如果加上间接经济损失，总的损失将更大。

据联合国统计，世界各国平均每年的事故费用约占国民生产总值的6%。国际劳工组织编写的《职业卫生与安全百科全书》指出，事故的总损失就是防护费用和善后费用的总和；在许多工业国家，善后费用估计为国民生产总值的1%至3%；事故预防费用较难估计，但至少等于善后费用的两倍。

可见，一旦发生事故，将会对人员安全健康和社会财富造成巨大伤害和损失，对经济社会发展和人类文明进步造成阻碍，无数案例一再证明了这一点，这是需要整个人类都引以为戒的。

第三节　抓好安全　保障财富

1871年10月美国芝加哥大火焚毁全城2/3的建筑，1986年4月苏联切尔诺贝利核电站泄漏造成损失2000亿美元，1987年5月黑龙江省大兴安岭大火直接损失4.5亿元，2013年11月山东省青岛市中石化东黄输油管道爆炸直接经济损失7.5亿元……这些事故灾难为什么给社会造成如此惨痛的损失，无数人们耗费无数心血和智慧创造的财富为什么会在一场事故中顷刻之间就化为乌有？

从根本上来说，就在于工业化和城市化的推进。

工业化使以机器和机器体系为基础的现代生产成为人类社会创造物质财富的主要方式，这在社会生产力得到大幅度提高的同时，又从微观和宏观两个方面产生了大量安全风险隐患。

当今人类社会所拥有的认识自然、改造自然、生产产品、创造财富的巨大能力，是同现代工业生产体系分不开的，而现代工业生产体系又是同机器分不开的。机器——马克思称之为"工业革命的起点"，在人类社会发展特别是生产力发展过程中占据着特殊重要的地位，正是由于机器的出现，才使资本主义机器大工业得以建立，从而大大提高了社会生产力，这是人类社会进步的一个重要里程碑。

机器的广泛应用，使人类经济发展从农业经济时代进入一个新的阶段——工业经济时代。在此之前，人类只能应用热能本身，蒸汽机的发明第一次把热能转换成机械能，成为人类改造自然的强大力量。蒸汽机的发明和广泛应用，推动了世界工业革命，使工业发生了巨大变化，机械力代替了自然力，现代大工业代替了工场手工业，社会化大生产代替了小生产，工业成为国民经济的主导产业，社会生产力实现了新的飞跃。

生产工具即机器越先进，就意味着工业越发达、生产力水平越高。在科学技术的武装下，机器设备的先进水平不断提高，两百多年来，机器经过不断的改良完善，向着结构更加复杂、功能更加完备、力量更加强大、经济效益更加明显的方向发展。不仅如此，在科学技术的带动下，还不断创造出新的生产工艺和流程，这些都使生产力不断提高。

机器的使用是工业革命的起点，它是大工业的物质基础，是生产力飞跃发展的技术支撑。马克思在谈到机器的应用时指出：**“自然界没有制造出任何机器，没有制造出机床、铁路、电机、纺织机等等。它们是人类劳动的产物，是变成了人类意志驾驭自然的器官或人类在自然界活动的器官的自然物质。它们是人类的手创造出来的人类头脑的器官；是物化的知识力量。”**（《马克思恩格斯全集》，第 31 卷，人民出版社，1998 年版，第 102 页）

机器是人类劳动的产物，“是物化的知识力量”，是人创造的“人类头脑的器官”，但机器就是机器，它终究不是人身体上的一个器官。人可以自由自在地控制自己的动作，但对于“人类的手创造出来的人类头脑的器官”——机器的控制，绝不会如同控制自己的手那样自由自在、随心所欲。

机器是人类创造出来为人类服务的，但机器在大量制造和广泛应用后，其风险性和复杂性并没有立刻被人类完全认识，导致风险隐患大量存在，机器生产引发的各类事故层出不穷，给社会造成重大损失。国家标准局 1986 年 5 月 31 日发布、于 1987 年 2 月 1 日起实施的《企业职工伤亡事故分类标准》，将伤亡事故分为 20 类：①物体打击，②车辆伤害，③机械伤害，④起重伤害，⑤触电，⑥淹溺，⑦灼烫，⑧火灾，⑨高处坠落，⑩坍塌，⑪冒顶片帮，⑫透水，⑬放炮，⑭火药爆炸，⑮瓦斯爆炸，⑯锅炉爆炸，⑰容器爆炸，⑱其他爆炸，⑲中毒和窒息，⑳其他伤害。

这些造成生产安全事故的因素都是从微观角度讲的，还有许多宏观因素也在直接影响着我国安全生产状况。比如工业化的发展导致能源、资源的大量应用，这必然要求有大量天然能源如煤炭、石油、天然气以及大量矿产资源如铁、铜等的开发利用，矿业开发又直接导致矿山安全事故普遍发生。比如化学工业自18世纪中叶发展以来，如今各种化学产品已经同人类日常生活和工农业生产密不可分，然而化学品特别是危险化学品的研究、制造、运输、销售等各个环节都潜藏着许多隐患，一旦发生事故将比其他行业事故的损失和危害大得多。而如今中国已经是世界化学大国，2005年我国成为世界第三化工大国，2006年成为世界第二化工大国，目前是世界石油和化工生产、消费第二大国。再比如随着交通运输业的快速发展和人民群众生活水平的提高，我国汽车年产量和保有量迅速增加，2009年我国生产汽车1379万辆，首次突破1000万辆，成为全球汽车生产第一大国，到2013年连续5年保持这一位次；1990年，全国汽车总量不到1000万辆，2000年达到1609万辆，2005年达到3160万辆，2011年首次突破1亿辆，达到1.06亿辆，仅次于美国，位居全球第二。汽车数量的大幅度增加，致使我国道路交通事故同步增长。世界卫生组织2004年10月发布交通事故死亡报告指出，中国汽车总量占全球汽车总量的1.9%，但中国因交通事故死亡的人数占世界的15%，世界卫生组织和世界银行由此将中国的公路称为“世界上最危险的公路”。

不只是工业化，城市化的发展也加剧了事故摧毁财富的严重程度。

城市化是同工业化紧密相连的，城市化的开始阶段其实也就是国家工业体系建立和开始工业化的过程。18世纪60年代出现的以城市为中心的工业革命，不仅从根本上改变了产业结构，而且大大刺激了城市发展，使城市的经济功能在其他诸多功能当中日益凸显。工业化以来，机器大工业代替了工场手工业，各种生产要素和大量社会财富高度集中于城市，使城市功能发生了质的变化。城市除了继续保持原有的政治功能外，经济功能开始成为城市的重要功能，城市成为一个国家或地区的经济中心，国民经济的重心就从农村转移到了城市。

在工业生产的带动下，城市的商贸中心、交通中心、金融中心、科技中心、文化中心、教育中心、信息中心、消费中心等功能也逐渐增强，城市功能开始向多元化方向发展。在工业社会时期城市的主要功能之一是进行工业生产，工厂企业、工人数量、生产经营活动以及创造的财富都日益增多，保障安全的责任也在增大；同时，随着城市的发展，影响城市安全的危险因素也在增加，发生事故的可能性及损失程度都在变大。

1984 年 11 月 19 日，墨西哥城液化石油气站发生大爆炸，造成 650 人死亡，7000 多人受伤，35 万人无家可归。

墨西哥城有 13 万家工厂，占全国的 50%以上。它所在的墨西哥谷地一带共有 75 家石油和石油气仓库，出事地点附近还有 6 家煤气厂，储存了 10 多万桶液化石油气。当天，一辆液化石油气槽车在充气过程中发生爆炸，一下就引爆了周围多处储油库和气库，发生了剧烈的连锁爆炸，高达 200 多米的火焰冲天而起，酿成惨祸。墨西哥石油公司不得不下令关闭阀门，切断从全国各地向首都运送石油煤气的所有管道，才控制了灾情的扩展。这次事故的一个重要警示就是，在人口稠密的大城市不宜集中配置过多的工业设施，特别是不应设立具有爆炸性危害的企业。

这一案例深刻说明，如果城市化没有科学的规划、城市建设和经济建设不协调、城市产业结构不合理，将给城市建设和管理埋下重大隐患；一旦发生事故，有可能引发连锁反应，造成重大人员伤亡和财产损失。

由于科学技术的发展和机器在工业中的广泛应用，改变了工业的技术结构，使得机器大工业代替了工场手工业，使人类进入了工业化社会。运用机器进行生产，不仅是工业经济时代同以往任何时代的根本区别，也是人类发展史上的一次巨大变革，标志着人类生产力水平的巨大进步，标志着人类改造自然的自由度的巨大提升。

生产力水平越高、生产能力越强，单位时间内生产产品和创造财富越多，相应地也就使安全生产工作的责任越大。道理很简单，因为一旦发生事故，损失也就越大。因此，随着科技水平的提高和社会生产力的发展，安全生产在经济社会发展中所起的作用越来越大，所处的位置越来越重，抓好安全生产就是保障社会生产力，就是保障社会财富。

现代生产力是一个复杂的系统，构成生产力的要素包括劳动者、劳动资料、劳动对象、科学技术、管理等，只有抓好安全生产，才能使构成生产力的所有要素存在并正常发挥作用，使生产力系统顺利运行。

当今社会，在推动生产力不断提高中起主导作用的是科学技术的进步。科学技术是生产力，而且是第一生产力，但它并不是直接的生产力，而是一种潜在的生产力，是通过作用于生产力的各个要素而转化为直接的生产力。具体而言，主要表现为以下几个方面：一是改变了生产力的状况，二是提高了生产的社会化程度，三是提高了劳动生产率。

科学技术的进步对于劳动者、劳动对象和劳动资料的影响是巨大的。

科学技术带动了工具系统的高级化。生产工具是生产力发展的最重要标志。人在制造和使用生产工具的活动中，延长了自身的器官，才把自己从动物界中分离出来。如果说动物的发展史是动物器官变化的历史，那么人类的历史则是人造的器官即生产工具的发展史。人类在生产实践中逐步积累经验，创造科技成果，并将其物化和世代相传，才实现人类社会由低级到高级的不断发展，从茹毛饮血的远古，发展到火箭、电子计算机的今天。只要将粗糙的古代石器同精密的现代电子计算机相比较，就不难发现，导致生产工具如此巨大差别和变化的决定性因素就是科学技术。

科学技术使劳动对象系统不断高级化。在工业革命初期，劳动对象还全部依赖于自然物，充其量只是自然物的初级转化形态。第二次产业革命以来，物理学、化学、生物学对物质结构及其运动的认识不断深化，材料技术不断发展，引起了生产力系统中劳动对象的革命。随着第三次科技革命的兴起，大规模集成电路所用基础材料、电子计算机配套关键材料、化合物半导体材料、能源新材料、超导材料、各种复合材料，更是层出不穷。劳动对象的革命，极大地促进了生产力的发展，拓宽了生产力的领域，丰富了生产力的物质内涵。这说明，科学技术的进步强化了人对自然界的作用，并大大提高了原材料和产品质量，减少了原材料和能源的损耗，缓和了生产发展与天然资源紧缺之间的矛盾。比如，当今世界面临能源危机，而一些发达国家依靠先进科学技术和设备，大力开发新能源，既经济又安全可靠，优化了劳动对象、生产环境，又提高了其利用效率。相反，在发展中国家，因科技落后，生产设备简陋，不仅限制了劳动对象的范围和质量，而且往往还因缺乏综合利用的技术保障而致使环境恶化。

科学技术使劳动力的素质能力向高级化演进。第二次世界大战后，科学技术以群体形式涌现，并以空前规模和速度应用于生产，生产面貌焕然一新。特别是电子计算机和自动化技术的发展，迅速提高了生产自动化程度，使得同样数量的劳动力在相同时间内生产出比过去多几十倍、几百倍的产品。社会劳动生产率有如此大幅度的提高，最根本的一条就是依靠科学技术的力量，尤其是掌握先进科技的发达劳动力的作用。

科学技术使管理也成为生产力的突出要素。随着我国工业化程度加深、生产技术日益复杂、劳动社会化程度不断提高、社会经济联系更加广泛，以及对外开放不断扩大、市场竞争日趋激烈，加强科学管理工作就显得更加重要。管理在生产过程中不再处于从属地位，而是起着重要的引领和推动作用，而且科学技术越是领先、机器设备越是先进、生产规模越是庞大，管理所发挥的作用就越大。

科学技术是第一生产力，而且是先进生产力的集中体现和主要标志。正是由于科学技术的不断创新发展，使劳动资料即机器、劳动对象、劳动者发生了质的变化，并使科学管理的作用大大提升，所有这些都对生产力的提高起到了重大促进作用，使人类社会创造财富的能力同以往相比增加了何止十倍、百倍，使人类文明不断发展和进步。因此，抓好安全生产保证劳动资料、劳动对象、劳动者的安全和完好，保证管理工作的正常进行，就是保护了创造财富的能力，就是保护了社会财富，这从一个个重大生产安全事故造成巨大财富损失的事例中就可以看出安全生产的巨大作用。

抓好安全、保障财富，其功效并不限于对有形财富的保障，对一些无形财富的保障同样具有重要意义，比如对时间的节约。

马克思对节约时间十分重视，并将节约劳动时间等同于发展生产力。他指出：**"无论是个人，无论是社会，其发展、需求和活动的全面性，都是由节约劳动时间来决定的。一切节省，归根到底都归结为时间的节省。"**（《马克思恩格斯列宁斯大林论共产主义社会》，人民出版社，1958 年版，第 67 页）**"劳动生产力提高了，那么，劳动用较少的时间就可以生产出同样的使用价值。劳动生产力降低了，那么，为生产出同样的使用价值就需要更多的时间。"**（《政治经济学批判》，人民出版社，1957 年版，第 11 页）**"真正的节约（经济）＝节约劳动时间＝发展生产力。"**（《政治经济学批判大纲》（草案），第 1 分册，第 364 页）

时间与空间一起构成了物质存在的基本形式。时间对于整个物质世界来讲是无限的，而对于每一个具体事物事件则是有限的。古今中外有许多人都十分看重时间，将时间视为速度，看成力量，比作财富，等同生命。陶渊明说："古人惜寸阴，念此使人惧。"鲁迅说："时间就是生命。"可见时间是多么珍贵。

正确认识时间，有效利用时间，对于我们的国家、我们的事业以及我们每一个人来说，都具有特殊的重要意义。2000 年 3 月 11 日，中共中央政治局常委、全国政协主席李瑞环在全国政协九届三次会议闭幕会上指出:“当今世界正在发生着人类有史以来最为迅速、广泛、深刻的变化。以信息技术为代表的科技革命突飞猛进,知识与技术更新周期大大缩短,科技成果以前所未有的规模与速度向现实生产力转化。经济全球化趋势加快,世界市场对各国经济的影响更加显著,国际竞争与合作进一步加深。思想观念不断更新,各种文化交流日益扩大,开放意识、竞争意识和效率意识明显增强。可以说,地球越来越小,发展越来越快,慢走一步,差之千里;耽误一时,落后多年。从当前世界发展的大局大势来审视我们自己,中国同过去比确有很大进步,但与发达国家比还有较大的差距,要赶上发达国家,任务十分艰巨。特别是,我们发展别人也在发展,而且是在更高的起点上发展。我们再不能丢失时间,时间对我们实在太紧迫了!”

世界上任何事业的发展、任何个人的成长都离不开时间,时间就是生命、时间就是效率、时间就是胜利、时间就是财富,早已成为生活常理。正是时间的唯一性——时不再来、时不我待,决定了时间的珍贵性。因此,珍惜时间就等于珍惜生命、珍惜财富;反之,浪费时间就等于浪费生命、浪费财富。

然而,一旦发生生产安全事故,其对时间的占用和耗费不仅是巨大的,而且是长久的,而这方面的损失至今还没有得到社会各界的普遍认可和重视,包括于1987年5月起实施的《企业职工伤亡事故经济损失统计标准》也没有计算时间方面的损失。而从以下事故案例中,我们可以清晰地看到发生安全事故后,时间被大量占用的状况。

——1989年8月12日,山东省青岛市黄岛油库遭到雷击起火爆炸。为扑灭大火,在整个救援工作中青岛市组织动员党政军民1万余人全力以赴抢险救灾;中共中央总书记江泽民三次给青岛打电话询问灾情,国务院总理李鹏在火灾后第二天乘飞机赶赴青岛指挥抢险工作。在国务院的统一组织下,全国各地紧急调运153吨泡沫灭火液及干粉;北海舰队派出消防救生船和水上飞机、直升飞机参与灭火，抢运伤员。在各方共同努力下，大火终于被扑灭了，有19人死亡，100多人受伤，直接经济损失3540万元。假如没有发生这场事故，青岛市的1万余人以及全国各地相关人员将原本用在扑灭大火上的时间用于生产、科研等活动，能够创造出多少产品和财富啊！

——1993年8月5日，广东省深圳市清水河危险化学品仓库发生特大爆炸火灾事故。为扑灭大火，广东省调动9个市各种消防车132辆、1100多名消防员投入灭火战斗，深圳市组织上千名消防、公安、武警、解放军战士以及医务人员参加抢险工作。在各方共同努力下，终于扑灭了这场大火，事故造成15人死亡，200多人受伤，直接经济损失2.5亿元。假如没有发生这场事故，投入抢险救灾的数千人的时间就可以节省下来创造大量财富。

——2004年2月15日，重庆市天原化工总厂发生氯气泄露，16日凌晨发生爆炸，当天17时57分又发生氯罐爆炸，大量氯气向四周扩散。事故发生后，重庆市立即疏散化工厂一千米范围内的15万名群众。18日18时30分，重庆市政府下达命令，被疏散的群众开始返家。且不说抢险人员为消除险情所花费的时间，只算一下15万名被转移群众因为这起事故牵连而被影响的时间，就是一个天文数字。

——2008年11月12日凌晨，京珠高速公路来阳段被浓雾笼罩，能见度很低。7时许，一辆大货车侧翻，横卧在高速公路路面，短短几分钟时间，后续车辆由于躲避不及，30多辆车相继发生碰撞，致使京珠高速公路由南向北交通被迫中断。事故导致交通中断了5个小时，到中午12时交通才恢复正常，无数辆车中无数人的时间就因为这起交通事故而被白白浪费了。

以上这些事故发生后，所牵涉的人员还主要是在局部范围内，还有一些重大事故发生后，影响的就不仅仅是局部范围而是全国范围。

2000年7月7日，国务院办公厅印发《关于切实加强安全生产工作有关问题的紧急通知》，指出：当前安全生产形势依然严峻，特别是入夏以来，同类重大、特大事故连续发生，如6月22日四川省合江县发生特大沉船事故，死亡130人，武汉航空公司发生特大空难事故，死亡49人；6月30日，广东省江门市烟花厂发生特大爆炸事故，死亡38人，重庆市垫江县爆竹厂发生爆炸事故，死亡10人。这些事故给人民生命财产造成重大损失，在社会上造成了极其恶劣的影响。

《通知》指出，为保障人民生命财产安全，保障国民经济持续、快速、健康发展和社会稳定，根据国务院部署，立即开展一次安全生产大检查，对重要行业要进行清理整顿。自《通知》下发之日起，各地区、各部门、各单位要根据实际，立即开展一次全面、深入、彻底的安全生产大检查，要吸取以往安全生产大检查的教训，绝不能留死角，绝不能一查了之，并将检查结果于7月底前报国务院办公厅。主要负责同志要亲自组织领导这次安全生产大检查，真正达到查清事故隐患、落实整改措施的目的，对检查不到位、整改不力而造成重大、特大事故的，要根据从重从速处理。新闻媒体要积极配合这次安全生产大检查，在全国形成一个浩大的舆论声势。

《通知》明确要求，国家经贸委、公安部、国家工商局、国家质量技术监督局等部门，交通、铁路、民航、煤矿、建筑等行业主管部门以及其他相关部门要各司其职，各负其责，密切配合；地方各级人民政府有关部门也要积极配合，共同做好安全生产工作。

接连发生的重大、特大事故给人民生命财产安全造成重大损失，在社会上造成恶劣影响；为扭转这一局面，国务院办公厅印发文件要求开展全国安全生产大检查，涉及国务院有关部门、相关行业以及全国各地，涉及无数人力、物力、财力，花费无数时间。如果没有发生这些事故，如果我国安全生产形势始终保持良好状态，这样一场声势浩大、涉及许多部门和全国各地无数人们的安全大检查就可以不组织，这将节约多少人力和时间，将会多创造出多少社会财富啊！

抓好安全生产、保障社会财富，具有多方面的内涵，既能保障已经生产出来的产品和已经创造出来的财富，也能保障生产产品和创造财富的能力——这同样也是财富；既能保障有形财富，也能保障无形财富比如时间。人们创造和积累财富不容易，但要毁坏财富却十分简单，一次事故、一场火灾就能很轻易地将巨大的社会财富化为乌有，这更说明安全生产工作的重要性、必要性和紧迫性。

第四节　人员安康：最大财富

抓好安全生产，保障财富持续增加，其中最大的财富还是人本身。

马克思曾引用威廉·配第的说法，劳动是财富之父，土地是财富之母。就是说，劳动创造财富。马克思指出：**“任何一种不是天然存在物的物质财富要素，总是必须通过某种专门的、使特殊的自然物质适合于特殊的人类需要的、有目的的生产活动创造出来。”**（《资本论》，第1卷，人民出版社，1975年版，第56页）

那么，生产活动对劳动者而言意味着什么呢？

马克思指出：**“如果把生产活动的特定性质撇开，从而把劳动的有用性质撇开，生产活动就只剩下一点：它是人类劳动力的耗费。尽管缝和织是不同质的生产活动，但二者都是人的脑、肌肉、神经、手等等的生产耗费，从这个意义上说，二者都是人类劳动。”**（《资本论》，第1卷，人民出版社，1975年版，第57页）

正如马克思所说，人类生产活动是劳动力的耗费，是人的大脑、肌肉、神经、手等的活动和耗费，如果将这些耗费进行分类，大致可以分为两类：脑力的耗费和体力的耗费，也就是脑力劳动和体力劳动。在不同的时代，人们在生产活动中脑力耗费和体力耗费的比例是大不相同的。

农业社会以土地为中心，牧业社会以牲畜为中心，商业社会以货币为中心，工业社会以资本为中心，而在当今知识经济社会则以人为中心，人是社会的第一资本、第一资源、第一财富、第一目的，引发这一巨大变化的就是科学技术。

现代科学技术的发展显著地提高了知识和智力在生产发展和社会进步中的地位，引起了产业结构的变化，知识密集型、智力密集型等新兴产业正逐步代替资金密集型和劳动密集型的传统产业，知识形态的生产力已经成为决定性的生产力和经济发展的关键因素。现代科技的快速发展，使产业知识化、管理科学化程度大大提升，体力劳动、简单劳动日益被脑力劳动、复杂劳动所代替。如今，劳动者文化程度和掌握科技水平的高低，不仅决定着一个企业或行业的发展水平，甚至决定着一个国家地区的经济状况。

实际上，人类劳动从来就是体力劳动和脑力劳动的结合，只不过在不同的时代二者所起作用不同、所占比重不同。马克思指出：**"单个人如果不在自己的头脑的支配下使自己的肌肉活动起来，就不能对自然发生作用。正如在自然机体中头和手组成一体一样，劳动把脑力劳动和体力劳动结合在一起了。"**（《马克思恩格斯全集》，第23卷，人民出版社，第555页）

劳动既然是脑力劳动和体力劳动的结合，那么劳动者身上就既有脑力劳动者的因素，又有体力劳动的因素，但是为什么在当今社会脑力劳动和脑力劳动者在经济社会发展中占有如此重要的位置呢？人力资本理论对此做出了鲜明的回答。

美国经济学家、1979年诺贝尔经济学奖获得者西奥多·舒尔茨指出，经济增长不完全依靠土地、资本和劳动的数量的增加，而主要是依靠劳动者的素质、知识水平和生产技术的提高。舒尔茨鲜明地提出了"经济发展主要取决于人的素质而不是自然资源的多少"的著名观点。舒尔茨的这一观点震动了整个经济学界，他被公认为是人力资本理论的创始人。

舒尔茨认为，与体现在物质产品上的资本被称为物力资本一样，体现在人身上特别是劳动者身上的资本则是人力资本，如智力、知识、技能和健康状况等；人力资本的提高对经济增长的贡献远比物力资本、劳动力数量的增加重要得多。他分析和论证了人力资本在经济增长中所起的决定性作用：第一，一国人力资本存量越大、人口素质越高，就越有可能导致人均劳动生产率的提高；第二，人力资本具有收益递增的重要特点；第三，人力资本能够导致其他物力资本生产效率的提高，通过提高劳动者的技能以及生产工艺水平，就能增加物力资本的使用效率。

舒尔茨还以农业经济学家的身份对美国和世界许多发展中国家的农业问题进行了深入研究。他认为，土地本身不是成为贫困的一个关键因素，而人才是关键因素，改善人口质量的投资，能显著提高穷人的经济前途和福利。舒尔茨充满信心地指出："人类的未来不是被空间、能量和耕地事先注定的。它将决定于人类的智慧发展。"

人力资本理论充分肯定人在经济社会发展中的决定性作用，认为经济发展主要取决于人的素质而不是自然资源，人的素质大大丰富和深化了对经济社会发展的规律性认识；而对人的重视，实际上就是对知识和智力的重视，同时也是对科技的重视。

古往今来，人类文明进步的历史，实际上也就是知识不断产生、更新并作用于经济活动的历史，也就是说，知识在人类社会发展中一直起着基础作用。汉代王充在《论衡》一书中指出："人有知学，则有力矣。"意思是说，人只要有知识就会充满力量。英国著名哲学家培根指出："人类的知识和人类的权力归于一，任何人有了科学知识，才可能认识自然规律；运用这些规律，才可能驾驭自然、改造自然，没有知识是不可能有所作为的。"

在认识自然和改造自然上，知识就是力量；在创造产品和繁荣经济上，知识就是财富。在知识特别是现代科技知识的引领和推动下，当今社会的面貌发生了翻天覆地的变化，仅从产品科技含量不同导致价值不同这一点上就可以清楚看到其巨大变化：20 世纪 50 年代的代表性产品钢铁每公斤不到 1 元；70 年代的代表性产品微机，每公斤高达 1000 多元。

发生巨变的当然不仅仅是工业产品，还有产业结构、劳动方式和就业结构。

产业结构发生显著变化。在科技进步的作用下，一方面，原有产业部门调整分解；另一方面，科技进步又直接摧生许多新的生产部门，产业结构不断向高级化方向发展。具体而言，就是科技密集型产业在产业结构中所占比重越来越大，而劳动密集型和资源密集型产业所占比重不断下降。就像20世纪50年代以来电子计算机工业、家电工业、航天工业、核能工业、生物遗传工程等得到迅速发展，这些都是知识、信息、技术密集型产业。

劳动方式发生质的变化。由于蒸汽技术革命和电力技术革命，用机器部分地代替了人类的体力劳动，从而使人类的劳动方式发生革命性的变化；当代电子技术革命导致电子计算机的广泛应用，部分地代替了人类的脑力劳动，使人类的劳动方式又发生了质的变化。劳动者“干”的少了，“想”的多了，这正是科技进一步带来的“用脑生产”方式的根本革新，从而引发脑力劳动代替体力劳动、复杂劳动代替简单劳动、创新性劳动代替重复性劳动，这是科技进步的必然结果，也是人类智慧的充分展现。

就业结构发生重大变化。产业结构和劳动方式的变化，引起了就业结构的重大变化，主要表现为“五减五增”：一是传统制造业的就业人数减少，服务业就业人数增加；二是生产第一线就业人数减少，经营管理就业人数增加；三是传统的体力劳动型就业岗位（蓝领工人岗位）减少，技术型、脑力劳动型就业岗位（白领工人岗位）增加；四是传统的办公室工作岗位减少，使用计算机信息系统的工作岗位增加；五是全日制就业机会减少，非全日制就业机会增加。总之，拥有知识、技术并且从事技术性、信息性、智力性职业的人数不断增多，并日益成为最重要和最有前途的职业。

知识的创新发展和应用，使知识在经济社会发展中的作用和影响越来越大，使产业结构、劳动方式、就业结构等发生了巨大变化，这正体现了人类智慧的巨大威力；而在当今知识经济时代，知识不仅成为财富增长的主要推动力，知识本身也成为社会财富的重要组成部分，知识正以全新的面貌出现在世人的面前。知识的地位从以前从属于生产，转变为如今生产发展、财富增长的主导，相应地也使知识的拥有者——被现代科学文化知识武装起来的劳动者的价值进一步提升，他们成为现代生产中最重要的资源和财富。抓好安全生产，保护好劳动者的安全健康，就是在保护整个社会最宝贵、最重要的财富。

马克思和恩格斯都强调过知识和科学技术对促进经济发展的巨大作用。20 世纪 60 年代以来，许多经济学专家也论述了依靠技术、知识和人力资本的作用推动经济持续增长。1990 年，联合国有关研究机构第一次提出了“知识经济”的概念。1996 年，经济合作与发展组织(OECD)发表题为“以知识为基础的经济”的报告，将知识经济定义为“建立在知识和信息的生产、分配和使用基础之上的经济”，并指出其主要成员国 GDP 中的 60%以上是以知识为基础的。知识经济的概念提出后，立即得到世界各国尤其是发达国家的重视，纷纷制定出各自发展知识经济的规划。

知识经济时代的来临，赋予知识一种非同寻常的作用和力量。

知识和智慧，历来受到高度重视。早在两千多前，我国春秋时期的政治家管仲就指出：“一树一获者，谷也；一树十获者，木也；一树百获者，人也。”

被称为西方现代经济学之父的亚当·斯密在《国民财富的性质和原因的研究》一书中，将工人技能的提高视为经济进步和福利增长的基本源泉；并指出，在各种资本的形成中，对人本身的投资是最有价值的。

大卫·李嘉图指出，一个国家全体居民所有后天获得的有用能力是资本的重要组成部分。

马歇尔指出，绝大部分资本是由知识和组织所构成，知识是生产发展的最大动力；知识是最强有力的生产发动机，它使我们能降伏自然而满足我们的需要。马歇尔断言:“所有的投资中,最有价值的是对人本身的投资。”

而只有在知识经济时代,知识才真正成为经济社会发展的第一动力和首要产业。

20世纪90年代,美国阿斯奔研究所等单位联合组建信息探索研究所,在其出版的《1993-1994年鉴》中,以《知识经济:21世纪信息时代的本质》为题刊文指出:“信息和知识正在取代资本和能源而成为创造财富的主要资产,正如资本和能源在300年前取代土地和劳动力一样。而且,本世纪技术的发展,使劳动由体力变为智力。产生这种现象的原因,是由于世界经济已变成信息密集型的经济,信息和信息技术具有独特的经济属性。”

1998年,世界银行发表题为《知识促进发展》的报告,指出:“知识就像光一样,它没有重量,不可触摸,却可以轻易地畅游世界,并给各地人民的生活带来光明。”《报告》明确指出,知识是经济增长和可持续发展的关键,而知识和知识创新能力的强弱则是发展中国家与发达国家的最大差距。

经济合作与发展组织的报告《科学、技术和产业展望》指出:“人类正迈进一个以知识(智力、智慧)资源的占有、配置为基础,进行知识生产、分配、使用(消费)为重要因素的经济时代。”

美国著名管理学家德鲁克指出:“知识生产力已经成为生产力、竞争力和经济成就的关键。知识已经成为首要产业,这种产业为经济提供必要的和重要的生产资源。”

知识经济时代不仅使知识成为经济社会发展的第一动力和首要产业,更使知识的创造者、拥有者、使用者——人成为全社会的第一资源、第一财富。

传统的经济社会发展的资源通常描绘为资本、劳动、土地三大生产要素。过去时代的繁荣,就直接取决于这三大要素的数量、规模和增量。随着知识经济的来临,越来越多国家的经济增长不再完全依靠这三大要素，而是主要依靠知识这个没有被传统生产要素包含在内的要素。正是知识的充分挖掘和应用，给当今社会发展增添了强劲动力。

知识经济是与农业经济、工业经济相对应的一个概念。传统的农业经济社会是以广大的耕地和众多的人口劳力为基础的。工业经济时代是以大量自然资源和矿藏原料的冶炼、加工和制造为基础，以大量消耗原材料和能源为特征的。而知识经济时代，则是一种全新的、以高技术产业为支柱、以智力为主要资源和以知识为基础的经济形态。在农业经济时代，竞争优势来自土地等自然资源和人口的多少；在工业经济时代，主导的优势来自资本、原材料和技术进步；在知识经济时代，发展经济主要依靠知识和信息的生产、扩散和应用，主要资源是以科学技术为代表的知识资源和人力资源。

可见，在知识经济时代，经济发展、社会进步的关键因素已经由物质资源转变为知识资源和人力资源，人取代物，成为全社会的第一资源、第一财富，这是人类文明进程中的一大进步。

任何时期的经济发展，物质资源和人力资源都是必不可少的，但在知识经济时代，起主导作用的不再是土地、能源资源、资金等，而是知识这一无形的资本；因为同物质资源相比，人力资源具有其特殊性，即主动性和增值性，同物质资源相比，人力资源的开发投资可以创造出无数倍的收益。正如舒尔茨所指出的，在现代化生产中，人力资本投资的作用往往大于对物的投资，人力资本增长的速度比一般的物质资本增长速度要快得多，教育投资比物的投资更有利。

从农业经济、工业经济到知识经济，既是知识尤其是科技在经济社会发展中的作用和地位不断提升的过程，同时也是人的作用和地位不断上升的过程，是劳动者知识化和智能化的过程，大致体现为以下进程：掌握手工生产劳动经验和技巧、以体力支出为主的“体力型”——掌握机器操作技能、体力和脑力并重的“文化型”——掌握现代科技知识、以脑力支出为主的“智能型”。

从这一进程可以明显看出，知识和掌握知识的劳动者在生产劳动中的地位是同步上升的，知识的作用越来越大，掌握知识的劳动者创造的产品和财富越来越多，劳动者的地位就越来越高，在当今知识经济时代，更是成为社会发展的第一资源、第一财富。

在知识经济时代，知识和技术成为一种革命性的力量，给传统意义上的劳动和资本增添了全新的内容，劳动的性质发生了根本改变，人的劳动更富有智力性和创造性，因此知识以及知识的拥有者创造出大量社会财富，在知识经济时代已经成为一种常态。被誉为“杂交水稻之父”的袁隆平，由于其在水稻杂交研究应用上的突出贡献，使我国水稻亩产量从原先300多公斤提高到如今900多公斤，经专业的资产评估机构认定，他的名字的品牌价值高达1000亿元；袁隆平研究出的杂交水稻被认为是解决世界性饥饿问题的法宝，他也成为联合国粮农组织的首席顾问。袁隆平是名副其实的知识英雄，他的成功是知识的成功，是科技的胜利。

世界经济发展的历程已经表明，物质资源与人力资源相比，后者更为重要，人力资源作为第一资源要素，已经成为经济发展的关键。当今世界，脑力劳动大幅度地代替体力劳动，知识化、智能化劳动大幅度地替代非知识化、非智能化劳动，这是知识经济发展的必然结果，是社会进步的必然途经，是人类文明进步的必然趋势。

马克思曾经指出：**“对脑力劳动的产物——科学的估价，总是比它的价值低得多。”**（《马克思恩格斯全集》，第26卷，第1册，人民出版社，1972年版，第377页）知识经济时代对知识的重视、对人的重视、对人的价值的重新评价，正是对这一不合理状况的纠正。

知识经济的发展将知识的作用和人的地位提高到空前重要的程度，知识已经成为一个国家、一个企业最重要的资源和最宝贵的财富，相应地，也使知识的拥有者——人成为第一资源和财富。世界银行的专家对世界上192个国家的资本存量进行计算，提出了“国民财富新标准”，认为全世界人力资本、土地资本和货币资本三者构成比例为 64 ∶ 20 ∶ 16，其中人力资本是全球国民财富中最大的财富；越是发达的国家或正在走向知识经济的国家，其人力资本所占财富的比重就越高。

在 21 世纪的今天，随着知识经济的深入发展，知识和信息已经成为全球经济发展的内在动力，知识和信息的生产、存储、使用、消费成为社会经济活动最主要的内容，“知识＝财富”已经成为当今社会的一条基本公理，知识的拥有者将是社会的最富有者。正因如此，抓好安全生产，保障财富持续增加，最重要的就是要保护好人员的安全和健康，因为这是全社会最宝贵、最重要的财富。

第四章　保障社会全面进步

推进生产发展、促进经济建设的目的不是单纯追求经济增长，更不是单纯追求 GDP 的增长，而是在经济发展的基础上实现社会全面进步，维护和保障全体人民的福利，使广大人民群众过上幸福美好的生活。因此，社会发展和进步是经济发展的出发点和归宿。

促进经济社会协调发展，不仅是经济自身发展的需要，也是整个人类社会生存发展的需要。世界各国发展经验表明，要在促进经济增长的同时，注重改善人力资源质量，为经济发展提供人力资本；要重视居民健康，提高人口素质；要弘扬先进文化，健全民族精神，所有这些都为经济建设提供了健康发展的条件，任何经济活动都离不开社会发展的支撑。

推进生产发展、促进经济建设，进而加快经济社会协调发展，最根本的目的还是为了人，为了人的全面发展，既包括改善人们的物质生活条件，也包括使他们的聪明才智得到发展和展示。恩格斯指出：**"通过社会生产，不仅可能保证社会一切成员的十分丰足的并且日益改善的物质生活条件，而且还可能保证他们体力和智力的充分自由的发展和应用。"**（《反杜林论》，人民出版社，1956 年版，第 297-298 页）

实现人的全面发展，根本在于经济社会的发展，基础又是生产的发展和物质条件的改善，这就要求必须始终围绕经济建设这个中心，不断解放和发展社会生产力。物质生产是人类社会生存和发展的基础，生产力的发展是人类社会发展的最终决定力量。改革开放 30 多年来，我国现代化建设之所以取得举世瞩目的成就，中国从原先世界低收入国家进入上中等收入国家之列，关键就在于始终抓住发展这个问题不放松，使我国的综合国力、人民生活水平、国际地位得到大幅度提升。

与此同时，必须清醒看到，我国仍处于并将长期处于社会主义初级阶段的基本国情没有变，人民群众日益增长的物质文化需要同落后的社会生产之间的矛盾这一社会主要矛盾没有变，我国是世界最大的发展中国家的国际地位没有变。尽管我国在 2010 年成为世界第二大经济体，但我国人口多、底子薄、发展很不平衡，人均国内生产总值水平还很低，排在世界 80 多位，约为世界平均水平的一半，仅为发达国家的 1/8 左右，还有 1 亿多人生活在联合国设定的贫困线以下。因此，保持经济持续健康发展，使我国社会生产力不断向更高水平迈进，使广大人民群众过上更加富裕的生活，是一项长期而艰巨的任务。

进入新世纪新阶段，我国一方面面临着难得的发展机遇，另一方面又面临诸多困难和挑战。中国在工业化道路上加快前进的过程中所遇到的矛盾和问题，无论是规模还是复杂性，都是世所罕见的；要建成惠及十几亿人口的更高水平的小康社会，要实现全体人民共同富裕，还有很长的路要走。所有这些，都对加强安全生产工作、保障社会全面进步提出了新的更高的要求。

改革开放以来，我们党在强调加快发展的同时，始终高度重视发展的质量和效益，重视发展的可持续性。邓小平同志指出，要讲求经济效益和总的社会效益，这样的速度才过得硬。江泽民同志指出，国民经济要保持持续、快速、健康发展，健康这两个字很重要。胡锦涛同志指出，我们所谋求的发展必须是讲求质量和效益的发展，必须是以人为本、全面协调可持续的发展。

实践证明，要实现我国经济全面协调可持续发展，既要关注发展的规模和速度，又要关注发展的质量和内涵；既要关注社会财富的创造和涌流，又要关注社会利益的分配和调整；既要关注经济实力的增长，又要关注经济、政治、文化、社会、生态等各方面的均衡发展；既要关注开发和利用大自然为人类造福，又要关注人与自然的和谐发展；既要关注群众基本需求的满足，又要关注生活质量的提高和人的全面发展。归根结底，就是要推动社会全面发展。

推进我国经济社会全面发展和进步，必须深刻认识和把握一个新的社会背景，就是我国经济已经由高速增长阶段进入中高速增长阶段。经过30多年持续高速增长，支撑我国经济发展的因素已经发生了深刻变化，过度依赖投资和出口拉动经济增长难以为继，劳动力、土地等低成本优势相对减弱，能源资源消耗过多，环境污染较重，发展的不平衡、不协调、不可持续性日益显现。在这种情况下，我国经济已经由过去的高速增长阶段转为中高速增长阶段，经济增速适当减缓具有客观必然性，也符合世界经济发展的普遍规律。

这一重大变化，使安全生产工作在经济社会全面发展和进步中的作用更突出、地位更重要。安全生产和经济发展就像“10、100、1000”等数字中1和0的关系，只有“1”存在，“0”才有意义。舍弃安全谈经济是一种不经济的经济，是一种不科学、不可持续的经济，也是一种违背经济社会发展规律的经济。安全也是生产力，越是现代化的生产建设，安全生产力的作用就越大，其地位就越重要。面对资源环境约束不断强化的局面，面对我国经济由高速增长阶段转为中高速增长阶段，抓好安全生产更有其特殊意义。可以这样说，安全就是节约能源资源，事故就是浪费能源资源；安全就是保护生态环境，事故就是破坏生态环境；安全就是高效益、高速度，事故就是负效益、减速度。可见，安全对于保障社会全面进步而言作用是十分巨大的，影响是十分深远的。

第一节　保障经济持续发展

实现社会全面进步,经济建设是重要前提和基础。马克思主义认为,所谓社会,是人们以物质生产活动为基础而相互联系的总体,物质资料的生产是社会存在的基本条件,是人类社会生存发展和创造历史的基本前提,它不仅必不可少,而且必须连续不断、一刻不停地进行。马克思指出:**"不管生产过程的社会形式怎样,它必须是连续不断的,或者说,必须周而复始地经过同样一些阶段。一个社会不能停止消费,同样,它也不能停止生产。"**(《资本论》,第1卷,人民出版社,1975年版,第621页)

安全生产的本质之一是保障社会全面进步,这就必然首先要求保障物质生产的正常进行和经济建设的持续发展;如果经济不能发展,生产不能进行,人类将无法生存,社会也不能存在,又何谈社会的全面进步。

安全保障经济持续发展,实际上是从微观和宏观两个层面发挥作用。从微观角度讲,保障生产资料、劳动对象的安全完好,保障各种产品的安全完好,就是在保障生产建设和经济发展的正常进行;从宏观角度讲,抓好安全生产工作,就是为整个国民经济的持续发展营造安全、平稳、有序的良好环境和秩序,就是在推进经济持续发展。无论哪个层面,都直接体现出安全生产工作对生产建设和经济发展的巨大促进和保障作用。

首先从微观层面分析,可以清晰看出抓好安全生产工作所创造的经济效益。

现代化的工业生产实际上是一个物质投入产出的转换过程,就是通过机器的加工和运行,将劳动对象转变为产品,制造出符合社会需要、对人们有用的物品,以满足整个社会不断增长的物质和文化的需要。要提高这一转换过程的投入产出比,就要努力达到以下要求。

一是数量多。要讲求工作效率，不断提高生产率。也就是通过合理组织生产诸要素，发挥生产力系统的最大效能，从而在单位时间内生产出更多的合格产品。这样既能增加产品数量、扩大生产规模，又有利于降低成本。

二是质量好。讲求产品质量，包括两方面内容，第一是保证质量稳定可靠，通过质量管理，减少不合格产品；第二是提高质量，通过改进设计和工艺提高产品质量。

三是成本低。通过降低人力、物力的消耗和资金占用，实现降低成本，从而增加企业盈利，同时提高企业的市场竞争力。

四是速度快。就是快速生产，努力缩短生产周期。

这四项要求实际上就是我国传统的“多、快、好、省”生产方针的具体体现。党的十四大报告指出：“我国底子薄，目前处在实现现代化的创业阶段，需要有更多的资金用于建设，一定要继续发扬艰苦奋斗、勤俭建国的优良传统，提倡崇尚节约的社会风气。”因此，“多、快、好、省”的方针是在社会主义现代化建设事业中必须长期坚持的，而其中任何一条的实现都离不开安全生产。

当今的工业生产是现代化的生产，是社会化大生产，是在广泛采用机器的工厂企业中进行的生产，是既有严密分工又有高度协作的生产，它具有以下五个方面的突出特点：

一是生产过程具有连续性。连续性是指生产过程的各个环节始终处于运行状态，很少发生或基本不发生停顿和等待现象。现代工厂将原先分散的劳动者和劳动集中起来，各个生产工序和环节之间彼此衔接，联系紧密，使产品从一个生产加工阶段进入下一个阶段所花费的时间减少，相应的用在这种转移上的劳动也减少了，因而提高了生产力。

马克思从工人劳动和机器运行的角度分别论述了生产的连续性。他指出：**“一个工人是给另一个工人，或一组工人是给另一组工人提供原料。一个工人的劳动结果，成了另一个工人劳动的起点。”**

(《资本论》,第1卷,人民出版社,1975年版,第383页)他又指出:**“每一台局部机器依次把原料供给下一台,由于所有局部机器都同时动作,产品就不断地处于自己形成过程的各个阶段,不断地从一个生产阶段转到另一个生产阶段。”**(同上,第417页)

二是生产阶段具有并存性。工厂运用机器和机器体系进行生产,不仅使生产过程在时间上相互衔接,而且由于工厂、车间及机器的平面布局,使生产过程的各个阶段能够在空间上同时存在,这样在同一时间内就可以提供更多的产品。

马克思指出:**“机器生产的原则是把生产过程分解为各个组成阶段,并且应用力学、化学等等,总之就是应用自然科学来解决由此产生的问题。这个原则到处都起着决定性的作用。”**(《资本论》,第1卷,人民出版社,1975年版,第505页)

三是生产要素具有比例性。比例性是指生产过程各工艺阶段、各工序之间,基本生产过程和辅助生产过程之间在生产能力上保持一定的比例关系。为了使生产过程能够在时间上连续、在空间上并存,就必须有计划、按比例地精确组织生产,使劳动者人数、原料数量以及其他生产资料的数量具有一定的比例。

马克思从工人和机器两方面分别论述了生产的比例性。他指出:**“不同的操作需要不等的时间,因此在相等的时间内会提供不等量的局部产品。因此,要使同一工人每天总是只从事同一种操作,不同的操作就必须使用不同比例数的工人。例如在活字铸造业中,如果一个铸工每小时能铸2000个字,一个分切工能截开4000个字,一个磨字工能磨8000个字,雇用一个磨字工就需要雇用4个铸工和2个分切工。”**(《资本论》,第1卷,人民出版社,1975年版,第383-384页)他又指出:**“在有组织的机器体系中,各局部机器之间不断地交换工作,也在各局部机器的数目、规模和速度之间造成一定的比例。”**(同上,第418页)

四是生产组织具有纪律性。加强劳动纪律是机器大工业本身必然的要求，也是充分利用劳动力资源的要求。一切社会化大生产，无论是以私有制为基础的生产还是以公有制为基础的生产都是如此。正如马克思所指出的：**“工人在技术上服从劳动资料的划一运动以及由各种年龄的男女个体组成的劳动体的特殊构成，创造了一种兵营式的纪律。这种纪律发展成为完整的工厂制度。”**（《资本论》，第1卷，人民出版社，1975年版，第464页）

恩格斯在《论权威》一文中也肯定了劳动者共同遵守纪律的重要性，他指出：**“劳动者们首先必须商定劳动时间；而劳动时间一经确定，大家就要毫无例外地一律遵守。其次，在每个车间里，时时都会发生有关生产过程、材料分配等局部问题，要求马上解决，否则整个生产就会立刻停顿下来。”**（《马克思恩格斯选集》，第2卷，人民出版社，1972年版，第552页）

五是生产结果具有保障性。现代工厂及企业要在激烈的市场竞争中生存和发展，就必须使自己的生产活动达到预定目标，而这又要依靠两个方面的因素，一是工人被严格纪律联结起来的共同劳动，二是机器和机器体系的规则性、划一性、秩序性、连续性和效能。马克思指出：**“工厂生产的重要条件，就是生产结果具有正常的保证，也就是说，在一定的时间里生产出一定量的商品，或取得预期的有用效果，特别是在工作日被规定以后更是如此。”**（《资本论》，第1卷，人民出版社，1975年版，第521页）

生产过程的连续性、生产阶段的并存性、生产要素的比例性、生产组织的纪律性、生产结果的保障性，这就是现代工厂生产的突出特点。

随着社会的发展和科技水平的提高，生产正向着规模更庞大、设备更先进、协作更紧密的方向发展，所有这些都使安全生产工作更加重要，同时也对安全工作提出更高要求。如果没有安全生产，生产过程的连续性、生产阶段的并存性、生产要素的比例性、生产组织的纪律性和生产结果的保障性将不存在，各种生产被迫中止，产品不能正常产出和供给；如果没有安全生产，生产规模越大、机器设备越先进、社会协作越紧密，一旦发生事故，所造成的损失和混乱就越严重，所涉及的区域就越广泛，抢险处置和恢复正常所花费的代价就越巨大。只有实现安全生产，才能使生产工作和经济建设有计划、有步骤地正常开展，使产品产出和供给有序进行。

再从宏观层面分析，可以清晰地看到，正常、平稳、有序的安全环境和秩序对国民经济建设的巨大保障作用。

推进生产建设和经济发展，必须要有一个稳定、安宁的良好环境，这是一个基本常识。社会稳定，就是指社会处于有秩序的状态，这是所有走上现代化发展之路的国家的共同课题，对于中国而言其意义更为重大。邓小平同志深刻指出：**“中国的问题，压倒一切的是需要稳定。没有稳定的环境，什么都搞不成，已经取得的成果也会失掉。”**（《邓小平文选》，第3卷，人民出版社，1993年版，第284页）他还指出：**“只有稳定，才能有发展。”**（同上，第357页）

抓好安全生产工作，防止和减少不必要的损失、纠纷和矛盾，使社会处于一种有序、协调、稳定、健康的状态，从而为经济社会发展提供有力的环境和秩序保证。

1995年2月20日，中共中央政治局委员、国务院副总理吴邦国指出：“搞好安全生产工作，建立良好的安全生产环境和秩序，是保证社会稳定、经济发展的重要条件，也是建立社会主义市场经济不可忽视的一个重要环节，也是贯彻落实中央经济工作会议精神的一个重要内容。社会主义市场经济建立和发展的过程，是生产力不断提高的过程。而严重的事故对生产力产生了不可低估的破坏和阻碍，因此，必须下大力气抓好安全生产工作。安全问题涉及范围广，影响面大，社会敏感性强，安全工作搞得不好，会造成一系列严重的社会、政治和经济问题。我们是社会主义国家，为了保证人民群众的安全和健康，为了促进社会的繁荣与稳定，各地区、各部门都要把安全工作当做大事来抓，不可等闲视之。”

2004年1月9日，国务院印发《关于进一步加强安全生产工作的通知》，明确指出："安全生产关系人民群众的生命财产安全，关系改革发展和社会稳定大局；做好安全生产工作是全面建设小康社会、统筹经济社会全面发展的重要内容，是实施可持续发展战略的组成部分，是政府履行社会管理和市场监管职能的基本任务，是企业生存发展的基本要求。"

随着我国经济社会的持续发展和人民生活水平的不断提高，以及"以人为本"理念的日益深入人心，"关注安全、珍爱生命"的氛围日渐浓厚，加之独生子女逐渐成为就业主体，整个社会对安全生产的关注已经上升到前所未有的高度。在这种情况下，一旦发生重大生产安全事故，不仅会引起社会上的广泛关注，而且会得到政府部门的高度重视；不仅对事故进行严肃查处，还会对相关行业组织进行安全生产大检查，这就可能对其他行业及企业的生产在一定时间和一定范围内造成一些影响。

2004年4月15日，重庆市天原化工总厂氯气泄漏，之后发生爆炸，9人死亡和失踪。鉴于当时危险化学品行业严峻的安全生产形势，2004年4月21日，国务院安全生产委员会办公室发出通知，通报了近期发生的7起危险化学品方面的事故，要求在全国立即开展危险化学品从业单位安全生产检查。

2014年4月7日，云南省曲靖市麒麟区黎明实业有限公司下海子煤矿发生重大透水事故，造成21人遇难，1人失踪；对这一事故的搜救工作尚未结束，曲靖市富源县红土田煤矿又发生"4·21"井下瓦斯爆炸事故。4月22日，云南省煤矿安全生产煤炭产业转型发展工作会在曲靖召开。会议指出，全省992处年产9万吨及以下的煤矿继续停产整顿；曲靖市范围内的煤矿全部停产整顿；其他正常生产经营的煤矿限期检查、排除隐患、签字背书、落实责任。

多年来，煤炭一直是我国主要能源，我国"富煤、贫油、少气"的能源储备特点决定了煤炭第一能源的地位，我国煤炭生产和消费量均占全国能源总生产量和消费量的70%以上，在今后相当长的时期这一状况都难以改变。换句话说，从能源利用和工业发展的关系看，我国工业增长对煤炭的依赖比其他国家要大得多。至今，我国已连续多年保持为世界最大的煤炭生产国和消费国。

煤炭行业的安全生产一直是我国安全生产工作的重中之重。由于煤炭采掘业危险性大，一直是事故的多发区，煤矿事故每年发生起数占全国工矿商贸企业事故总量的1/5至1/4，死亡人数占全国工矿商贸企业事故死亡人数的1/4至1/2，在“十一五”末才有了一定的下降。

我国煤炭行业安全生产水平如此之低、安全生产形势如此严峻，是有着深刻的历史原因及客观因素的。总体上看，我国煤炭工业走的基本上是一条低层次发展道路，存在结构不合理、增长方式粗放、安全事故多发、资源浪费严重、环境治理滞后等诸多问题，尤其是由于小煤矿过多而导致的安全生产事故不断、形势严峻则是其中难度最大、社会影响最大的一个问题。

针对小煤矿太多，安全生产事故多，煤炭回采率低、浪费严重的状况，国家持续开展煤炭行业关闭整顿工作。通过提高门槛、严格准入，打击非法、淘汰落后，资源整合、严格监管，加大煤炭行业整顿工作力度，取得明显成效。经过连续多年持续不断的努力，我国小煤矿从1998年的8万多处，减少到2005年的2.33万处，到2010年实现了全国小煤矿控制在1万处以下的规划目标。

13年的整顿，全国共关闭了7万多处小煤矿，淘汰落后煤炭生产能力10亿吨左右。一方面，当初在建设这7万多处小煤矿时花费了大量人力物力财力，如果建设之时就能严格保证安全生产，这将是多大的节约；另一方面，淘汰落后的煤炭生产能力对煤炭生产供应能力也难免带来一些影响。如果不是由于不符合安全生产条件、安全生产无法保证而被关闭淘汰，我国煤炭生产供应将会更有保障、更有秩序。由此可见，小煤矿由于安全生产水平低而被关闭，对全国煤炭供应乃至国民经济的运行都造成了一定影响，这也从一个侧面反映出抓好安全生产工作对一个产业、一个行业的重要性，以及对国民经济建设的保障作用。

矿产资源是人类文明进步、国民经济发展和科学技术革命的基础。我们历来将矿产资源称作“宝藏”，将能源和原材料矿产称作工业的“血液”和“粮食”。可以说，矿产资源的持续开发和稳定供应不仅关系着国民经济的健康发展，也关系着广大人民群众的日常生活。由于我国经济的持续快速发展，对矿产资源的开发利用提出了更高的要求，预测未来 20 年，我国对铜、铝等矿产资源累计需求总量至少是目前储量的 2～5 倍；我国钢铁缺口总量 30 亿吨，铜超过 5000 万吨，精炼铝达 1 亿吨。

到 2013 年上半年，我国非煤矿山总数接近 10 万座，其中 95% 是小矿山。这些小矿山规模较小，技术含量较低，设施比较简陋，工艺比较落后，安全保障能力低，生产安全事故不断。

非煤矿山中的诸多小矿山由于安全基础薄弱、安全保障能力低下、生产安全事故不断，必须进行严格整顿，取缔和关闭非法生产和整顿不具备安全生产条件的非煤矿山，对各种矿产品的供应乃至国民经济的正常运行都会造成一定的影响，这同样反映出抓好安全生产工作的重要性，反映出安全生产对国民经济建设的保障作用。

由于某些或某类企业发生生产安全事故，致使在一定范围内的该类生产企业进行全面的安全生产大检查；由于某个行业的安全生产基础薄弱，导致国家连续多年进行专门整顿，这些情况都会在一定层面、一定范围内对国民经济发展带来一定的影响，这就是安全生产环境和秩序在宏观层面对国民经济建设所起的作用。要保证我国经济持续发展、社会和谐稳定，正常、平稳、有序的安全环境和秩序是必不可少的前提条件。

第二节　保障资源节约环境友好

当前，世界范围内的人口、资源、环境与实现工业化的矛盾日益突出，这是全人类共同面临的一个重大挑战，也是我国面临的一个十分紧迫的现实问题。

切实抓好安全生产工作，无论是对于节约能源资源还是保护生态环境，都有着十分直接和明显的作用，而这一点还没有被广大社会公众普遍认识，更没有被广泛重视。

工业文明也就是以大机器生产为标志的文明形态。工业革命将机器大工业变成了文明生产的最重要的手段，物质财富的积聚速度空前加快，机器生产仿佛是使用了魔法一般，将无穷的财富从地下挖掘出来，工业文明实现的途径就是工业化。

近两三百年来，从世界范围看，人类发展的最主要表现就是世界各国的工业化过程。工业化的实质就是对自然资源的大规模深度开发利用，以不断满足经济和社会发展的需求。

所谓“化”，是指性质或状态的根本改变。实现工业化是指从农业和手工业全面转变到以机器生产为主的工业体系。研究表明，到20世纪末，全世界200多个国家中有64个基本实现了工业化；而占世界人口80%以上的国家，包扩中国、印度、印度尼西亚、巴西这些人口大国，都尚未完成这场革命，无数的人们仍在为实现工业化而艰难地奋斗着，这就对能源资源和生态环境提出了前所未有的更高要求。

人类无论是生活还是生产，都离不开大自然的丰富宝藏。千百年来，人类的生产活动一直是围绕着自然资源的开发和利用进行的，而且科技越是发达、生活水平越是提高，人类对大自然的开发利用程度就越深。自然界为人类生活和生产两大领域提供了无穷无尽的物质和财富——在生活领域提供了食物和衣料，在生产领域提供了资源和能源等。这些物质，在人类生产劳动过程中制造、加工、处理的劳动对象当中，占据着不可或缺的重要位置。

20世纪以来，科技进步和社会生产力有了巨大的提高，人类创造了前所未有的物质财富；而与此相应，20世纪也是有史以来人类对地下矿产资源的发现和开发利用达到空前规模的时代。20世纪所发现的地下巨大宝藏转换成巨额财富，奠定了20世纪现代文明的物质基础，可以说20世纪是矿业世纪。

由于全世界的地质勘探工作规模不断扩大，各国用于勘探的人力和物力不断增加，加上地质勘探的科技水平不断提高，使得越来越多的矿产资源以越来越快的速度被发现和利用。第二次世界大战结束以来，世界上各种矿物资源的开采量和消费量以平均每年5%的速度在增长，每隔15年就要翻一番。据统计，从1961年到1980年的20年间，全世界共开采出铁矿石150亿吨、煤炭600亿吨，分别占在此之前的100年中人类从地壳中采出的铁矿石和煤炭的50%和60%。如今，全世界每年要从地下采出各种矿产数千亿吨。

20世纪世界发展经验表明，一个国家工业化阶段是消耗矿产资源和能源最多的时期。当前我国正处在工业化时期，矿业发展之路也必定要走。2005年，我国矿石采掘量超过70亿吨，矿业总产值达到1.48万亿元，矿业经济已经成为我国经济蓬勃发展的一个重要动力。

1992年，联合国环境与发展大会通过了《21世纪议程》，中国政府作出了履行《21世纪议程》等文件的庄严承诺。1994年3月25日，《中国21世纪议程》经国务院第16次常务会议审议通过。《中国21世纪议程》指出：自然资源是国民经济与社会发展的重要物质基础，分为可耗竭或不可再生（如矿产）和不可耗竭或可再生资源（如森林和草原）两大类。随着工业化和人口的发展，人类对自然资源的巨大需求和大规模的开采消耗已导致资源基础的削弱、退化、枯竭。如何以最低的环境成本确保自然资源可持续利用，将成为当代所有国家在经济、社会发展过程中所面临的一大难题。处于快速工业化、城市化过程中的中国，基本国情是人口众多、底子薄、资源相对不足和人均国民生产总值居世界后列，单纯的消耗资源和追求经济数量增长的传统发展模式，正在严重地威胁着自然资源的可持续利用。因此，以较低的资源代价和社会代价取得高于世界经济发展的平均水平，并保持持续增长，是具有中国特色的可持续发展的战略选择。

目前，中国在一些重要的自然资源可持续利用和保护方面正面临着严峻的挑战。这种挑战表现在两个方面，一是中国的人均资源占有量相对较小，可耕种土地占世界人均水平的1/3，淡水占1/4，森林占1/6，草地占1/3，矿产占1/2，而且目前人均资源数量和生态质量仍在继续下降或恶化。二是随着人口的增长和经济发展对资源需求的过分依赖，自然资源的日益短缺将成为中国经济社会持续、快速、健康发展的重要制约因素，尤其是北方地区的水资源短缺与全国性的耕地资源不足和退化问题。据统计，全国缺水城市达300多个，日缺水量1600万吨以上，工农业生产和居民生活都受到了很大的影响。

2008年12月，国土资源部发布《全国矿产资源规划(2008-2015)》，在分析矿产资源保障程度基本态势时指出：经济社会发展对矿产资源的需求持续快速增长，矿产资源保障程度总体不足。规划期间我国工业化、城镇化将快速推进，是全面建设小康社会的关键时期，矿产资源市场需求强劲，重要矿产消费增长快于生产增长。我国矿产资源总量大，但人均少、禀赋差，大宗、支柱性矿产不足，经济社会发展的阶段性特征和资源国情，决定了矿产资源大量快速消耗态势短期内难以逆转，资源供需矛盾日益突出。据预测，到2020年，我国煤炭消费量将超过35亿吨，2008年至2020年累计需求超过430亿吨；石油5亿吨，累计需求超过60亿吨；铁矿石13亿吨，累计需求超过160亿吨；精炼铜730万吨至760万吨，累计需求将近1亿吨；铝1300万吨至1400万吨，累计需求超过1.6亿吨。如不加强勘查和转变经济发展方式，届时在我国45种主要矿产中，有19种矿产将出现不同程度的短缺，其中11种为国民经济支柱性矿产，石油的对外依存度将上升到60%，铁矿石的对外依存度在40%左右，铜和钾的对外依存度仍将保持在70%左右。

与此同时，我国能源的供应和使用也存在明显问题。国务院新闻办公室2007年12月发布的《中国的能源状况与政策》指出："资源约束突出，能源效率偏低。中国优质能源资源相对不足，制约了供应能力的提高；能源资源分布不均，也增加了持续稳定供应的难度；经济增长方式粗放、能源结构不合理、能源技术装备水平低和管理水平相对落后，导致单位国内生产总值能耗和主要耗能产品能耗高于主要能源消费国家平均水平，进一步加剧了能源供需矛盾。单纯依靠增加能源供应，难以满足持续增长的消费需求。"

在经济建设取得巨大成就的同时，各类环境问题也集中出现，当前我国正处于环境问题多发期，环境形势十分严峻，环境保护工作任重道远。

2005年12月3日，国务院印发《关于落实科学发展观 加强环境保护的决定》指出："环境形势依然十分严峻。我国环境保护虽然取得了积极进展，但环境形势严峻的状况仍然没有改变。主要污染物排放量超过环境承载能力，流经城市的河段普遍受到污染，许多城市空气污染严重，酸雨污染加重，持久性有机污染物的危害开始显现，土壤污染面积扩大，近岸海域污染加剧，核与辐射环境安全存在隐患。生态破坏严重，水土流失量大面广，石漠化、草原退化加剧，生物多样性减少，生态系统功能退化。发达国家上百年工业化过程中分阶段出现的环境问题，在我国近20多年来集中出现，呈现结构型、复合型、压缩型的特点。环境污染和生态破坏造成了巨大经济损失，危害群众健康，影响社会稳定和环境安全。未来15年我国人口将继续增加，经济总量将再翻两番，资源、能源消耗持续增长，环境保护面临的压力越来越大。"

2006年4月17日，在国务院召开的第六次全国环境保护大会上，温家宝同志指出："必须清醒地看到，我国环境形势依然十分严峻。长期积累的环境问题尚未解决，新的环境问题又在不断产生，一些地区环境污染和生态恶化已经到了相当严重的程度。主要污染物排放量超过环境承载能力，水、大气、土壤等污染日益严重，固体废物、汽车尾气、持久性有机物等污染持续增加。流经城市的河段普遍遭到污染，1/5的城市空气污染严重，1/3的国土面积受到酸雨影响。全国水土流失面积356万平方公里，沙化土地面积174万平方公里，90%以上的天然草原退化，生物多样性减少。发达国家上百年工业化过程中分阶段出现的环境问题，在我国已经集中出现。生态破坏和环境污染，造成了巨大的经济损失，给人民生活和健康带来严重威胁，必须引起我们高度警醒。"

请看报道：

第六次全国环境保护大会4月17日—18日在京召开

我国环境形势依然十分严峻

第六次全国环境保护大会4月17日至18日在北京召开。中共中央政治局常委、国务院总理温家宝出席会议并发表重要讲话。他指出，必须清醒地看到，环境形势依然十分严峻。"十五"时期我国经济发展的各项指标大多超额完成，但环境保护的主要指标没有完成。一些长期积累的环境问题尚未解决，新的环境问题又在不断产生，一些地区环境污染和生态恶化已经到了相当严重的程度，必须引起我们高度警醒。

温家宝指出，当前和今后一个时期，需要着力做好四个方面工作。第一，加大污染治理力度，切实解决突出的环境问题。重点是加强水污染、大气污染、土壤污染防治。第二，加强自然生态保护，努力扭转生态恶化趋势。一方面，控制不合理的资源开发活动；另一方

面，坚持不懈地开展生态工程建设。第三，加快经济结构调整，从源头上减少对环境的破坏。大力推动产业结构优化升级，形成一个有利于资源节约和环境保护的产业体系。第四，加快发展环境科技和环保产业，提高环境保护的能力。

此外，财政部有关负责人在会上表示，“窗体顶端十一五”期间，中央财政将推进环境有偿使用制度改革，督促企业将环境成本纳入企业生产成本或服务价格，实现环境污染外部成本内部化、社会成本企业化。

原载 2006 年 4 月 19 日中国证券网

治理污染、保护环境并不单纯是一个国内问题，随着经济全球化的深入发展，给中国带来的环境压力进一步加大。我国是一个环境大国，已经签署和批准了几十项国际环境公约，履约任务十分繁重；2010 年，我国成为世界第二大经济体，国际社会要求中国承担更多环境责任的压力日益加大；同时，我国对外产品出口也承担了巨大的环境逆差。

客观地讲，环境污染是经济社会发展到一定阶段的产物。环境问题究其本质是发展方式、经济结构、消费模式问题，根本上反映了人与自然之间的矛盾冲突。国际经济发展历程表明，当工业化处于中期时，由于人口迅速膨胀、城市化进度加快、资源消耗大量增加，不可避免会造成对环境的污染和破坏。当前我国正处于工业化、城镇化快速发展时期，经济总量快速增长与环境容量有限、减排潜力减小的矛盾将长期存在。一方面，广大人民群众对享有良好环境的需求不断增加；另一方面，生态环境继续恶化，治理环境污染、保护生态环境已经成为我国经济社会发展面临的一项重大而又紧迫的课题。

抓好安全生产工作，无论是对于节约宝贵的能源和资源，还是对于保护脆弱的生态环境，都具有巨大的作用和长远的功效。

加强安全生产，能够有效节约能源资源。

马克思指出：**“人们创造自己的历史，但是他们并不是随心所欲**

地创造，并不是在他们自己选定的条件下创造，而是在直接碰到的、既定的、从过去继承下来的条件下创造。”（《马克思恩格斯选集》，第1卷，人民出版社，1972年版，第603页）

马克思还指出：**“人们不能自由选择自己的生产力——这是他们的全部的历史的基础，因为任何生产力都是一种既得的力量，是以往活动的产物。可见，生产力是人们应用能力的结果，但这种能力本身决定于人们所处的条件，决定于先前已经获得的生产力，决定于他们以前已经存在、不是由他们创立而是由前一代人创立的社会形式。”**（《马克思恩格斯选集》，第4卷，人民出版社，1972年版，第321页）

马克思的这两段话清楚地说明，任何时代人们所拥有的创造自己历史的条件，都是既定的、从过去继承下来的条件；人们所拥有的生产力，也都是以前已经存在的、由前一代人创造的生产力。这能给我们什么启示呢？

这两段话告诉我们，当今社会的生产力，是由前一代人所创立的，是以往活动的产物，这是不由我们选择的，而是我们必须继承下来的；我们就是在、也只能在这种直接遇到的、既定的、已经存在的条件下进行新的创造和新的生产。人类社会的生产力就是这样一代接一代地继承和提高，人类文明也是这样一代接一代地发展和进步。

这两段话启示我们，要推进生产力不断发展和进步，就必须珍惜和善待传承到我们这一代人手中的生产力和社会条件，因为我们继承的生产力和社会条件当中凝聚着前一代人无数的智慧和心血，包含着整个社会无数的成本和付出，以及来自大自然的丰厚馈赠。

怎样珍惜和善待传承到我们这一代人手中的生产力和社会条件呢？就是要做到安全生产。一旦发生事故，不仅会对生产力和其他社会条件造成损害，带来灾难性的后果，同时也是对能源资源的巨大浪费，这主要体现在以下三个方面：一是事故毁坏机器设备及厂房，而这些都是耗费了大量资源和能源才得来的；二是能源生产及运输企业发生事故，直接导致能源大量泄漏和浪费；三是事故发生后，为了抢险救援和善后，政府及社会方面需要付出许多成本和代价，其中就包含大量能源资源。而实际上，事故发生后的损失和影响往往不单纯是一个方面，而是多种后果的交织和叠加，这对能源资源的浪费就更大了，从以下事例中就可以清楚地看出。

1989 年 8 月 12 日，山东省青岛市黄岛油库发生特大火灾爆炸事故，19 人死亡，100 多人受伤，直接经济损失 3540 万元。事故的直接原因是由于非金属油罐本身存在的缺陷，遭受雷击后，产生的感应火花引爆油气。大火殃及附近的青岛化工进出口黄岛分公司、航务二公司四处、黄岛商检局、管道局仓库和建港指挥部仓库等单位。当天 18 时左右，部分外溢原油沿着地面管沟和低洼路面流入胶州湾，大约 600 吨油水在胶州湾海面形成几条十几海里长、几百米宽的污染带，造成了胶州湾有史以来最严重的海洋污染。

火灾发生后，青岛市全力以赴投入灭火战斗，组织党政军民 1 万余人进行抢险救灾；山东省各地市、胜利油田、齐鲁石化公司的公安消防部门，青岛市公安消防支队，以及部分企业消防队，共出动消防干警 1000 多人，消防车 147 辆；黄岛区组织了几千人的抢险突击队，并出动各种船只 10 艘；北海舰队派出消防救生船和水上飞机、直升飞机参与灭火和抢救伤员；在国务院统一组织下，全国各地紧急调运了 153 吨泡沫灭火液及干粉用以灭火。经过连续几天几夜的奋战，8 月 16 日 18 时，油区内所有残火、暗火全部熄灭，大火被扑灭。

这次火灾事故的损失，仅从浪费能源资源的角度讲，就包括燃烧和泄漏的原油，毁坏的油区储罐及相关设施，殃及的其他相关单位，消防车、船只舰艇、水上飞机和直升飞机消耗的油品，以及从全国各地运送 153 吨泡沫灭火液及干粉所消耗的油品，等等。假如没有发生这次事故，所有这些能源资源都能节省下来。

2010 年 7 月 16 日 18 时左右，辽宁省大连市新港一艘 30 万吨级外籍油轮在暂停卸油后，负责作业的公司继续向输油管道注入含强氧化剂的原油脱硫剂，从而引发爆炸并导致大量原油泄漏，大连附近海域海面被原油污染。大火在第二天被扑灭，而消除海面污染则持续多日。到 7 月 25 日，清污工作累计出动专业清污船只 266 艘次，大小渔船 8150 艘次，车 8550 辆次，参加清污人员 4.5 万人次，共完成 261 平方公里受污染海面的清理工作。这次事故耗费的能源资源，包括烧毁和泄漏的原油、毁坏的油区储罐及相关生产设施，以及灭火及清污工作中各种车辆、船只所用油品，等等。

从以上山东青岛黄岛油库火灾爆炸和辽宁大连新港输油管道爆炸两起事故中可以看出，浪费的能源资源包括事故本身毁坏的各种生产设施、燃烧及泄漏的原油，抢险救灾及善后处理动用的车辆、船只等交通工具所耗费的油品，以及被污染的土地和损毁的植被等。而如果抓好安全生产，没有发生这样的事故，当然也就不会有这些方面的浪费，这对整个社会将是多么巨大的节约。

加强安全生产，能够有效保护生态环境。

自然界是人类生存和发展的基础，人类活动离不开自然界。迄今为止，人类通过生产活动所创造的一切物质财富，无不直接或间接来自大自然，人类所拥有的各种劳动财富，不过是自然财富的转换形态而已。

现代社会，人类的社会生产力得到空前提高，社会产品及社会财富大大增加，消费水平大大提高；而与之相应的则是能源资源的消耗大大增加，废弃物和污染物的排放大大增加。可以说，经济越发展、科技越进步、生产手段和设施越先进，人类对自然的开发利用越深、越广，取之于自然的也就越多、越快，向自然输出的废弃物和污染物也就越多、越快。结果，随着经济的快速发展，社会越来越“富有”，而自然却越来越贫困；人类越来越“强大”，而自然却越来越脆弱。假如人类仍然无节制地向自然索取和掠夺，当把它逼到不堪重负的那一天时，也就是人类的末日。

良好的生态环境是人类社会持续发展的根本基础，也是提高人们生活水平的重要保障。党的十八大报告明确指出：“建设生态文明，是关系人民福祉、关系民族未来的长远大计。面对资源约束趋紧、环境污染严重、生态系统退化的严峻形势，必须树立尊重自然、顺应自然、保护自然的生态文明理念，把生态文明建设放在突出地位，融入经济建设、政治建设、文化建设、社会建设各方面和全过程，努力建设美丽中国，实现中华民族永续发展。”

要建设美丽中国，为人民群众创造良好生产生活环境，为子孙后代留下天蓝、地绿、水净的美好家园，既离不开清洁发展、绿色发展，也离不开安全发展。

发生安全事故对生态环境的影响和破坏，主要有以下四种情况：

一是火灾、爆炸中的燃烧导致空气污染。

1987 年 5 月 6 日到 6 月 2 日，黑龙江省大兴安岭发生火灾，这是我国最严重的一次森林火灾。5 月 6 日，火灾在大兴安岭地区的西林吉、图强、阿尔木、塔河四个林业局所属的几处林场同时发生。由于天气干燥、气温较高，加之 5 月 7 日傍晚刮起 8 级以上大风，最大风力超过 9.8 级，使得火势愈演愈烈。经过各方全力扑救，加上在最后时期林区大范围降雨，大火于 6 月 2 日被彻底扑灭。

这次火灾死亡 210 人，烧伤 266 人，过火面积 133 万顷，是新中国成立以来毁林面积最大、伤亡人数最多、损失最为惨重的一次森林火灾。这次大火对生态环境的破坏是巨大的：过火有林地和疏林地面积 114 万公顷，其中受害面积 87 万公顷，焚毁 85 万立方米木材、房屋 61 万平方米、粮食 325 万公斤，火灾产生的浓烟和灰烬对环境造成巨大污染；同时，百万公顷的森林和草场被焚毁，原先涵养水源、防风固沙、净化空气、改善气候等方面的作用也全部消失殆尽。

二是扑灭火灾的消防用水处置不当，引发污染。

1986 年 11 月 1 日，瑞士巴塞尔市桑多公司的制品仓库发生了农药和化学制剂火灾，6000 平方米的仓库全部烧毁，共损失 1800 万瑞士法郎，幸好没有造成人员伤亡。在扑救火灾时，150 名消防队员全力放水灭火，用了大约 1000 吨水，这些水将仓库中含汞杀虫剂等化学药品30多吨冲入莱茵河。被污染的水呈红色带状，以每小时3.7公里的速度，从巴塞尔市河段经法国、联邦德国、荷兰等国流入北海，被污染的地区涉及10个国家，尤其是距巴塞尔市300公里以内的德国和法国受害最为严重，几十万条鳗鱼被毒死，不仅影响渔业，而且导致啤酒厂停产，饮水及农业用水不足。而且在事故的一开始，由于没有预料事故的连锁性和严重性，桑多公司及瑞士政府迟迟未向相应国家通报这一异常事故，从而使灾难损失扩大，引起国际上一场大的赔偿问题的交涉。最后，瑞士政府及桑多公司支付了十几亿瑞士法郎的赔偿金，这是火灾事故本身损失的几十倍，教训十分沉痛。

2005年11月13日，吉林石化公司双苯厂一车间发生爆炸，14日凌晨4点大火被扑灭。这次事故共造成5人死亡，1人失踪，60多人受伤。爆炸引起大火，在灭火过程中，大量苯类物质尚未燃烧或燃烧不充分，随着消防用水，绕过专用的污染水处理通道，通过排污口直接进入松花江，最终形成了长达80公里的漫长的污染带。11月24日，国务院新闻办公室举行新闻发布会，国家环保总局就松花江水污染事件的总体情况通报指出："事故产生的主要污染物为苯、苯胺和硝基苯等有机物。事故区域排出的污水主要通过吉化公司东10号线进入松花江；超标的污染物主要是硝基苯和苯，属于重大环境污染事件。……24日中午12时，最新监测数据显示，硝基苯超标10.7倍，苯未超标。这个污水团长度约80公里，在目前的江水流速下，完全通过哈尔滨需要40小时左右。"松花江水污染事件发生后，俄罗斯对松花江水污染对中俄界河黑龙江（俄方称阿穆尔河）造成的影响表示关注。中国向俄道歉，并提供援助以帮助其应对污染。

三是化工厂储罐、油气管道等因安全事故被损害，导致有毒有害物质及油品等大量泄露，污染和危害周围环境。

1984年12月3日凌晨，印度博帕尔市北郊的美国联合碳化物公司印度公司的农药厂，在一声巨响声中，一股巨大的气柱冲向天空,形成一个蘑菇状气团,并很快扩散开来,这是农药厂发生的严重毒气泄漏事故。液态异氰酸甲酯以气态从出现漏缝的保安阀中溢出,并迅速向四周扩散。虽然农药厂在毒气泄漏后立即关闭了设备,但已有30吨毒气化作浓重的烟雾迅速四处弥漫,很快就笼罩了周围地区,数百人在睡梦中就被悄然夺走了性命,几天之内有2500多人死亡。此后多年里又有2.5万人因为毒气引发的后遗症死亡,还有10万当时生活在爆炸工厂附近的居民患病,3万人生活在饮用水被毒气污染的地区。

四是安全事故将工厂厂房、居民住宅等摧毁所产生的固体废物造成的污染。

据统计,我国有2/3的城市都处于垃圾的包围之中,垃圾围城成为经济建设和社会发展中的一种顽疾。这些堆积如山的垃圾严重污染土壤和地下水,释放大量有害气体,给人们的生存环境带来严重危害,被称为潜伏在城市周边的"巨型炸弹"。这些垃圾的来源主要有两方面,一是社会垃圾,目前我国每年城市的社会垃圾有2.5亿吨;二是工业生产垃圾,尤其是大宗工业固体废物,2005年产生量为16亿吨,2010年上升为27.6亿吨,当年其综合利用率为40%。

《大宗工业固体废物综合利用"十二五"规划》指出:"十一五"以来,我国大宗工业固体废物综合利用取得了长足发展,综合利用量逐年增加,综合利用技术水平不断提高,综合利用产品产值、利润均得到较大提升,取得了较好的经济效益、环境效益和社会效益,为节约资源、保护环境、保障安全、促进工业经济发展方式转变做出了重要贡献。

《规划》还指出:"十一五"期间,大宗工业固体废物产生量快速攀升,总产生量118亿吨,堆存量净增82亿吨,总堆存量将达到190亿吨。"十二五"期间,随着我国工业的快速发展,大宗工业固体废物产生量也将随之增加,预计总产生量将达150亿吨,堆存量将净增80亿吨,总堆存量将达到270亿吨,大宗工业固体废物堆存将新增占用土地 40 万亩。堆存量增加将使得环境污染和安全隐患加大，大宗工业固体废物中含有的药剂及铜、铅、锌、铬、镉、砷、汞等多种金属元素，随水流入附近河流或渗入地下，将严重污染水源。干涸后的尾砂、粉煤灰等遇大风形成扬尘，煤矸石自燃产生的二氧化硫会形成酸雨，对环境造成危害。尾矿库、赤泥库等超期或超负荷使用，甚至违规操作，会带来重大安全隐患，对周边地区人民财产和生命安全造成严重威胁。

发生安全事故，特别是火灾、爆炸事故，会大量毁坏工厂厂房、仓库、商用及民用建筑，以及道路、桥梁等其他基础设施。这些被毁坏的砖瓦及混凝土成为固体废物大量堆积起来，既要占用空间存放，又会造成环境污染。在社会垃圾和工业生产垃圾中的固体垃圾已经在大量产生的情况下，发生安全事故，又产生更多的固体垃圾，使这种污染形势更加严峻。

从以上这些事故案例可以看出，抓好安全生产同保护生态环境之间有着十分紧密的内在联系。如果发生安全事故，有可能造成多方面的环境污染，严重的还会危及污染区域范围内的人员安全健康，这也是安全事故危害性和严重性的一种表现。

当今世界，整个人类社会面临的最大挑战是发展的可持续性，它关系到人类文明的延续，关系到无数人们的生活水平和幸福程度，而可持续发展的核心则是资源和环境的可持续利用。土地、淡水、矿产等自然资源是有限的，尽管技术进步可以开拓新的资源，但总体上并不能改变地球资源的有限性；同时，自然环境也是十分脆弱的，20 世纪 80 年代以来，相继出现的全球变暖、臭氧层破坏、酸雨三大全球性问题，对人类生存和发展已经构成了严重威胁，而世界各国方兴未艾的工业化仍然在对我们赖以生存的生态环境进行着侵蚀和破坏。

1972 年 6 月 5 日，联合国人类环境会议在瑞典首都斯德哥尔摩召开，这是国际社会就环境问题召开的第一次世界性会议，共有 131 个国家和有关国际机构的 1000 余名代表参加。会议通过了《人类环境宣言》,指出:“保护和改善人类环境已经成为人类一个紧迫的目标。”

1972年,美国麻省理工学院的梅多斯受罗马俱乐部的委托,完成了一部具有深远历史影响的报告《增长的极限》,该报告深刻阐明了环境的重要性以及资源同人口之间的基本关系。报告预测,由于人口增长、粮食生产、工业发展、资源消耗和环境污染的影响,全球经济发展将会因地球的承载功能达到最高极限而衰退。尽管《增长的极限》报告中的一些预言并没有发生,但它发出的警告已经引起了世人的高度重视和深刻反思。

1987年,由前挪威首相布兰特夫人领导的世界环境与发展委员会出版了研究报告《我们共同的未来》,对“可持续发展”作了界定:既满足当代人的需求,又不对后代人满足其需求的能力构成危害。

1992年6月,联合国环境与发展大会在巴西里约热内卢召开,世界各国对可持续发展达成了共识,会议通过的《里约宣言》阐明了可持续发展包括“人类应当享有以与自然和谐的方式过健康而富有成果的生活的权利,并公正地满足后代在发展与环境方面的需要”。

我国能源资源紧缺、生态环境形势严峻的基本国情,决定了建设资源节约型、环境友好型社会势在必行。从资源利用效率看,中国的经济增长走的是资源消耗型道路。每吨标煤产出效率,中国只相当于美国的28.6%、欧盟的16.8%、日本的10%;单位国内生产总值消耗钢铁,中国是日本的2.32倍、德国的4.26倍、美国的2.5倍。每增加单位GDP的废水排水量高出发达国家4倍,单位工业产值固体废弃物高出10倍以上。从2002年到2011年的10年间,我国的能源消费占全世界的比重从12.7%迅速攀升至22.4%,并超越美国成为世界第一大能源生产国和消费国。

随着我国经济持续快速增长,人口持续增加,工业化不断推进,城市化步伐加快,居民消费结构逐步升级,资源供需矛盾和环境压力将越来越多,资源和环境对我国经济社会发展的约束将长期存在。

加强资源节约和环境保护，将有利于促进经济结构调整和发展方式转变，实现经济社会持续健康发展；有利于提高全社会的环境意识和道德素质，促进社会主义精神文明建设；有利于保障人民群众身体健康，提高生活质量和延长人均寿命；有利于维护中华民族长远利益，为子孙后代留下良好的生存发展空间。

2004年3月10日，胡锦涛同志在中央人口资源环境工作座谈会上指出："要牢固树立节约资源的观念。自然资源只有节约才能持久利用。要在全社会树立节约资源的观念，培育人人节约资源的社会风尚。要在资源开采、加工、运输、消费等环节建立全过程和全面节约的管理制度，建立资源节约型国民经济体系和资源节约型社会，逐步形成有利于节约资源和保护环境的产业结构和消费方式，依靠科技进步推进资源利用方式的根本转变，不断提高资源利用的经济、社会和生态效益，坚决遏制浪费资源、破坏资源的现象，实现资源的永续利用。要牢固树立保护环境的观念。良好的生态环境是社会生产力持续发展和人们生存质量不断提高的重要基础。要彻底改变以牺牲环境、破坏资源为代价的粗放型增长方式，不能以牺牲环境为代价去换取一时的经济增长，不能以眼前发展损害长远利益，不能用局部发展损害全局利益。要在全社会营造爱护环境、保护环境、建设环境的良好风气，增强全民族的环境保护意识。要牢固树立人与自然相和谐的观念。自然界是包括人类在内的一切生物的摇篮，是人类赖以生存和发展的基本条件。保护自然就是保护人类，建设自然就是造福人类。要倍加爱护和保护自然，尊重自然规律。对自然界不能只讲索取不讲投入、只讲利用不讲建设。发展经济要充分考虑自然的承载能力和承受能力，坚决禁止过度性放牧、掠夺性采矿、毁灭性砍伐等掠夺自然、破坏自然的做法。"

由于传统现代化路径对能源资源的高度依赖，每有一个或一批国家实现现代化，就会给地球生态环境增加新的压力。目前全球现代化人口达到13亿人，约占2014年世界总人口71.5亿人的18%。

根据《BP世界能源统计年鉴》刊载数据，现代化国家（OECD成员国）2011年共消耗了全球51.5%的石油、47.7%的天然气、29.5%的煤炭、81.4%的核能、40%的水电和76%的其他可再生能源。

我国人口多、资源少，资源环境的承载能力弱。我国石油、天然气、铁矿石、铜和铝土矿等重要矿产资源人均储量分别约为世界平均水平的11%、4.5%、42%、18%和7.3%。我国森林覆盖率不到世界平均水平的2/3，人均森林面积为世界平均水平的1/6，沙化土地面积占国土面积的近1/5，水土流失面积占国土面积的1/3以上。同时，环境污染问题严重，近年来水污染事件频发、雾霾天气增多，不少地区的环境容量已经逼近临界点，资源和环境问题越来越成为我国经济发展的硬约束。

当前我国资源和环境工作仍然面临着诸多问题和挑战，尤其是在工业化和城镇化快速发展阶段，资源供给约束和环境容量约束更为凸显。2012年我国经济总量占世界的比重为11.4%，但消耗了全世界21.3%的能源、54%的水泥、45%的钢、43%的铜，付出了很大的资源和环境代价。要有效解决这一矛盾，实现经济社会持续发展，抓好安全生产、实现安全发展，既能够节约能源和资源，又能够减少污染、保护环境，具有明显的资源和生态效益。因此，抓好安全生产工作，对于解决我国资源和环境工作面临的一系列问题，不仅是有效途径，而且是必由之路。

第三节　保障社会安定和谐

根据新世纪新阶段我国经济社会发展的新趋势、新特点、新要求，2006年10月召开的党的十六届六中全会通过的《中共中央关于构建社会主义和谐社会若干重大问题的决定》指出，建设民主法治、公平正义、诚信友爱、充满活力、安定有序、人与自然和谐相处的社会主义和谐社会。

民主法治，就是社会主义民主得到充分发扬，依法治国基本方略得到切实落实，各方面积极因素得到广泛调动；公平正义，就是社会各方面的利益关系得到妥善协调，人民内部矛盾和其他社会矛盾得到正确处理，社会公平和正义得到切实维护和实现；诚信友爱，就是全社会互帮互助、诚实守信，全体人民平等友爱、融洽相处；充满活力，就是能够使一切有利于社会进步的创造愿望得到尊重，创造活动得到支持，创造才能得到发挥，创造成果得到肯定；安定有序，就是社会组织机制健全，社会管理完善，社会秩序良好，人民群众安居乐业，社会保持安定团结；人与自然和谐相处，就是生产发展，生活富裕，生态良好。

和谐社会的六个基本特征，即民主法治、公平正义、诚信友爱、充满活力、安定有序、人与自然和谐相处，都与安全生产有着密切的联系。安全生产需要健全的法律法规，建立完善的法治秩序；需要保障劳动者的安全权益，维护社会公平和正义；需要建立安全诚信机制，营造"关爱生命、关注安全"的社会氛围。只有生命安全得到切实保障，才能调动激发人们的创造活力和生活热情；只有使重特大事故得到遏制，大幅减少事故造成的创伤和震荡，社会才能安定有序；只有顺应客观规律，讲求科学态度，才能有效防范事故，实现人与自然和谐相处。

安全生产如果不能得到保证，引发重大事故，社会的安定和谐将无法谈起。1968 年，美国发生一起煤矿爆炸事故，78 人遇难，引发全国性的罢工。美国国会随后通过了《联邦煤矿安全与健康法》，规定不具备安全条件的煤矿必须关闭。此后 10 年间，美国虽然深受世界能源危机的影响，却一直保持高压政策，关闭了大批不符合安全与健康条件的煤矿。1978 年与 1968 年相比，井工煤矿数量由 4100 多个减少到 1900 多个，煤炭年产量下降 29％，煤矿事故死亡人数也减少了近 73％。

1996 年 1 月 22 日，中共中央政治局委员、国务院副总理吴邦国在全国安全生产工作电视电话会议上指出："安全生产工作还存在严重问题，如果任其发展下去，人民生命财产就要受到极大威胁，经济发展和社会稳定就要受到严重影响。这与我们党和政府为人民服务的宗旨是相违背的，与我们发展经济的愿望是相违背的，与社会稳定的要求是相违背的。……搞好安全生产是保障社会稳定的重要方面。事故造成人员伤亡和经济损失，影响家庭幸福，就可能引发社会问题，影响社会稳定。一些重大、特大事故，还产生了不好的国际影响。各级党委和政府必须担负起社会稳定的历史使命，严肃认真地对待本地区、本部门的安全生产问题。"

2006年1月23日，温家宝同志在全国安全生产工作会议上指出："搞好安全生产，是建设和谐社会的迫切需要。安全生产关系到各行各业，关系到千家万户。加强安全生产工作，是维护人民群众根本利益的重要举措，是保持社会和谐稳定的重要环节。搞好安全生产工作，是各级政府的重要职责。我们必须树立正确的政绩观，抓经济发展是政绩，抓安全生产也是政绩。不搞好安全生产，就没有全面履行职责。各地区、各部门和企业，一定要以对人民群众高度负责的精神，努力做好安全生产工作。"

抓好安全生产，保证社会平安稳定，是各级政府的重要职责。中央政府层面主要是负责制定安全生产方针政策、法律法规、安全标准和准入条件，对全国性的安全生产重大问题进行决策，并通过规划布局、结构调整，加强宏观调控，督促地方和企业建立安全生产长效机制。地方各级政府层面，主要是贯彻落实党和国家关于安全生产工作的方针政策和法律法规，从体制、机制、投入等方面加强对安全生产工作的领导，落实安全生产责任制，把安全生产纳入地方经济发展规划和指标考核体系。

第四节　保障人们幸福平安

人民群众是我国经济社会发展的主体，也应当是发展的最大受益者，应当充分享有经济、政治、文化、社会、生态权益，而享有这种权益，必须有一个根本前提和条件，就是首先拥有生命权和健康权。

以经济建设为中心是兴国之要，发展仍是解决我国所有问题的关键。在当代中国，坚持发展是硬道理的本质要求就是坚持科学发展。科学发展，其核心是以人为本。以人为本的“人”，是指人民群众。在当代中国，就是以工人、农民、知识分子等劳动者为主体，包括社会各阶层人民在内的中国最广大人民。以人为本的“本”，就是本源，就是根本，就是出发点、落脚点，就是最广大人民的根本利益。

坚持以人为本，就是要坚持发展为了人民、发展依靠人民、发展成果由人民共享；就是要以实现人的全面发展为目标，从人民群众的根本利益出发谋发展、促发展，不断满足人民群众日益增长的物质文化需要，切实保障人民群众的各项权益，让发展的成果惠及全体人民。

坚持以人为本，把人的需要和全面发展作为经济社会发展的出发点和归宿，是对人类发展规律认识的一次飞跃。随着经济的发展、社会的进步和生活的改善，人们越来越深刻地认识到，促进经济社会的发展，不仅是物质财富的积累，更重要的是实现人的全面发展；发展经济的目的，不仅是为了满足人民日益增长的物质文化生活需要，而且还应满足人民群众生命安全和身体健康的需要、人的全面发展的需要。

坚持以人为本，实现发展成果由人民共享，就要把改革发展取得的各方面成果，体现在不断提高人民的思想道德素质和科学文化素质上，体现在不断提高人民的生活质量和健康水平上，体现在充分保障人民享有的经济、政治、文化、社会等各项权益上，体现在确保人民群众的幸福美好生活上。

而所有这一切，都必须有一个根本前提，就是人的生命的存在和身体的健康；如果这一点无法保障，再提及人的全面发展、保障人民享有各项权益，都是空的。

让广大人民群众过上平安、幸福的美好生活，保证每个人的安全和健康、保障每个家庭的团圆，是一个根本前提。人民的幸福生活是具体的、实在的，也是发展的、变动的，但最基本、最核心的一项内容却始终没有变，就是每个家庭成员都平平安安，全家人能够团聚在一起。一家人的团聚在中国人的心目中占据着十分重要的位置，并成为幸福美好生活最核心、最重要的内容。如果没有家人的平安，又何谈全家团聚、何谈幸福生活？

要保障家人平安、全家团聚，实现安全生产是必不可少的，这无论对谁、对哪个家庭都是一样的，而这一点对于全国2.6亿名农民工及其家庭来说尤其重要。

随着我国工业化、城市化进程加快，大量农民从第一产业向第二产业、第三产业转移，农民工已经成为许多高危行业生产一线的主力。据国家安全生产监督管理总局2006年对9个省区的抽样调查，在煤矿、金属和非金属矿、危险化学品、烟花爆竹4个行业的从业人员中，农民工占56%，其中煤矿为48.8%，非煤矿山为66%，危险化学品企业为33.7%，烟花爆竹企业为96%。另据调查了解，全国3000万名建筑施工队伍中，约80%是农民工。近年来高危行业发生的伤亡事故，约80%发生在农民工较为集中的小煤矿、小矿山、小化工、烟花爆竹小作坊和建筑施工包工队。

农民工的数量是随着我国经济发展而不断增长的，2013年全国农民工总量为26894万人，比上年增长2.4%。农民工是我国城市化进程中具有农村人和城市人双重身份的特殊群体，他们离开农村和家园，来到城市务工，在为城市建设和国民经济发展做出贡献的同时，自身还有很多权益得不到保障或无法享受，比如对家里孩子的关爱和教育。

2013 年 5 月，全国妇联发布《我国农村留守儿童、城乡流动儿童状况研究报告》指出，我国农村留守儿童达到 6000 万名，其中单独居住的农村留守儿童有 205 万名。2014 年 5 月，全国妇联披露，全国有农村留守儿童 6102 万名，占全国儿童总数的 21.9%，部分留守儿童因长期与父母分离，在生活照顾、亲情关爱、安全保护、心理健康等方面存在突出问题，由此引发一系列社会问题。

广大农民工为经济社会发展做出的贡献和牺牲是多方面的。2014 年 5 月 12 日，国家统计局发布《2013 年全国农民工监测调查报告》指出，新生代农民工受教育程度比老一代农民工有一定的提高，初中以下文化程度占 6.1%，初中占 60.6%，高中占 20.5%，大专及以上占 12.8%。在老一代农民工中，初中以下文化程度占 12.8%，初中占 61.2%，高中占 12.3%，大专及以上占 1.8%。尽管如此，但同城市户口就业人口相比，我国农民工的文化程度还有相当差距。由于他们职业安全健康知识缺乏，自我保护意识薄弱，相对处于弱势地位，对企业安排的工种、岗位以及生产作业现场的职业安全卫生条件很难提出较高的要求，大量承担了企业的苦、脏、累、险工作，这就使得农民工成为生产安全事故和职业病的最大受害群体。一旦发生安全事故，无论是受伤、致残还是不幸死亡，对其本人都是一个巨大不幸，对其家庭都是一个沉重打击。农民工平时在外地工作，照顾不了家中的孩子及老人，已经是一种非常大的牺牲了，其本人再因安全事故受到伤害，不幸的程度就更加严重了。没有人的安全和健康，何来家的团聚和幸福？

推动经济社会发展的根本目的就是为了造福人民。要实现国民经济的持续快速发展，就必须顺应各族人民过上更好生活的新期待，把发展的目的真正落实到满足人民需要、维护人民利益上，抓好安全生产工作则是其根本保障。无论是物质需求还是精神文化需求，无论是经济、政治、文化、社会权益还是生态权益，都必须是由安全、健康的人去实现、去享受,没有安全和健康,其他什么都谈不上。

2006年3月27日,胡锦涛同志在中共中央政治局第三十次集体学习时指出:“人的生命是宝贵的。我国是社会主义国家,我们的发展不能以牺牲精神文明为代价,不能以牺牲生态环境为代价,更不能以牺牲人的生命为代价。”只有切实抓好安全生产工作,确保广大劳动者和人民群众的生命安全和身体健康,才能有效维护他们的各项权益,才能保障人们的平安幸福,才能实现好、维护好、发展好最广大人民群众的根本利益。

第五章　把握安全本质　应对安全风险

《国际劳工组织职业安全与卫生全球战略》指出:"从人受到的痛苦和相关的经济损失来看,职业事故和职业病以及重大工业灾难的全球影响的幅度,始终是在工作场所、国家和国际级别引起关注的一个长期根源。尽管为在所有级别就这一问题达成协议做出了重大的努力,国际劳工组织估计每年死于与工作相关事故和疾病的工人数目仍超过 200 万人,而且全球的这一数目正在上升。自国际劳工组织于 1919 年创立以来,职业安全与卫生始终是一个中心问题,并继续是实现体面劳动议程目标的一个基本要求。"

该《全球战略》特别强调:"有必要使职业安全与卫生在国际、国家和企业级别享有高度优先权。"

按照国际劳工组织的估计,"每年死于与工作相关事故和疾病的工人数目仍超过 200 万人,而且全球的这一数目正在上升",是什么原因导致了这一严峻的形势呢? 从根本上讲,就是因为如今的工业生产是一种风险生产,以机器和机器体系为手段的现代生产本身,时时刻刻充满着各种风险和隐患,并导致了生产安全事故和职业病的不断发生,这就使人类在通过机器进行生产劳动、创造财富价值的同时,又付出了人员伤亡和财富损失的巨大代价。

然而,风险生产仅仅是我们所面临的风险世界的一个部分。如今,整个社会已经成为一个风险社会,无论是来自社会领域还是来自自然领域的风险,都可以说是无时不有、无处不在、无人不遇、无事不含,没有人能够完全躲避。

尽管风险无时不有、无处不在，尽管风险社会中的风险每个人都无法躲避，但风险最大的还是生产企业。正如《匈牙利职业安全卫生国家计划(2001)》所指出的：人类生存环境中，工作环境是最危险的；虽然技术与社会在进步，但是工人所面临的风险却在升高，工业化国家越来越关注人们的健康、安全和福利。

在当今这个风险社会，每个人每天都面临着种种风险，区别只是大小和多少不同，而没有有无之分；当然，风险最大、最多和最严重的仍然是在工厂企业当中，这是机器化和工厂化生产所决定的。这就给我们每个人提出了一个重大课题：应当怎样防范和消除风险，而对于在工厂企业工作的广大劳动者来说，这一课题更是有重要性、紧迫性和现实性。

安全生产的本质，就是通过物质、技术、教育、管理等方式方法和手段，消除安全风险隐患，改善生产作业条件，保障生产正常进行，保障人员安全健康，保障财富持续增加，保障社会全面进步，这对于我们如何面对风险社会也有着多方面的启示。要保障生产和生活正常进行，就要综合运用物质、技术、教育、管理等方法手段，辩识风险、控制风险、降低风险、消除风险，使我们在生产劳动中和日常生活中保持平安健康。

第一节 正确看待风险社会

1986 年 4 月，苏联切尔诺贝利核电站发生重大事故后，哲学家们就十分关注由现代技术引起的巨大风险。同年，德国慕尼黑大学哲学家乌尔里希·贝克(Ulrich Beck)教授出版了《风险社会——走向新的现代性》，书中提出了“风险社会”的概念，认为我们已进入了风险社会，或者更恰当地说是“全球风险社会”。他从特定的角度，把握了现代社会的本质，为我们更好地理解当前社会的非传统安全、制定相应的政策和措施，提供了独特的参考。

贝克指出,“风险”本身并不是“危险”或“灾难”,而是一种危险和灾难的可能性。当人类试图去控制自然和由此产生的种种难以预料的后果时,人类就面临着越来越多的风险。风险在人类社会中一直存在,但它在现代社会中的表现与过去已经有本质的不同。现代风险的表现形式多种多样,如环境和自然风险、经济风险、社会风险、政治风险等等,它几乎影响到人类社会生活的各个方面。现代风险是隐形的,并且具有高度的不确定性和不可预测性。现代风险不是孤立的,它的影响将波及全社会,影响到社会中的所有成员,包括穷人和富人。风险一旦转化为实际的灾难,它的涉及面和影响程度都将大大高于传统社会的灾难。更为重要的是,由于现代信息技术的高度发达,由风险和灾难所导致的恐惧感和不信任感,将通过现代信息手段迅速传播到全社会,引发社会的动荡不安。

现代风险与科学技术的发展有着密切的联系。科学技术的高度发展,大大提高了人类的生活水平,但与此同时,它所带来的后果也变得越来越难以预测与控制。科学技术就像一柄双刃剑,它既给人类带来巨大福祉,同时也蕴藏着对人类社会的各种威胁,成为现代社会风险的重要根源。科学技术发展到今天,已经成为一个高度复杂的系统,这不仅表现在其内部学科分化和涉及内容的高度复杂性,也表现在科技对人类社会生活影响的高度复杂性。这种高度复杂性的直接后果,就是人们对科技发展后果的控制能力越来越低。可见,科学技术一方面推动了现代社会的进步,一方面又产生了大量的不可预测的副作用,即技术和生态风险,而且有些风险已经超出现代社会的管理能力。

科学技术的发展同风险之间的关系,从汽车和核技术的发明应用就可以清晰地看出。

2000 年 10 月,国际工程科技大会在北京召开前夕,美国工程院秘书长罗德·佛森致函中国工程院院长宋健,介绍了由美国工程院历时半年,与 30 多家美国专业工程协会一起评出的 20 世纪对人类社会生活影响最大的20项工程技术成就，这些成就展示了工程技术对改变人类生产和生活方式、提高生活质量所产生的巨大影响。

这20项工程技术成就分别是：

①电气化；②汽车；③飞机；④自来水；⑤电子技术；⑥无线电和电视；⑦农业机械化；⑧计算机；⑨电话；⑩空调制冷技术；⑪高速公路；⑫航天技术；⑬因特网；⑭成像技术；⑮家用电器；⑯保健技术；⑰石油化工；⑱激光和光纤；⑲核技术；⑳高性能材料。

汽车原本发明于19世纪，而大批量工业生产则是在20世纪。小轿车、运货卡车成为全世界中近程主要运输工具，成为社会生产和生活时刻不能离开的工具。然而，汽车在给人类带来便利的同时，又在大量吞噬人的生命安全和健康，成为威胁人类安全的一大“杀手”，道路交通事故每年造成全世界近130万人死亡、5000万人伤残，是10岁至24岁青少年的主要死因。请看报道：

全球车祸每年致死近130万人

__据新华社日内瓦11月20日电__　11月21日是世界道路交通事故受害者纪念日。纪念日前夕，世界卫生组织提醒说，道路交通事故每年造成近130万人死亡，5000万人伤残，是10岁至24岁青少年的主要死因。

世卫组织说：“世卫组织和联合国道路安全协作机制鼓励世界各国政府和非政府组织纪念这个日子，藉此提醒公众关注道路交通事故及其后果和代价，以及为预防这类事故所能采取的措施。”

联合国秘书长潘基文也发表声明指出，因交通事故造成的伤亡对发展和公共健康构成重大挑战。通过采取一整套已证明有效的简单措施，比如系安全带、遵守限速规定及驾车时避免使用手机和其他分散注意力的物品等，可避免许多悲剧，这不仅有利于个人和家庭，

而且有利于整个社会。

原载2010年11月21日《光明日报》

核能技术的社会影响还存在争论,但核技术用于发电、医疗诊断和治疗却是无可争议的,核聚变已经成为地球上未来取之不尽的清洁能源。但是,一旦核设施发生故障、放射性物质发生泄漏,将会给人类社会造成重大灾难。

1986年4月26日,位于乌克兰基辅市以北130公里的切尔诺贝利核电站4号机组爆炸,大量放射性物质泄漏,事故造成31人当场死亡,320多万人受到核辐射伤害,给乌克兰造成数百亿美元的直接损失,事故影响了欧洲大部分地区,酿成了世界迄今最严重的核泄漏事故。有关专家指出,这些事故的影响可能会延续100年。

科学技术的发展进步,使汽车和核技术得以发明出来并造福人类,但在给人们带来福利的同时,却又给整个人类带来诸多灾难和损失,这就是科学技术的利弊双重性,也是事物复杂性的体现。这就警示我们,在享受科技进步给人们带来的便利的同时,还要对其中的风险保持警惕。

风险危害不仅来自人类社会,还来自大自然。

人类在求生存谋发展的过程中,经历了太多的来自大自然的磨难和考验。据联合国《减少灾难的危险》报告披露,1990年世界上共发生261起自然灾害,受灾人数为9000万人;2003年则发生了337起自然灾害,受灾人数达到2.54亿人。《报告》指出,随着全球气候的变化,从中长期看,洪水、干旱、飓风、地震等自然灾害发生的次数将会增加,强度也会增大;这些灾难的形式不一,地点不同,影响范围有大有小,产生后果也不尽相同,但有一点是相同的,就是都造成了重大人员伤亡和巨额财产的损失,严重妨碍正常的生产和生活秩序,对公共安全和社会生产力造成重大破坏。

请看报道:

联合国发布最新统计数据

去年全球自然灾害使近30万人丧命

本报讯 *据联合国网站报道，联合国减灾战略署1月24日公布的最新统计数据显示，2010年全球自然灾害频发，使近30万人失去生命，2.1亿民众受影响，造成预计高达1100多亿美元的经济损失。*

该统计数据显示，2010年全球共发生373次自然灾害，其中洪水是发生频率最高的自然灾害，全球共发生大小洪灾182次。此外，全球还发生了83次风暴、29次极端天气及23次地震。

联合国减灾战略署指出，2010年全球发生的自然灾害造成了20年来最为严重的人员伤亡。其中，2010年初发生在海地的强地震及发生在2010年7月到8月间的俄罗斯热浪和森林大火造成的人员伤亡最为惨重。

联合国减少灾害风险特别代表瓦尔斯特伦指出，灾难预警机制再也不应是一个可有可无的选择，如果各国不从现在就开始行动起来，那么人类将为自然灾害付出更大的代价。

瓦尔斯特伦说："如果真的想拯救生命，各国必须提前做好准备。不要存有侥幸心理，以为灾难只会降临一次，这样灾难真的再次降临就会手忙脚乱。建立可靠的预警系统是十分必要的。这不仅包括技术方面的内容，还包括引导人们增强危机意识，让人们明白每个人都可能受到灾难的影响，必须相信预警信号。一个国家只有具备可靠的社会备灾机制，才会获得拯救生命的可靠方法。"

原载2011年1月27日《中国安全生产报》

从2010年全球发生的一些重大自然灾难，就可以看出对人类的伤害严重程度。

2010年，地球各种灾难不断。地震、火山喷发、洪水、泥石流、森林大火、雪灾、大旱、高温、飓风等频发。美国媒体把2010年称之为

“地球反扑年”。

1 月 12 日，加勒比海北部岛国海地发生里氏 7.3 级地震。在该国近 900 万人口中，约 1/3 的人口受灾。这是该国 200 年不遇的强震。地震使海地基础医疗设施损坏严重，霍乱疫情四处蔓延，准确死亡数字无法查实。

2 月 27 日，南美洲国家智利发生里氏 8.8 级地震，震源深度为 55 公里，造成 700 多人死亡。据测定，此次地震造成康塞普西翁市向西平移 3.04 米，使康塞普西翁沿岸的圣玛丽亚岛被抬高了 2 米。

4 月 14 日，冰岛埃亚菲亚德拉冰盖冰川附近的一座火山喷发，大风与冰雪的相互作用，使这次普通的火山喷发演变成一场危机，加剧了生态和环境的恶化。

4 月 14 日，中国青海玉树发生两次地震，最高震级为里氏 7.1 级，造成 2000 多人遇难。

7 月，俄罗斯遭遇 130 年来从未有过的干旱和高温天气。高温引发近 3 万起火情，持续数月的山林大火造成的直接经济损失达 150 亿美元。

7 月下旬，因为强降雨，巴基斯坦遭受了 80 年来最严重的一次洪灾袭击。长达半个月的洪灾使该国 2000 多万人受灾，近 1800 人在洪水中丧生，1/5 的国土变成泽国。

8 月 8 日，中国甘肃舟曲发生特大泥石流灾害，造成 1501 人遇难、264 人失踪。

10 月 25 日，印度尼西亚西苏门答腊省明打威群岛附近海域发生里氏 7.2 级地震并引发海啸，造成 509 人遇难、21 人失踪。

10 月 26 日，印度尼西亚默拉皮火山喷发，造成 304 人遇难、467 人重伤。

11 月，以色列卡梅尔森林发生山火，这场严重的森林火灾造成至少 41 人死亡。

我国是世界上自然灾害最为严重的国家之一，70%以上的城市、50%以上的人口分布在气象、地质、海洋等自然灾害严重的地区，平均每年有3亿人次因各类自然灾害受到伤害和损失，致使我国防灾减灾和应急救援任务繁重。

请看报道：

过去十年中国累计救助自然灾害受灾群众8.55亿人次

今年10月13日是第23个“国际减灾日”。记者从民政部采访了解到，十年来，民政部会同有关部门圆满完成了南方低温雨雪冰冻、汶川地震、青海玉树地震、甘肃舟曲泥石流等重特大自然灾害的应急救助和灾后恢复重建任务，累计救助受灾群众8.55亿人次。

据民政部有关负责人介绍，十年来，中国减灾救灾能力显著增强。自然灾害救助步入法制化轨道。2010年国务院发布《自然灾害救助条例》，对灾害救助作了全面规范。2005年国务院颁布《国家自然灾害救助应急预案》，2011年进行了修订；各级政府相应制定了应急预案和相关配套制度。成立了国家减灾委，从中央到地方形成了比较完整的救灾应急体系和减灾救灾综合协调机制。

同时，中央救灾资金投入连年增长，救灾补助项目不断完善。中央自然灾害生活救助专项转移支付从2002年的24.3亿元增加到2011年的86.4亿元。

十年来，民政部还不断完善各类自然灾害监测站网和预警预报系统，遥感、卫星导航与通信等高新技术快速发展，减灾救灾装备水平和保障能力，基层救灾装备和救援队伍建设切实得到增强。

目前，全国灾害信息员发展到63万余人，建设了18个中央救灾物资储备库，加强了地方各级救灾物资储备设施和应急避难场所建设，基本形成了布局合理的中央、省、市、县、乡五级救灾物资储备网

络，基本实现灾害发生后24小时内受灾群众得到初步救助。

中国还将每年5月12日设立为国家“防灾减灾日”，广泛开展综合减灾示范社区创建活动，提升公众防灾减灾意识和能力。（记者卫敏丽）

原载2012年10月13日新华网

风险是一种客观现象，无论是中国还是世界，无论是社会领域还是自然领域，都存在着无法计数的各种风险，这些风险对人类的生产、生活、生存带来种种威胁，尤其是对生产领域和广大劳动者带来的威胁最多、最大，是人类生存发展面临的一个重大课题。深刻认识安全生产的本质，正确看待风险社会，就能使人类在利用现代化的工业生产系统制造产品、创造财富时，多一份谨慎、多一份防护；这样就能使劳动者少一些伤害，使创造出的产品和财富少一份损失，使这个社会多一份安宁、多一份和谐。

第二节　科学把握安全风险

人类社会的生存发展，首先离不开各种物质的生产，其次离不开安全，这是整个人类必不可少的两大基本需求。从全世界范围来讲，随着经济社会的持续发展和人民生活水平的不断提高，人类生存的目标和理念都发生了深刻的变化，对安全生产的关注同以往相比已经上升到前所未有的高度，追求人、社会、经济协调发展、可持续发展成为首要目标。在这一背景下，保障安全生产、实现安全发展不是权宜之计、而是长远追求，不是普通要求、而是战略举措。

要实现安全生产的长治久安，首先必须正确认识和科学把握工业生产中存在的各种风险隐患；而所有这些风险隐患从根本上讲，都来自于机器生产。

机器具有诸多优点，好似将人的四肢延长了成千上万倍，将人的体力放大了成千上万倍，使人类改造自然、改造社会的能力空前提高。与此同时,又正是由于这些优点,使机器生产同高温高压、易燃易爆、有毒有害等诸多危险因素联系在一起,这就使得工业生产中发生事故的可能性和危害性均大大增加。可以说,任何现代工业、现代生产都存在着事故风险,同时企业职工也都面临着潜在的职业危害。

根据国家标准局 1986 年 5 月 31 日发布、于 1987 年 2 月 1 日起实施的《企业职工伤亡事故分类标准》,将伤亡事故分为 20 类:一是物体打击,二是车辆伤害,三是机械伤害,四是起重伤害,五是触电,六是淹溺,七是灼烫,八是火灾,九是高处坠落,十是坍塌,十一是冒顶片帮,十二是透水,十三是放炮,十四是火药爆炸,十五是瓦斯爆炸,十六是锅炉爆炸,十七是容器爆炸,十八是其他爆炸,十九是中毒和窒息,二十是其他伤害。

2009 年 10 月 15 日,国家标准化管理委员会发布《生产过程危险和有害因素分类与代码》,并于当年 12 月 1 日起实施。这一标准按照可能导致生产过程中危险和有害因素的性质进行分类,将危险和有害因素分为人的因素、物的因素、环境因素和管理因素四大类,共 90 种。具体如下:

(一)人的因素

1. 心理、生理性危险和有害因素

(1)负荷超限(包括体力负荷超限、听力负荷超限、视力负荷超限、其他负荷超限)

(2)健康状况异常

(3)从事禁忌作业

(4)心理异常(包括情绪异常、冒险心理、过度紧张、其他心理异常)

(5)辨识功能缺陷(包括感知延迟、辨识错误、其他辨识功能缺陷)

(6)其他心理、生理性危险和有害因素

2. 行为性危险和有害因素

(1)指挥错误(包括指挥失误、违章指挥、其他指挥错误)

(2)操作错误(包括误操作、违章操作、其他操作错误)

(3)监护失误

(4)其他行为性危险和有害因素

(二)物的因素

1. 物理性危险和有害因素

(1)设备、设施、工具、附件缺陷(包括强度不够、刚度不够、稳定性差、密封不良、耐腐蚀性差、应力集中、外形缺陷、外露运动件、操纵器缺陷、制动器缺陷、控制器缺陷、其他缺陷)

(2)防护缺陷(包括无防护、防护装置及设施缺陷、防护不当、支撑不当、防护距离不够、其他防护缺陷)

(3)电伤害(包括带电部位裸露、漏电、静电和杂散电流、电火花、其他电伤害)

(4)噪声(机械性噪声、电磁性噪声、流体动力性噪声、其他噪声)

(5)振动危害(包括机械性振动、电磁性振动、流体动力性振动、其他振动危害

(6)电辐射

(7)非电辐射(包括紫外辐射、激光辐射、微波辐射、超高频辐射、高频电磁场、工频电场)

(8)运动物伤害(包括抛射物、飞溅物、坠落物、土岩滑动、料堆滑动、气流卷动、其他运动物伤害)

(9)明火

(10)高温物体(包括高温气体、高温液体、高温固体、其他高温物体)

(11)低温物体(包括低温气体、低温液体、低温固体、其他低温物体)

(12)信号缺陷(包括无信号设施、信号选用不当、信号位置不当、信号不清、信号显示不准、其他信号缺陷)

(13)标志缺陷(包括无标志、标志不清晰、标志不规范、标志选用

不规范、标志位置缺陷、其他标志缺陷）

（14）有害光照

（15）其他物理性危险和有害因素

2. 化学性危险和有害因素

（1）爆炸品

（2）压缩气体和液化气体

（3）易燃液体

（4）易燃固体、自燃物品和遇湿易燃物品

（5）氧化剂和有机过氧化物

（6）有毒品

（7）放射性物品

（8）腐蚀品

（9）粉尘与气溶胶

（10）其他化学性危险和有害因素

3. 生物性危险和有害因素

（1）致病微生物（包括细菌、病菌、真菌、其他致病微生物）

（2）传染病媒介物

（3）致害动物

（4）致害植物

（5）其他生物性危险和有害因素

（三）环境因素

1. 室内作业场所环境不良

（1）室内地面湿滑

（2）室内作业场所狭窄

（3）室内作业场所杂乱

（4）室内地面不平

（5）室内梯架缺陷

（6）地面、墙和天花板上的开口缺陷

(7)房屋地基下沉
(8)室内安全通道缺陷
(9)房屋安全出口缺陷
(10)采光照明不良
(11)作业场所空气不良
(12)室内温度、湿度、气压不适
(13)室内给、排水不良
(14)室内涌水
(15)其他室内作业场所环境不良
2. 室外作业场地环境不良
(1)恶劣气候与环境
(2)作业场地和交通设施湿滑
(3)作业场地狭窄
(4)作业场地杂乱
(5)作业场地不平
(6)航道狭窄、有暗礁和险滩
(7)脚手架、阶梯和活动阶梯缺陷
(8)地面开口缺陷
(9)建筑物和其他结构缺陷
(10)门和围栏缺陷
(11)作业场地基础下沉
(12)作业场地安全通道缺陷
(13)作业场地安全出口缺陷
(14)作业场地光照不良
(15)作业场地空气不良
(16)作业场地温度、湿度、气压不适
(17)作业场地涌水
(18)其他室外作业场地环境不良

3. 地下(含水下)作业环境不良

(1)隧道、矿井顶面缺陷

(2)隧道、矿井正面或侧壁缺陷

(3)隧道、矿井地面缺陷

(4)地下作业面空气不良

(5)地下水

(6)冲击压力

(7)水下作业供氧不当

(8)其他地下(含水下)作业环境不良

4. 其他作业环境不良

(1)强迫体位

(2)综合性作业环境不良

(3)以上未包括的其他作业环境不良

(四)管理因素

1. 职业安全卫生组织机构不健全

2. 职业安全卫生责任制未落实

3. 职业安全卫生管理规章制度不完善(包括建设项目“三同时”制度未落实、操作规程不规范、事故应急预案及响应缺陷、培训制度不完善、其他职业安全卫生管理规章制度不健全)

4. 职业安全卫生投入不足

5. 职业健康管理不完善

6. 其他管理因素缺陷

除了以上危险和有害因素外,我国还对重大危险源作了界定,分为以下13类:①易燃、易爆、有害物质的储罐区(储罐);②易燃、易爆、有毒物质的库区(库);③具有火灾爆炸、中毒危险的生产场所;④企业危险建(构)筑物;⑤压力管道;⑥锅炉;⑦压力容器;⑧煤矿矿井;⑨金属非金属矿井;⑩露天矿;⑪尾矿库;⑫放射性同位素设施;⑬射线装置等。

以上诸多影响安全生产的危险有害因素，充分说明了现代工业生产、机器生产的复杂性和风险性，充分说明了安全生产的脆弱性和反复性。相应地，就对现代工业生产、机器生产中的安全工作提出了严格的要求。要预防和消除生产安全事故，就应当从人的因素、物的因素、环境因素和管理因素四个方面着手，不断改进和完善，才能尽可能地减少和消除危险及有害因素，确保安全生产。

上述风险以及危险、有害因素都是工业生产领域内的，也就是说是人为造成的。此外，还有来自自然领域内的风险危害因素，这些风险对人类的生产生活同样造成了巨大损失和影响。

根据国际灾难数据库的统计，在20世纪的100年间，全球发生的灾难呈指数型增长，在20世纪最后10年间自然灾难、环境灾难比上一个10年增加了1.7倍，给人的生命和财产安全造成了重大损失。自然灾难对中国造成的直接经济损失，1980年至1989年为134亿美元，1990年至1999年为1229亿美元，2000年至2009年为1816亿美元。2010年，仅水灾一项，全国受灾人口就达1.4亿人，死亡1072人，失踪619人，直接经济损失约为2100亿元。

自然灾害是世界各国的共同大敌，是人类生存和发展的巨大障碍。当前，由于人口快速增长、高科技的应用、经济建设规模的扩大，人为因素对自然生态的破坏导致自然灾害对人类的潜在威胁日趋严重，已经并将继续造成世界的严重不稳定。这个带有世界性的重大问题，差不多所有的国家和地区都遭受到它的威胁和破坏，因为自然灾害是不分地域的。

以目前人类的科学技术水平，完全阻止自然灾害的发生是办不到的，但它产生的灾难、导致的重大损失并不是完全不可避免或减轻的。科学技术的发展和减灾技术的进步，为处理这个全球性的问题提供了可能。1987年12月11日，第42届联合国大会形成第169号决议，确定将1990年至1999年定名为国际减轻自然灾害十年，简称为“国际减灾十年”或“减灾十年”。在联合国的主持下，通过国际上的一致行动，提高世界各国特别是发展中国家的防灾抗灾能力，将各国由于自然灾害造成的人民生命财产损失、社会和经济停顿减少到最低的程度。

1989 年底举行的第 44 届联合国大会上，通过关于“国际减灾十年”的决议，宣布“国际减轻自然灾害十年”活动于 1990 年 1 月 1 日开始，每年 10 月第二个星期的星期三为国际减轻自然灾害日。

第 44 届联大还通过了《国际减轻自然灾害十年国际行动纲领》，确定了行动的目的和目标。行动的目的是：通过一致的国际行动，特别是在发展中国家，减轻由地震、风灾、海啸、水灾、土崩、火山爆发、森林大火、蚱蜢和蝗虫、旱灾和沙漠化以及其他自然灾害所造成的生命财产损失和社会经济的失调。其目标是：增进每个国家迅速有效地减轻自然灾害的影响的能力，特别注意帮助有此需要的发展中国家设立预警系统和抗灾结构；考虑到各国文化和经济情况不同，制定利用现有科技知识的方针和策略；鼓励各种科学和工艺技术致力于填补知识方面的重点空白点；传播、评价、预测与减轻自然灾害的措施有关的现有技术资料和新技术资料；通过技术援助与技术转让、示范项目、教育和培训等方案来发展评价、预测和减轻自然灾害的措施，并评价这些方案和效力。

《行动纲领》还包括国家一级须采取的措施，联合国系统须采取的行动，减灾十年期间的组织安排，财政计划及审查等。这个纲领的产生，为在世界范围内的一致减灾活动铺平了道路，至此，“国际减轻自然灾害十年”活动全面开展。

面对自然灾害的侵袭，许多国家也纷纷采取应对措施。中国政府响应联合国的减灾十年倡议，于 1989 年 4 月成立了国家级委员会——中国国际减灾十年委员会，并已取得显著成就，初步形成了全民综合减灾的运行机制和工作体制。

安全风险是普遍存在的，并时时刻刻在影响着我们每个人的日常生产和生活。当今社会，以人为本的理念已经成为普遍共识。要坚持以人为本，实现人的全面发展，必须保证人的安全健康，这又要求我们首先要对各种风险特别是生产劳动中的风险有正确的认识；只有正确认识和科学把握安全风险，才能为防范和消除这些风险奠定坚实基础。

第三节　全面应对风险危害

当今世界，无论是生产领域还是生活领域，各种风险危害因素都呈现出持续增加的趋势，包括种类增加、数量增加、损失增加、应对和防范难度增加，这就导致我国安全生产工作呈现长期性、艰巨性、复杂性、反复性的特点。相应地，安全在日常生产和生活中的作用就更大、影响就更广、地位就更重，并呈现出四个“无不”的特点：无时不有、无处不在、无事不重、无人不需，这在生产领域表现得尤为突出。

生产领域风险危害因素的不断增加，是随着技术进步、科技发展以及机器设备的改进完善而同步进行的，这或许是人类在追求发展进步过程中难以完全避免的一种代价。

人类文明发展进程早已证明，科学技术是第一生产力，是经济发展和社会进步的重要推动力量。在科技创新的强劲推动下，人类对自然和社会的认识能力和改造能力得到大幅度的提升，对自然物加工以创造和改善自身生存条件的技术得到全方位改善，其基本手段的进化大体经历了以下几个阶段：简单工具——复杂工具——机器——自动化生产体系。这样一个发展变革过程，恰恰就是生产领域风险危害因素不断增加的过程，就是生产事故和职业病对劳动者伤害不断加深的过程，就是各类事故对社会财富危害不断加重的过程；同时，也是人类为了保护自身安全健康、不断深化对安全生产的认识、不断提高安全生产水平的过程。

社会总是在不断发展进步的，社会需求的内容和数量也在发生变化，因此作为满足社会需求手段的社会生产也必须随之发生变化。

当社会上已有的技术手段不能解决社会生产面临的新课题时，人们就必须对原有的技术进行改革或研究创造全新的技术手段。在科技进步的推动下，新工艺、新技术、新设备、新材料不断被发明出来并推广应用，一方面使社会生产力得到发展、劳动生产率得到提高，但另一方面又使社会生产增加了新的风险危害因素，使社会生活增加了不稳定因素，使人类文明进步增加了不确定因素。

为了社会全面进步，为了人的更好发展，社会各方面尤其是生产企业就必须直面各种风险危害，尽最大努力控制和消除风险危害。对此，我们首先就要清楚风险危害产生的根源及其表现，其次是要从人的角度出发，制定应对和防范风险危害的有效措施。

一、工业化摧生风险化

工业革命将人类社会推进到一个崭新的发展阶段，200 多年以来技术发展出现了三次巨大变革，直接影响到社会生产的技术基础发生了质的飞跃，即三次技术革命。200 多年同人类漫长的历史相比，只是短短的一瞬，然而这 200 多年间地球却发生了全面的改观，社会生产力极大提高，地下矿藏被大量开发，城市人口快速增长，现代文明飞速发展，人类似乎达到无所不能的地步。

然而，人类终究不可能随心所欲、为所欲为。不用说在许多自然灾害面前人类无力反抗，即便是人类自身创造的现代生产系统，对我们不希望发生的各类事故至今也没有杜绝，生产过程中的风险危害也不能做到完全消除或控制，而这正是技术进步带来的“副产品”。

在近代以机器生产为主要特征、使用强大动力机的近代技术体系建立起来后，技术进步之迅速是史无前例的。技术的发展主要是由人类的需求促成的，人类为了生存必须通过生产活动解决衣食住行的问题，这就是社会对技术的最基本需求；而生产活动又是以创立和运用技术手段为前提的，人类的物质和文化需求总是在不断增加和提升，相应地也要求技术同步发展进步，而不能总是原地踏步。

古代的技术是人类对自然规律的不自觉运用，例如摩擦取火就是对能量转化定律的不自觉应用。在摩擦取火的过程中，机械能转化为热能和光能，而当时人类对此的认识还停留在知其然而不知其所以然的阶段。近代自然科学产生以后，许多技术成果是人类自觉应用相应的自然规律的结果，而且许多新技术的出现主要得益于科学的指导，由此使科学与技术的关系更为密切。可以说，近代科学上的重大突破性的变革，都将引起相应的新技术的出现，导致技术发展中的巨大变革，这也是近代技术与古代技术质的区别。

产业革命实质上是农业在产业结构中的主导地位让位给以制造业为代表的工业的过程，由此开始了人类历史上工业化的扩展进程。当时绝大部分的机械发明如纺织机械、蒸汽机、机床、蒸汽机车、轮船等几乎都是英国工匠发明的，英国正是凭借这些技术发明，在人类历史上最早创立了机械化的生产体系，使英国成为当时最发达的国家。

自从英国产业革命之后，人类社会就进入工业社会，此后 200 多年的历史就是工业化的历史，大致分为以下三个阶段。

工业化的第一阶段，大约从 18 世纪中叶到 19 世纪中叶，历时 100 余年。这一时期是近代技术体系的形成时期，其标志是机器生产代替人的手工劳动，在生产的组织形式上则是工场手工业作坊向以机器生产为特征的工厂制过渡。

19 世纪中叶后，由于电力技术革命的进展，使工业化进入第二阶段，即电气化阶段。这一阶段的技术与第一阶段以轻纺工业为中心的纺织机械、蒸汽机等技术不同，它是以重工业为中心，以电的广泛应用为特征的。

工业化的第三阶段开始于第二次世界大战之后，其特点是生产过程的自动化和管理过程的自动化。自动化虽然历史悠久,但在生产过程中得到广泛应用,还是在第二次世界大战之后,工业化第一、第二阶段的生产机械化和电气化,为生产过程的自动化奠定了巩固的技术基础;第二次世界大战后的电子技术及电子计算机的迅速发展,出现了利用电子计算机控制的机械、机器人和高度自动化的生产系统,使自动化进入了一个新的发展阶段。

工业化的这三个阶段是历史发展的必然趋势,它符合人类力图用最少的投入以取得最大的产出这一追求。在这三个阶段中,前一个阶段是后一个阶段得以发展的基础,没有机械化的进展,电气化就很难实行,因为电机、变压器等各种电力设施都是机械化生产的产物,而且机械化的程度影响着电气化的进展速度和水平;同样,没有较强的机械化和电气化为基础,自动化只是一句空话,因为现代的自动化是离不开电的,也更需要各种机械设备的技术和工艺上的合理性。因此,这些都是工业化不可逾越的发展阶段。

工业化的产生和发展,还离不开一个关键因素,就是机器。马克思指出:**“大工业必须掌握它特有的生产资料,即机器本身,必须用机器生产机器。这样,大工业才建立起与自己相适应的技术基础,才得以自立。”**(《资本论》第1卷,人民出版社,1975年版,第421-422页)

18世纪末,蒸汽动力在纺织行业的应用,加快了纺织业生产机械化的步伐,并使机械化进入其他行业。面对工具机日益增多的需求,人们认识到必须利用机器生产机器,这既促进了工作母机的生产和机器制造业的形成,又进一步加速了机械化的进程,实现了生产的初步机械化和社会的初步工业化。

由于机器能够大大提高劳动生产率、提高社会生产力,在社会上得到广泛应用。在劳动工具采取了机器和机器体系之后,社会劳动过程就发生了根本变化,劳动的社会化得到充分发展。在机器生产之下,并不是根据人们的主观意志进行协作,而是客观的、物质的生产条件驱使和强迫劳动者必须进行集体的共同劳动。面对庞大的机器体系，单独个人或少数人是不能发动的，必须由集体劳动才能发动。这种社会的劳动是由客观的生产条件决定的，因此在机器大工业时期，生产劳动的资本主义社会化才发展到前所未有的程度，具体表现在以下几个方面：

第一，生产已经成为大规模的、集中的生产，而不是过去个体的、分散的生产。无论是工业还是农业，只要使用机器，它的生产必然日益集中在大企业当中。

第二，社会分工更加发达和精细。由于生产基本上是商品生产，交换很发达，这就引起了社会分工的进一步发展。无论是工业还是农业，都逐渐专业化和特殊化，从大部门里分裂出新的生产部门。

第三，社会的经济联系也越来越密切。大规模的商品生产，不仅是为一个地区、一个城市进行的，而且是为整个国家甚至整个世界进行的，这就消除了过去各个经济单位的分散和孤立状态，使各个经济单位的联系千丝万缕般地发展起来。

第四，劳动者可以自由出卖劳动力，雇佣劳动成为生产的基础。资本主义机器大工业排除了各种各样的人身依附关系，使直接生产者不再被束缚在某一主人、某一块土地或某一种行业的范围内，他们可以自由流动，这就使乡村农业人口被大量吸引到工业部门，并且使劳动者在各个生产部门当中也可以随时流动。

以上这些都是资本主义机器时期劳动社会化所引起的深刻变化，这些当然是有一定的进步意义的。

机器具有庞大的生产能力，大的机器抵得上成千上万的用手工工具的劳动者的工作，用机器生产产品、创造财富就成为一种历史必然。然而，机器的资本主义使用，却是以付出劳动者的生命安全和身体健康为代价的。

马克思指出：**“采用机器生产才系统地实现的生产资料的节约，一开始就同时是对劳动力的最无情的浪费和对劳动正常条件的剥夺。”**（《资本论》，第1卷，人民出版社，1975年版，第506-507页）

马克思具体描述了一家打麻工厂发生安全事故的状况:**“这里的事故,按其数量和程度来说是机器史上根本没有先例的。只在基尔迪南的一家打麻工厂里,从 1852 年到 1856 年就一共发生 6 起造成死亡和 60 起造成严重残废的事故,而所有这些事故本来只要花几先令,安上一些最简单的装置就可以防止。”**(《资本论》,第 1 卷,人民出版社,1975 年版,第 528 页)

从以上论述来看,机器生产带来的风险就可见一斑。运用机器生产本身就有安全风险,因为机器总会有损耗,必然会影响安全生产;而机器的资本主义使用,又对保护劳动者在生产过程中人身安全和健康的设备加以掠夺,这就导致工厂里的机器像四季更迭那样规则地发布自己的工业伤亡公报。

在近代以机器生产为主要特征、使用强大动力机的近代技术体系建立起来后,在科技创新的推动下,人类的生产技术也得以一步步地改进、提高;与此同时,工业化进程不断加强,又导致了安全生产的高危化。

工业作为一个独立的物质生产部门,具有一系列的特征,其中最明显的就是工业是采用先进科学技术最及时、最广泛的部门。只要简单回顾一下大机器生产所经历的几个不同发展时期,就可以深刻理解工业生产活动的这一特征。

19 世纪 60 年代到 90 年代,是大机器生产的第一个发展时期。在这个时期,劳动工具由手工工具向由发动机、传动机和工作机共同组成的机器过渡。瓦特发明的蒸汽机是初期的发动机,解决了当时机器生产的迫切问题。这期间的机器生产基本上是利用采掘工业和农业所获得的天然原料和材料,工业制造的产品结构也相对简单。

从 19 世纪 90 年代到 20 世纪 40 年代,是大机器生产的第二个发展时期。在这期间,工业生产日益专业化,不断产生新的专用设备和专用工具,齿轮传动得到了广泛利用。除了车床、钻床和刨床外,又出现了铣床、滚齿机、齿轮、精磨床之类的机床、精磨机组等。同时，还出现了各式压力机、汽锤、专门的铸造机、焊接机、热处理机和其他机器。与工作机发展相适应，建立在电代替蒸汽基础上的单一传动装置产生了，导电系统及马达取代了以往的发动机。工业流程日益集约化，产品的结构日益复杂，制品的零部件增多，生产每个零部件包含的工序也相应增多。

从20世纪40年代开始，进入大机器生产的第三个发展时期。在这个时期内，电力全面代替蒸汽动力和全面提高所有类型设备的单位功率。同时，专业工作机中的三个部分进一步融合，并开始增加控制环节，大批量流水生产线迅速推广。机器不仅代替了人们繁重的体力劳动，而且代替了部分脑力劳动，工业生产中物质因素和人的因素在空间和时间上的结合日益复杂。

从20世纪中期开始，随着世界范围内的“四大”即大工业、大企业、大工程、大科学的相继出现和相互影响，人类社会的现代化步伐大大加快，呈现出六个“越来越”的特征：生产组织规模越来越大、生产运行节奏越来越快、市场开发竞争越来越强、社会分工协作越来越密、进军自然领域越来越广、开发自然程度越来越深，而同时对另外两个更为重要的“越来越”却重视不足甚至是有意忽视了：安全生产风险越来越大、事故损失影响越来越大。时至今日，整个社会对这最后两个“越来越”认识不清的状况仍然普遍存在，这也是导致安全生产形势严峻的一个重要原因。

工业化摧生风险化，所带来的不仅仅是安全生产风险越来越大，还包括新的风险源不断产生，日益增多；与此同时，人类对这些新产生的风险源又知之甚少，在预防和消除这些风险危害时处于被动状态。这种状况实际上就在提醒我们，伴随着人类社会发展和人类文明进步的，还有许许多多大大小小的风险危害；必须深刻认清安全生产的本质，系统、全面、科学应对风险危害，这样才能为社会发展和文明进步提供可靠的安全保障。

二、高素质应对高风险

现代社会是一个风险社会，现代生产是一种风险生产，现代生活是一种风险生活，这是现代化的一个十分重要的特点，并且这一特点正在越来越明显地展现在世人面前，对我们的工作、学习、生活产生了广泛而又深远的影响。但令人遗憾的是，这一点并没有被社会公众所普遍认识到。

那么，怎样应对这些日益增加的风险危害特别是现代生产中的高风险呢？答案只有一个，就是用现代人的高素质来应对高风险，除此之外别无他选。

美国著名学者英格尔斯指出："以往的国家现代化研究中，经济发展最引人注目，人们往往以为只要实现了经济的现代化就会一劳永逸地解决国家的现代化问题。结果却事与愿违。……我们之所以在研究国家现代化时，把人的现代化考虑进去，正是因为在整个国家向现代化发展的进程中，人是一个基本的因素。一个国家，只有当它的人民是现代人，它的国民从心理和行为上都转变为现代的人格，它的现代政治、经济和文化管理机构中的工作人员都获得了某种与现代化发展相适应的现代性，这样的国家才可真正称之为现代化的国家。"

现代人有哪些基本特征呢？英格尔斯指出："必须要求人们在精神上变得现代化起来，形成现代的态度、价值观、思想和行为方式，并把这些熔铸在他们的基本人格之中。"

英格尔斯强调指出："人的现代化是国家现代化必不可少的因素。它并不是现代化过程结束后的副产品，而是现代化制度与经济赖以长期发展并取得成功的先决条件。"

对此，我们同样可以说，人的现代化的安全素质是国家现代化的安全生产和安全发展必不可少的因素；它并不是现代化的安全生产和安全发展实现之后的副产品，而是现代化的安全生产和安全发展得以长期实现和永续发展的先决条件。

道理十分简单，面对当今风险社会、风险生产、风险生活，面对诸多随时随地都可能伤害我们的风险隐患，只有具备现代化的安全态度、安全价值观、安全思想和安全行为方式，并将这些熔铸在他们的基本人格之中，才会有高素质的公民和劳动者，才会有经济社会发展的永续安全。

现代人的高安全素质，包括哪些内容呢？主要包括两个方面，一是安全思想认识，二是安全业务技能，其中安全思想认识起着主导和引领作用，它将决定着人的安全业务技能的高低和安全行为的结果。

安全生产工作具有长期性、艰巨性、复杂性、反复性等特点，同时又要求社会和企业全员参与、共同努力才可能抓好，正所谓“成于全员之得，败于一人之失”。因此，提高社会和企业全员对安全生产的认识，准确把握安全生产工作在经济社会发展中的重大作用、重要位置和广泛影响，正确认识安全生产工作的本质、特点和规律，树立科学的安全认识论和方法论，提高社会公民尤其是企业职工的综合安全素养，这才是扭转我国安全生产形势被动局面，实现科学发展和安全发展的治本之策和必由之路。

关于加强思想教育和引导对我们事业的巨大促进和保障作用，中央领导同志作了多方面的论述。

毛泽东同志指出：**“掌握思想领导是掌握一切领导的第一位。”**（《毛泽东邓小平江泽民论思想政治工作》，学习出版社，2000年1月出版，第2页）

毛泽东还指出：**“掌握思想教育，是团结全党进行伟大政治斗争的中心环节。如果这个任务不解决，党的一切政治任务是不能完成的。”**（同上，第2页）

邓小平同志指出：**“为了保证全党思想上行动上的一致，必须有效地加强和改善我们党的思想政治工作。”**（同上，第5-6页）

邓小平还指出：**“我们共产党有一条，就是要把工作做好，必须先**

从思想上解决问题。"(同上,第 18 页)

江泽民同志指出:**"高度重视宣传思想工作是我们党的一大传统、一大优势。"**(同上,第 11 页)

江泽民还指出:**"革命和建设的实践都已证明,一切工作的进步都应以思想进步为基础,都应紧紧抓住思想教育这个中心环节。"**(同上,第 13-14 页)

加强安全生产方面的宣传教育,使广大社会公众持续深化对安全生产的科学认识,对于推进安全生产事业将起着巨大的促进和保障作用。

自从人类诞生以来,就离不开生产和安全这两大基本需求。然而,人类对于安全的认识却长期滞后于对生产的认识。随着生产力和科学技术的高度发展,随着以人为本理念在全社会的日益深入人心,保障安全的重要性、迫切性和实现安全的可能性都在同步增长。当前抓好安全生产工作最为紧迫的,一是继续深化对安全生产的认识,不断丰富和完善科学、系统的安全生产思想理论;二是用安全思想理论教育广大社会公众和劳动者,解决当前普遍存在的对安全生产工作认识不清、规律不明、方法不当、重视不够、投入不足的问题。

正如江泽民同志所指出的,一切工作的进步都应以思想进步为基础,都应紧紧抓住思想教育这个中心环节。安全生产工作也不例外,它的进步也应当以思想进步为基础,也应当紧紧抓住思想教育这个中心环节。

在安全生产工作中,夯实安全思想进步这一重要基础、抓住思想教育这个中心环节,就是要使社会公众和劳动者具备现代化的安全态度、安全价值观、安全思想和安全行为方式,就是要使社会公众和劳动者具备在当今风险社会、风险生产、风险生活条件下生存发展的高安全素质。

为使全体公民普遍树立科学的安全思想,在全社会范围内统一对安全工作的认识,进而具有统一的行动,笔者在 2010 年 6 月全国安全生产月之际,在全国率先倡导确立和宣扬《中国公民安全宣言》,

具体内容如下：

关于确立和宣扬《中国公民安全宣言》的倡议

编辑同志：

今年6月份是全国第9个安全生产月。安全工作关系人民群众生命财产安全，关系改革发展和社会稳定大局。重视和加强安全，不仅是党的一贯方针，是我国的一项重要政策，而且是人民群众的最大利益，是社会文明进步的重要标志。

当前，我国还处于社会主义初级阶段，生产力水平不高，随着工业化和市场经济的快速发展，我国安全生产事故的发生概率及造成损失也在增加。据统计，我国亿元GDP事故死亡率是发达国家的10倍多，道路交通万车死亡率是美国、日本的10至20倍，近年来各类安全生产事故造成的经济损失约占国内生产总值的2%左右，直接、间接损失巨大。

为扭转这一不利局面，中央已经明确提出"安全发展"理念，国家安全生产监督管理总局也提出争取用10到15年时间走出事故易发期，在2009年组织开展了"安全生产年"、"安全生产万里行"等活动，取得了一定成效。但今年1月至今全国一些地方相继发生的多起重特大安全生产事故，说明我国安全生产工作任重道远。

我国早已提出"安全生产，人人有责"。我认为，仅仅"人人有责"还不够，还应进一步树立"人人有为"的理念。意识决定行为，行为体现素质，素质决定命运。要从根本上改善我国安全生产状况，尽快走出事故易发期，应当全员努力、人人行动。人的行为是由思想意识决定的，有什么样的思想和理念，就会有什么样的行为。要改变安全生产状况，应当首先改变人的安全习惯；而要改变人的安全习惯，又要首先改变人的安全理念。

对此，我建议，确立和宣扬《中国公民安全宣言》，使每个公民树立明确的安全意识，形成科学的安全理念，养成良好的安全习惯，掌

握必要的安全知识，履行应尽的安全职责，这样将会利人利己，利国利民。我初拟的《中国公民安全宣言》如下：

安全是国家繁荣富强、社会和谐进步、企业持续发展、人民幸福安康的重要保证。为了自身安好、家庭安乐、单位安全、社会安泰、国家安宁，我将尽自己的努力，重视安全、学习安全、维护安全、享有安全，为促进个人安全成长和国家安全发展而不懈奋斗。

简新

2010 年 6 月 2 日

2010 年 11 月 15 日，上海市静安区胶州路特大火灾发生后，引起了全社会对安全工作的重视和反思。笔者将《中国公民安全宣言》寄往《中国安全生产报》，于 2010 年 11 月 20 日刊登，全文如下：

不但人人有责　而且人人有为

编辑同志：

上海市刚刚发生的"11.15"特别重大火灾事故令人痛惜，发人深省。

安全生产工作关系人民群众生命财产安全，关系改革发展和社会稳定大局。重视和加强安全工作，是社会文明进步的重要标志。

"安全生产，人人有责"早已提出。笔者认为，仅仅"人人有责"还不够，应进一步树立"人人有为"的理念。

意识决定行为，行为体现素质，素质决定命运。

要从根本上改善我国安全生产状况，尽快走出事故易发期，应当全员努力、人人行动。

要改善安全生产状况，应当首先让人养成良好的安全习惯；要让人养成良好的安全习惯，首先要让人树立正确的安全理念。

对此，笔者建议，应确立和推广《中国公民安全宣言》，使每个公

民都树立明确的安全意识，形成科学的安全理念，养成良好的安全习惯，掌握必要的安全知识，履行应尽的安全义务，这样将会利人利己，利国利民。

笔者草拟的《中国公民安全宣言》如下：

安全是国家繁荣富强、社会和谐进步、企业持续发展、人民幸福安康的重要保证。为了自身安好、家庭安乐、单位安全、社会安泰、国家安宁，我将尽自己的努力，重视安全、学习安全、维护安全，为促进个人安全成长和国家安全发展而不懈奋斗。

中国石油塔里木油田公司　简新

正如《中国公民安全宣言》所述，安全是国家繁荣富强、社会和谐进步、企业持续发展、人民幸福安康的保障，它关系到每个公民的自身安好、家庭安乐、单位安全、社会安泰、国家安宁。树立这种科学的安全思想，奠定对安全工作高度重视和齐抓共管的共同思想基础，在全社会范围大力推进安全文明建设就有了扎实可靠的保证。

在科学的安全思想的指导下，笔者创新提炼了一系列科学的安全理念，包括四个一切、四个无不、四可、四观、四荣四耻、四个人人、四个第一、安全六利等。

四个一切：安全重于一切、高于一切、先于一切、胜于一切。

四个无不：安全无时不有、无处不在、无事不重、无人不需。

四可：事故可防、隐患可除、风险可控、三违可绝。

四观：安全荣辱观、安全财富观、安全幸福观、安全成长观。

四荣四耻：以重视安全为荣、以漠视安全为耻，以学习安全为荣、以不学安全为耻，以掌握安全为荣、以不懂安全为耻，以实现安全为荣、以引发事故为耻。

四个人人：安全生产人人有责、人人有权、人人有为、人人有利。

四个第一：安全是企业职工的第一责任、第一能力、第一业绩、第一形象。

安全六利：抓好安全工作利国利民、利人利己、利当前利长远。

要提高广大劳动者的安全素养，首先必须深化安全思想，固化安全理念，以此促进安全行为和习惯的养成，这已成为越来越多企业的共识和行动，中国石化中原油田采油一厂准备大队管杆修复队就有一套有效做法。

近年来，管杆修复队坚持通过安全理念目视化的方式，潜移默化地强化职工的安全理念，使安全核心价值观在职工心中扎根，促进了安全意识的强化和安全行为的养成。在该队大门左侧的标牌上标注的"警惕与安全共存，麻痹与事故同生"；在队部办公室上方标注的"安全生产，快乐工作，幸福生活"；在航吊上标注的"平安幸福每一天"；以及在生产现场的提示："进入吊装区域，请戴好安全帽"，等等，都在时刻提醒和影响着队里每一名职工，促使他们自我灌输安全理念，自主强化安全责任，自动培养安全行为，这对促进全队的安全生产持续向好发挥着积极作用。

为了使更多的人树立科学的安全思想和观念，笔者创作和发表了一系列安全言论文章。请看以下文章：

安全思想不能松

简 新

在油田开展的安全文化建设工作中，许多单位对安全培训工作十分重视，在职工安全知识和安全操作技能方面下大工夫，并取得相应成效，这是十分必要的。但有些单位在重视安全技能提升的同时，对职工安全思想教育有所疏忽，产生了重大隐患。

开展安全培训，安全思想和安全技能同等重要，特别是对于塔里木油田来说，更是如此。必须树立"安全思想认识不到位也是重大隐患"的理念，尽快补上所缺的这一课，努力消除这一隐患。

在安全生产管理工作中有这样一个公式：安全绩效＝安全能力×安全动力。从这一公式可以看出，要想取得良好的安全绩效，安

全能力和安全动力二者缺一不可。能力很强，没有动力，安全绩效是零；动力很大，没有能力，安全绩效也是零。只有两者互相配合、互相促进，才能取得最佳成效。

任何安全生产的结果，都是职工安全行为的直接体现，而人的行为动作是由其思想支配的，有什么样的安全思想认识，就会有什么样的安全行为和动作。因此，职工的安全思想决定着他的安全技能能否发挥出来、能够发挥多少。就如同酒后驾车的人原本都知道酒驾可能出事故，并危及自身及他人安全，但却依然明知故犯，就是因为其对生命安全的认识还不到位。

那么，抓好安全思想教育在安全生产工作中具体有何作用呢？一是深化认识。安全生产工作具有长期性、艰巨性、复杂性、反复性等特性，只有正确认识这些特性，才能制定出有针对性的对策措施。二是明确责任。安全生产工作是一项企业全员参与的群众性工作，人人都能尽职尽责、尽心尽力，才能够抓好。三是提供动力。安全工作具有一荣俱荣、一损俱损的特点，实现安全人人受益，发生事故人人受损。深刻认识到抓好安全生产将会利国利民、利人利己，就能给我们增添强大的动力，攻坚克难，保障平安。

加强安全思想教育是推进油田安全文化建设的重要一环，能够使安全工作有明确的目标、清晰的思路和持久的动力，使安全绩效不断提升，使安全文化建设持续健康发展，应当得到各单位的重视和加强。

原载2014年6月6日《塔里木石油报》

抓安全，每天都是零起点

简　新

安全生产既是一项细致的工作，又是一项需要持续开展的任务，既不会一蹴而就，也不会一劳永逸。因此，必须坚持“抓安全每天都是零起点”的理念，做到常思不忘、常抓不懈、常防不疏，才能实现安全生产的长治久安。

抓安全，每天都是零起点，具体意味着什么呢？

这就意味着，抓安全就要不停步、不中断，它考验我们的耐心。长期性、复杂性是安全生产工作的明显特性，这从根本上决定了抓好安全生产绝非一朝一夕之功，而是要几年、十几年甚至几十年如一日的坚持和努力。俗话说，行百里者半九十，在安全生产上何尝不是如此呢？只有始终坚持不抛弃、不放弃，才能达到成功的彼岸。

这就意味着，抓安全就要不大意、不马虎，它检验我们的细心。安全生产工作具有艰巨性，困难之一就是影响安全的因素非常多，任何一个因素甚至一个细节发生变化，都可能带来隐患、引发事故。只有善于发现潜在的微小隐患，坚持从细节抓起、从小事管起、从点滴做起，及时采取有效措施，才能将问题消除在萌芽状态，从根本上保障安全。

这就意味着，抓安全就要不骄傲、不自满，它查验我们的虚心。反复性是安全生产工作的又一个明显特性，就是说，安全生产形势的好坏是在变动的，过去安全并不等于今天安全，今天安全也不等于明天安全，这一切都取决于我们的态度和行动——骄傲自满就会麻痹大意，谦虚谨慎才能持续享有安全。无论以往安全工作取得多么骄人的业绩，都已经过去了，新的一天就是一个新的起点，就必须从零开始。

安全生产既是一场攻坚战，更是一场持久战，正如集团公司领导所指出的，安全生产是一项永不竣工的工程。因此，不能期望毕其功于一役，而是要做到绝不因安全形势好坏而时强时弱、绝不因工作任务轻重而时紧时松、绝不因人员更替变化而时断时续。始终以抓铁有痕、踏石留印的劲头去抓去管，善始善终、善做善成，安全之梦才能梦想成真。

安全生产只有起点，没有终点。只要我们每个人都能下定最大决心、付出最大努力，舍得下真工夫、硬工夫、苦工夫，事故隐患就一定能够清除，持续安全就一定能够实现。

原载 2014 年 6 月 16 日《塔里木石油报》

树立“三感”抓安全

简　新

安全生产同其他工作相比，有其特殊之处，就是责任重大、头绪繁杂、难度巨大，一时抓好已属不易，持续保持则更困难，这实际上就对油田科学发展提出了一个重大而又严肃的课题。对此，必须树立“三感”抓安全，就是进一步树立责任感、紧迫感和危机感，只有这样，才能使油田全体员工始终以兢兢业业的态度对待安全、抓好安全。

一是树立重于泰山的责任感。安全生产是社会平安稳定、企业生存发展、人员安全健康的基本前提和保障，可以说是责任重于泰山。石油企业属于高危行业，生产战线长、协作队伍广、风险隐患多、社会影响大，其安全生产状况不仅关系着企业的良好形象和持续发展，而且关系着经济、政治和社会三大责任履行的好坏，这不仅是塔里木油田的第一责任、第一任务，而且是每名员工的第一责任和第一任务。

二是树立只争朝夕的紧迫感。安全生产工作的一个突出特点就是等不得、慢不得，而且存在问题也是藏不得、瞒不得，抓安全就必须雷厉风行，决不能推诿拖延。对安全工作而言，很多时候时间就是安全、时间就是生命，是经不起时间的无端耗费的。无论是为防范事故发生而开展的风险排查、隐患整改，还是在事故发生之后的组织抢险、应急救援，都必须刻不容缓、分秒必争。只有树立只争朝夕的紧迫感，才能将安全生产工作做得更扎实、更可靠。

三是树立如履薄冰的危机感。安全生产工作头绪多、任务重、责任大、要求高，稍有不慎就可能前功尽弃，这就是其艰巨性和复杂性之所在。对此，必须增强对安全工作的敬畏意识，如临深渊、如履薄冰，把小事当成大事抓、把苗头当成事故抓、把别人的事故当成自己的问题抓，不留盲区和死角，而要善于见微知著、防微杜渐，真正消除隐患、堵塞漏洞，这样才能做到防患于未然。

树立“三感”抓安全，就是要求油田全体员工真正树立安全理念，切实将“安全第一”的理念入脑、入心、入行，始终绷紧安全生产这根弦，坚决克服麻痹思想、自满情绪和侥幸心理，以更加深刻的思想认识、更加严格的责任落实，尽职尽责、尽心尽力，为塔里木油田的安全生产作出自己的贡献。

原载 2014 年 7 月 11 日《塔里木石油报》

安全就是“试金石”

简 新

安全生产是企业发展的永恒主题，是企业正常生产经营的基本前提，而安全生产状况也是企业整体实力和管理水平的直接反映。可以说，安全生产就如同一块“试金石”，它能够试出一个企业和单位许多方面的真实状况，对于石油石化这样的高危企业而言更是如此。

第一，它能够试出企业的基础工作是否夯实。安全源自基础，这是油田公司安全理念之一，反映了基础工作对于安全生产的直接影响。基础工作内容广泛，如企业标准和规章制度建设、质量和计量管理、设备设施维护保养、基层班组建设等，其中任何一项工作的好坏都同企业正常生产经营密不可分，都同安全生产密不可分。只有大力夯实基础工作，才能为安全生产提供可靠的保障。

第二，它能够试出企业的安全制度是否落实。俗话说，没有规矩，不成方圆。规矩就是规章制度，是要求大家共同遵守的办事规程和行动规则。安全生产规章制度是企业为了保证安全平稳生产而制定的各项规则和程序，认真遵守就能确保安全，违反抵触肯定发生事故。任何安全业绩优秀的企业，其安全生产规章制度必定得到严格

遵守和有效落实，企业员工的生产操作遵从规定、符合标准，各种动作和行为可控、在控，这样才能实现安全、平稳、有序生产。

第三，它能够试出企业的员工培训是否扎实。在科技创新的引领下，企业生产设施和工艺技术不断进步，对人的综合素质能力要求越来越高。员工的安全生产知识和操作技能既是保障生产安全的基本要求，也是保护自身安全的必备条件。安全管理大师海因里希认为，88%的事故都是由人的原因引起的，人因是安全系统的首要保障和关键因素。员工教育培训工作扎实、全面，安全生产才会有坚实可靠的人员和技能保障。

第四，它能够试出干部作风是否务实。为发挥领导干部在安全生产中的突出作用，集团公司明确提出"落实领导承诺、体现有感领导"，就是要求各级领导干部通过可视、可感、可悟的个人安全行为，为广大员工做出表率，引领方向。一个单位各级领导干部能否以身作则、求真务实地抓安全，反映了思想觉悟，体现着工作作风，展示出干部形象，并在很大程度上决定了这个单位安全生产的优劣成败。

安全就是"试金石"，一试便知高与低。愿塔里木油田每一个单位，在安全生产这块"试金石"面前，都能够测得满分、验成足赤。

原载 2014 年 9 月 1 日《塔里木石油报》

只有树立科学的安全思想和安全理念，才能使安全工作有明确的目标、正确的方向、清晰的思路和强大的动力，从而使安全生产工作深入持久地发展下去。

国外管理界有三句格言：人的知识不如人的智力，人的智力不如人的素质，人的素质不如人的觉悟。也就是说，觉悟在人的素养和能力当中处于最重要、最关键的位置，是决定其他方面的东西。

事在人为，人是任何事业、任何工作中最宝贵、最关键的因素。抓好安全生产工作，夯实安全思想进步这一重要基础、抓住思想教育这个中心环节，就是要用科学的安全思想武装人的头脑，提高广大社会公众和劳动者的安全思想觉悟，激发他们的安全生产积极性，这是做好安全生产工作的基本前提和根本保障，同时也是安全生产工作的基本规律。

培养现代人的高安全素质，还要注意提高人的安全业务技能，这一点也不能忽视。具体而言，包括安全法律、安全制度、安全生产操作规程、安全业务技能等。

三、平安生活与安全习惯

面对当今风险社会、风险生产和风险生活，要全面应对各种风险危害，就不能局限于生产领域，还要扩展到日常生活领域。既然风险隐患无处不在，那么应对防范也应当无处不在。实际上，很多时候，生产上的风险与社会上的风险并不能完全分开，在一定条件下有可能互相转化，因此，在日常生活中注重安全，养成良好的安全习惯，同样有助于安全生产，这也是安全素质的重要组成部分。

同生产劳动中的隐患相比，日常生活中的风险隐患分布更加广泛、涉及人数更多，而且其原因和形式多种多样，令人难以防范，必须引起全社会的足够重视。从以下造成人员伤亡的事故事件中，就可以看出日常生活当中风险危害分布之广、造成损失之大。

——建筑物坍塌

2006 年 1 月 28 日，波兰西南部卡托维茨国际博览会一座展厅顶部发生坍塌，造成 63 人死亡，140 多人受伤。

2006 年 2 月 23 日，莫斯科市中心鲍曼市场屋顶坍塌，48 人死亡，29 人受伤。

2013 年 4 月 24 日，孟加拉国首都达卡制衣厂大楼倒塌，造成 1127 人死亡。

2013 年 11 月 21 日，拉脱维亚首都里加约马克西姆超市房顶坍塌，54 人死亡。

——商场火灾

1993 年 2 月 14 日，河北省唐山市东矿区林西百货大楼火灾，死亡81人。

1994年11月27日，辽宁省阜新市艺苑歌舞厅火灾，死亡233人。

2000年3月29日，河南省焦作市小天堂录像厅发生火灾，死亡74人。

2000年12月25日，河南省洛阳市东都商厦火灾，导致309人死亡。

2003年11月3日，湖南省衡阳市一幢商业楼失火，在消防官兵奋力扑火时，大楼三、四单元突然坍塌，将部分消防官兵压在废墟下，造成20名消防官兵壮烈牺牲。

2004年2月15日，吉林省吉林市中百商厦发生火灾，造成53人死亡、71人受伤。

2008年9月20日，广东省深圳市舞王俱乐部火灾，死亡44人。

——影剧院火灾

1960年11月23日，叙利亚阿莫德戏院发生火灾，死亡200人。

1961年12月17日，巴西尼泰罗伊市大剧院发生火灾，死亡223人。

1984年2月8日，印度迈索尔城一家电影院发生火灾，死亡36人，受伤55人。

1997年6月13日，印度新德里乌巴哈尔电影院发生火灾，死亡55人，200余人受伤。

——烟花爆竹燃放事件

2009年2月9日晚21时许，北京市中央电视台在建的新台址园区文化中心，由于大型礼花焰火燃放而引发大火，造成直接经济损失1.63亿元。

2009年12月5日，俄罗斯彼尔姆边疆区首府彼尔姆“腐腿马”夜总会燃放烟花，引发火灾，引起人们的恐慌，继而引起人群拥堵踩踏，酿成惨剧，造成111人死亡，130多人受伤。

2012年10月13日,浙江省杭州市西湖国际烟花大会拱墅区运河分会场,两发烟花改变轨道蹿入观众台,导致151人受伤和衣服受损。

2013年1月27日凌晨,巴西圣玛利亚市一家酒吧正在表演的乐队为了营造氛围,在店内使用焰火进行表演,引燃隔音泡沫墙面,从而引发大火,造成233人死亡,住院治伤106人。

——就餐处爆炸

2011年11月14日,陕西省西安市一家处于公寓一层的肉夹馍小吃店,因液化气罐泄漏引发爆炸,导致10人死亡,36人住院治疗。

2012年11月23日,陕西省寿阳县一家火锅店发生爆炸燃烧事故,14人死亡,47人受伤,其中11人为重伤。

2013年6月11日,江苏省苏州市一家燃气公司生活区办公楼食堂发生爆炸,20人被埋,其中11人抢救无效死亡,其余9人经抢救无生命危险。

——游泳玩水淹溺死亡

2012年6月9日,山东省莱芜市莱城区杨庄中学7名初三学生结伴在莱芜汇河下游游泳时溺水身亡;湖南省邵阳市隆回县桃洪镇文昌村5名小学生在桃洪镇竹塘村向家山塘游泳时溺水身亡;黑龙江省哈尔滨市呼兰区方台镇7名学生在松花江边游玩时,4人溺水身亡。在同一天中,不同的地方有16名学生溺水死亡,令人十分痛心。

2013年6月26日,江西省南昌市红谷滩新区生米镇文青村三兄妹在村口池塘边玩耍时溺水身亡。

——踩踏事件

2010年11月22日,柬埔寨首都金边钻石岛桥梁发生踩踏事件,导致347人死亡。

2011年1月14日,印度喀拉拉邦踩踏发生事件,导致104人死亡。

——城市路面塌陷

2012年4月1日，北京市北礼士路人行道突然塌陷，一名女子坠入滚烫的水坑中，全身被烫伤，不幸身亡。

2013年5月20日，广东省深圳市龙岗区5名下夜班的员工坠入3米多深的塌陷坑中，不幸身亡。

——人为纵火案件

2009年6月5日，四川省成都市一辆公交车在行驶过程中，因人为纵火，导致27人死亡，74人受伤。

2013年6月7日，福建省厦门市一辆公交车在行驶过程中，因人为纵火，导致47人死亡，34人因伤住院。

生活中的风险危害不仅来自人为，还来自于大自然。

2011年1月11日至12日，巴西里约热内卢州普降大雨，在北部山区引发山洪和泥石流，造成483人死亡。

2012年7月21日，北京特大暴雨导致190万人受灾，77人遇难。

2012年10月29日至30日，飓风“桑迪”在美国东部海岸登陆，导致100余人死亡，并造成300多亿美元的经济损失。

2014年7月25日，湖南省道县营江街道辖区营江大洞区域发生雷击事件，导致3人死亡，1人受伤。

风险隐患的复杂之处，还在于生活中的风险隐患与生产中的风险隐患有时并不是泾渭分明的，在一定条件下二者有可能相互转化、相互影响。请看报道：

2014世界睡眠日倡导“健康睡眠　平安出行”

在每年发生的约200万起交通事故中，约有4万至5万人丧生。而注意力不集中，疲劳和白天过度嗜睡导致的警觉下降、反应迟钝是引发许多交通事故的主要原因。3月8日，中国睡眠研究会发布了

2014 年“3.21”世界睡眠日中国主题——“健康睡眠　平安出行”。中国睡眠研究会有关负责人表示，今年“3.21”世界睡眠日中国主题确定为“健康睡眠　平安出行”，主要是考虑到健康睡眠与交通安全、生产安全关系极为密切。

睡眠是人的基本生理要求，人的一生约有三分之一的时间在睡眠中度过。在紧张的劳作之后，人们通过睡眠消除疲劳、恢复体力、焕发生机。睡眠是人体自我修复的必要过程，良好的睡眠可以使人头脑清醒、反应敏捷、精力充沛、减少失误、提高效率。

随着人们生活水平的日益提高，交通出行工具日趋现代化，人流物流规模不断扩大，机动车驾驶人员逐年增加。有报道称，2013 年，仅北京市各类机动车保有量就达到 541.7 万辆，2014 年仅春运期间全国客运客流量就高达 36 亿多人次。安全出行、安全生产已成为每个人、每个家庭高度关切的问题，也得到党和政府的高度关注和重视。

据世界卫生组织调查，在世界范围内约 1/3 的人有睡眠障碍，我国有各类睡眠障碍的人更是高达 38.2%，高于世界 27%的比例。目前已明确属于与睡眠障碍相关的疾病多达 80 余种。多项研究调查发现，患有睡眠呼吸暂停低通气综合症的汽车司机发生交通事故的几率是正常人的 7 倍。国内最近也有关于阻塞性睡眠呼吸暂停与交通事故的小样本报道。睡眠呼吸障碍造成的警觉性下降还经常导致从事机床操作、火车和飞机驾驶等事故的发生。未经治疗的阻塞性随眠呼吸暂停(OSAHS)和每晚睡眠少于 6 小时者，他们常昏昏欲睡更有可能发生撞车事件。疲倦构成了驾驶安全中的一个很大危险，这种危险之大，如同酒后驾车一般。专家研究认为，此类病人入睡时气道反复塌陷引起呼吸暂停反复发作，致使夜间睡眠处于低氧、觉醒以及睡眠结构紊乱状态，从而引起司机嗜睡、迟钝等，因此可能造成司机交通事故的发生。

我国曾做过一项调查显示，北京地区有 25%的被调查驾驶员感

觉疲劳，其中有10%的驾驶员表示当天开车中有过打瞌睡，有51%的被调查驾驶员表示他们在开车中曾经打过瞌睡。驾驶员开车时打瞌睡可能只是短短的2秒至3秒钟，但按每小时行车80公里的速度计算，每秒钟汽车要冲出22.22米，3秒钟就要冲出约67米。在司机打瞌睡的2秒至3秒钟内，驾驶员的认知能力、判断能力、操作能力降低或丧失，很可能造成重大伤亡事故，造成生命财产重大损失，给多少家庭造成无可挽回的巨大伤痛。为了保证交通、生产安全，西方国家如美国、加拿大等国规定，对于OSAS严重的病人在未经有效治疗时被禁止开车出行。

健康睡眠，平安出行，关系到千家万户的平安与幸福，关系到社会的和谐稳定。中国睡眠研究会呼吁全社会都来关注睡眠，科学管理睡眠，保证健康睡眠，确保驾驶人员、生产岗位的操作人员有良好的睡眠，杜绝疲劳驾驶，保证人民生命财产的安全。

原载2014年3月11日中国经济网

睡眠本是人们日常生活中的一件事情，但睡眠不好就会影响驾驶人员和生产岗位操作人员工作时的精神状态，影响安全生产，这足以说明生活和生产之间的紧密联系。要保障安全生产，日常生活中的许多因素我们绝不能轻视和疏忽。

在日常生活当中，风险隐患随处可见，要保护好自己的安全健康，就必须养成良好的安全习惯。笔者赞赏这样一句话：让安全成为习惯，让习惯更加安全。这一理念不仅适用于生产，也适用于生活；不仅适用于企业职工，也适用于全体公民。

关于习惯，英国著名思想家培根有着十分精辟的论述。他在《论习惯》一文中指出："人的思想取决于动机，语言取决于学问和知识，而他们的行动，则多半取决于习惯。""一切天性和诺言都不如习惯更有利。在这一点上，也许只有宗教狂热的力量才可与之相抵。除此之外，几乎一切都难以战胜习惯，以至一个人尽可以诅咒、发誓、夸口、保证——到头来还是难以改变一种习惯。""习惯真是一种顽强而又巨大的力量，它可以主宰人生。因此，人自幼就应该通过完善的教育，去建立一种好的习惯。”

培根不仅深刻指出了个人习惯一旦养成所具有的巨大力量，还指出了社会和集体习惯的巨大威力。他指出：“如果说个人的习惯只是把一个人变成了机械，使他的生活仿佛由习惯所驱动；那么社会的习惯势力，却具有一种无比可怕的专治力量。”“一种集体的习惯，其力量更大于个人的习惯。因此如果有一个有良好道德风气的社会环境，是最有利于培养好的社会公民的。”

正如培根所说，习惯是一种顽强而又巨大的力量，它可以主宰人；人们的行动，多半取决于习惯。日常生活中各种风险隐患层出不穷、难以计数，这就要求我们在平时生活当中增强安全意识，养成安全习惯，这样不仅有利于在生活中保护好自己，也有利于良好的安全习惯在生产劳动中发挥作用，促进安全生产，保障自身安全。

安全生产的本质，就是通过物质、技术、教育、管理等方式方法和手段，消除安全风险隐患，改善生产作业条件，保障生产正常进行，保障人员安全健康，保障财富持续增加，保障社会全面进步。要实现“四个保障”，需要采用物质、技术、教育、管理等方式，而这些都离不开人，离不开人的安全素养。面对当今风险社会，全体社会公民和劳动者必须拥有强烈的安全意识、固化的安全习惯和熟练的安全技能，也就是具备现代化的安全素养，才能为我国现代化的安全生产和安全发展的实现提供先决条件、奠定坚实基础，只有这样才能全面应对现代社会各种风险隐患，为建设安全小康社会提供可靠保证。

中国古医籍整理丛书（续编）

王九峰先生医案

清·王九峰　著

崔　为　袁　倩　张承坤　马　跃　陈　曦　校注

全国百佳图书出版单位
中国中医药出版社
·北　京·

图书在版编目(CIP)数据

王九峰先生医案/(清)王九峰著；崔为等校注. 北京：中国中医药出版社，2024. 11. --(中国古医籍整理丛书)

ISBN 978-7-5132-9011-1

Ⅰ. R249. 49

中国国家版本馆 CIP 数据核字第 2024BF1985 号

中国中医药出版社出版

北京经济技术开发区科创十三街 31 号院二区 8 号楼

邮政编码 100176

传真 010-64405721

北京盛通印刷股份有限公司印刷

各地新华书店经销

开本 710×1000 1/16 印张 9 字数 101 千字

2024 年 11 月第 1 版 2024 年 11 月第 1 次印刷

书号 ISBN 978-7-5132-9011-1

定价 45. 00 元

网址 www. cptcm. com

服务热线 010-64405510

购书热线 010-89535836

维权打假 010-64405753

微信服务号 zgzyycbs

微商城网址 https://kdt. im/LIdUGr

官方微博 http://e. weibo. com/cptcm

天猫旗舰店网址 https://zgzyycbs. tmall. com

如有印装质量问题请与本社出版部联系(010-64405510)

前 言

中医药古籍是中华优秀传统文化的重要载体，也是中医药学传承数千年的知识宝库，凝聚着中华民族特有的精神价值、思维方法、生命理论和医疗经验，也是现代中医药科技创新和学术进步的源头和根基。保护好、研究好和利用好中医药古籍，是弘扬中华优秀传统文化、传承中医药学术、促进中医药振兴发展的必由之路，事关中医药事业发展全局。

中共中央、国务院高度重视中医药古籍保护与利用，有计划、有组织地开展了中医药古籍整理研究和出版工作。特别是党的十八大以来，一系列中医药古籍保护、整理、研究、利用的新政策相继出台，为守正强基础，为创新筑平台，中医药古籍事业迈向新征程。《中共中央 国务院关于促进中医药传承创新发展的意见》《关于推进新时代古籍工作的意见》《“十四五”中医药发展规划》《中医药振兴发展重大工程实施方案》等重要文件均将中医药古籍的保护与利用列为工作任务，提出要加强古典医籍精华的梳理和挖掘，推进中医药古籍抢救保护、整理研究与出版利用。国家中医药管理局专门成立了“中医药古籍工作领导小组”，以加强对中医药古籍保护、整理研究、编辑出版以及古籍数字化、普及推广、人才培养等工作的统筹，持续推进中医药古籍重大项目的规划与组织。

2010年，财政部、国家中医药管理局设立公共卫生资金专项“中医药古籍保护与利用能力建设项目”。2018年，项目成果结集为《中国古医籍整理丛书》正式出版，包含417种中医药古籍，内容涵盖了医经、基础理论、诊法、伤寒金匮、温病、本草、方书、内科、外科、女科、儿科、伤科、眼科、咽喉口齿、针灸推拿、养生、医案医话医论、医史、临证综合等门类，时间跨越唐、宋、金元、明以迄清末，绝大多数是第一次校注出版，一批孤本、稿本、抄本更是首次整理面世。第九届、第十届全国人大常委会副委员长许嘉璐先生听闻本丛书出版，欣然为之作序，对本项工作给予高度评价。

2020年12月起，国家中医药管理局立项实施“中医药古籍文献传承专项”。该项目承前启后，主要开展重要古医籍整理出版、中医临床优势病种专题文献挖掘整理、中医药古籍保护修复与人才培训、中医药古籍标准化体系建设等4项工作。设立“中医药古籍文献传承工作项目管理办公室”，负责具体管理和组织实施、制定技术规范、举办业务培训、提供学术指导等，全国43家单位近千人参与项目。本专项沿用“中医药古籍保护与利用能力建设项目”形成的管理模式与技术规范，对现存中医药古籍书目进行梳理研究，结合中医古籍发展源流与学术流变，特别是学术价值和版本价值的考察，最终选定40种具有重要学术价值和版本价值的中医药古籍进行整理出版，内容涉及伤寒、金匮、温病、诊法、本草、方书、内科、外科、儿科、针灸推拿、医案医话、临证综合等门类。为体现国家中医药古籍保护与利用工作的延续性，命名为《中国古医籍整理丛书（续编）》。

当前，正值中医药事业发展天时地利人和的大好时机，中医药古籍工作面临新形势，迎来新机遇。中医药古籍工作应紧紧围绕新时代中医药事业振兴发展的迫切需求，持续做好保护、整理、研究与利用，努力把古籍所蕴含的中华优秀传统文化的精神标识和具有当代价值、世界意义的文化精髓挖掘出来、提炼出来、展示出来，把中医药这一中华民族的伟大创造保护好、发掘好、利用好，为建设文化强国和健康中国、助力中国式现代化、建设中华民族现代文明、实现中华民族伟大复兴贡献更大力量。

中医药古籍文献传承工作项目管理办公室

2024年3月6日

许 序

“中医”之名立，迄今不逾百年，所以冠以“中”字者，以别于“洋”与“西”也。慎思之，明辨之，斯名之出，无奈耳，或亦时人不甘泯没而特标其犹在之举也。

前此，祖传医术（今世方称为“学”）绵延数千载，救民无数；华夏屡遭时疫，皆仰之以度困厄。中华民族之未如印第安遭染殖民者所携疾病而族灭者，中医之功也。

医兴则国兴，国强则医强。百年运衰，岂但国土肢解，五千年文明亦不得全，非遭泯灭，即蒙冤扭曲。西方医学以其捷便速效，始则为传教之利器，继则以“科学”之冕畅行于中华。中医虽为内外所夹击，斥之为蒙昧，为伪医，然四亿同胞衣食不保，得获西医之益者甚寡，中医犹为人民之所赖。虽然，中国医学日益陵替，乃不可免，势使之然也。呜呼！覆巢之下安有完卵？

嗣后，国家新生，中医旋即得以重振，与西医并举，探寻结合之路。今也，中华诸多文化，自民俗、礼仪、工艺、戏曲、历史、文学，以至伦理、信仰，皆渐复起，中国医学之兴乃属必然。

迄今中医犹为国家医疗系统之辅，城市尤甚。何哉？盖一则西医赖声、光、电技术而于20世纪发展极速，中医则难见其进。二则国人惊羡西医之“立竿见影”，遂以为其事事胜于中医。然西医已自觉将入绝境：其若干医法正负效应相若，甚或负远逾于正；研究医理者，渐知人乃一整体，心、身非如中世纪所认定为二对立物，且人体亦非宇宙之中心，仅为其一小单位，与宇宙万象万物息息相关。认识至此，其已向中国医学之理念“靠拢”矣，虽彼未必知中国医学何如也。唯其不知中国医理何如，纯由其实践而有所悟，益以证中国之认识人体不为伪，亦不为玄虚。然国人知此趋向者，几人？

国医欲再现宋明清高峰，成国中主流医学，则一须继承，一须创新。继承则必深研原典，激清汰浊，复吸纳西医及我藏、蒙、维、回、苗、彝诸民族医术之精华；创新之道，在于今之科技，既用其器，亦参照其道，反思己之医理，审问之，笃行之，深化之，普及之，于普及中认知人体及环境古今之异，以建成当代国医理论。欲达于斯境，或需百年欤？予恐西医既已醒悟，若加力吸收中医精粹，促中医西医深度结合，形成21世纪之新医学，届时“制高点”将在何方？国人于此转折之机，能不忧虑而奋力乎？

予所谓深研之原典，非指一二习见之书、千古权威之作；就医界整体言之，所传所承自应为医籍之全部。盖后世名医所著，乃其秉诸前人所述，总结终生行医用药经验所得，自当已成今世、后世之要籍。

盛世修典，信然。盖典籍得修，方可言传言承。虽前此50余载已启医籍整理、出版之役，惜旋即中辍。阅20载再兴整理、出版之潮，世所罕见之要籍千余部陆续问世，洋洋大观。

今复有“中医药古籍保护与利用能力建设”之工程，集九省市专家，历经五载，董理出版自唐迄清医籍，都400余种，凡中医之基础医理、伤寒、温病及各科诊治、医案医话、推拿本草，俱涵盖之。

噫！璐既知此，能不胜其悦乎？汇集刻印医籍，自古有之，然孰与今世之盛且精也！自今而后，中国医家及患者，得览斯典，当于前人益敬而畏之矣。中华民族之屡经灾难而益蕃，乃至未来之永续，端赖之也，自今以往岂可不后出转精乎？典籍既蜂出矣，余则有望于来者。

谨序。

第九届、十届全国人大常委会副委员长

許嘉璐

二〇一四年冬

校注说明

《王九峰先生医案》是清代丹徒（今属江苏省镇江市）名医王九峰的临证方案集，由其弟子陆续整理而成。王九峰（1753—?），名之政，字献廷，号九峰，又号王聋子、王征君等。王九峰医名盛极一时，从学者甚多，主要著作有《六气论》《医林宝鉴》《本草纂要稿》《王九峰先生医案》等。其医术综各家所长，兼通寒温，自成一体，对孟河医派影响深远。今所见王九峰医案一类，为其弟子各集其方，后又经人互相传阅抄录而流传下来的，因此该书的传本众多，且内容差异较大，书名也多不一致，常见有《王九峰临证医案》《王九峰先生医案》《王九峰心法》《王九峰医案》《九峰脉案》《九峰先生医案》等。

现存《王九峰先生医案》早期传本都是抄本，长春中医药大学图书馆馆藏与王九峰医案相关的著作有多种，其中由东北名医孙纯一收藏的《王九峰先生医案》清宣统三年（1911）东海医士詹绍东抄本品相完好，字迹娟秀，内容源于詹绍东家传《王九峰先生医案全集》，孙纯一游历江南时获得此本，后赠予长春中医药大学图书馆收藏。因其研究价值颇高，且此前尚未公开，故选做本次整理的底本。

本次校勘以《王九峰先生医案》清宣统三年（1911）东海医士詹绍东抄本为底本，以江一平注本（简称“江校本”）、李其忠的《中医古籍珍稀抄本精选·王九峰医案》（简称“沪抄本”）为主校本，同时参考了蒋宝素《医略十三篇》、秦伯未1928年出版的《清代名医医案精华》（简称“秦辑本”）、丁学屏2017年出版的《程评王九峰出诊医案》（简称“程评本”）、王咪咪2012年出版的《1900—1949中医期刊医案类文论类编》中的王九峰医案部分（简称“连载本”）及长春中医药大学图书馆馆藏其他抄本。

本书的具体校注原则如下。

1. 底本原系繁体字竖排，现改为简体字横排，并进行现代标点。原书表示文字前后之“右”“左”径改为“上”“下”。

2. 俗写字、异体字、古字均以现行规范字律齐，不出校。通假字不改，出注，予以书证。明显的形近讹字径改，存疑者不改，出注说明。本书症、证与现代用法不一致者，保留古籍原貌，不作修改。

3. 俗写的药名用字径改。

4. 对个别冷僻字词加以注音和解释。

5. 底本所载目录，与正文的目录略有不同，现据正文重新整理目录，列于正文之首。原书目录亦保留，置于新目录之前。

6. 底本中存在部分以括号标识的文字，仍保留括号。底本中有眉批和旁注，多数是修改文中错字的，也有少部分注释文义的。对于修改文中错字者，直接在书中修改，不出注。对于注释文义者，在括号内用“眉”或“注”字标明。

7. 底本存在缺字的情况，以虚阙号□代替。

校注者

2024年3月

序

石泉陶先生，好学性敏，予生平得意友也。予因家难，辟居[1]戴窑[2]，遇合[3]之奇，无过于此。聚晤两载，忽又念及先人门户，匆匆回里。窃思窑上之医风，虽为发达，而各科亦极完备，大致半属医流，其于文理二字不甚研究。予欲补偏救弊，创设医会，研究医学，奈同志无多，故而中止。独有陶生者，求学甚殷。予因于病之暇，稽核医集中极有文理，如《王九峰先生医案全集》。其集由外祖顾公从游门下，窃其余绪，世世相传，并无刊本，得以赠之。一以化他方医林之习，一以慰陶生好学之忱。由是窑上之医流可变为将来之医士者，其必自陶生始也。陶生，勉乎哉！予将拭目望之矣。是为序。

宣统三年中秋日午后

东海医士詹绍东谨识于戴窑镇之寄庐轩

---

① 辟居：犹僻处。谓在荒远的地方居住。

② 戴窑：在江苏省兴化市东部，位于兴化市、东台市、盐城市大丰区交界处。以砖瓦雕刻著称。

③ 遇合：此指相遇且彼此投合。

王九峰先生医案目录[1]

① 王九峰先生医案目录：此为原书所载目录，与正文标题略有不同。

目录

真中风

邪之所凑，其气必虚。卒然倾跌，神识不清，口眼㖞斜，语言謇涩，溲赤而浑，苔黄而厚，脉来沉数。阴亏水不涵木，七情郁结化火，风邪乘袭厥阴，横扰阳明。目为肝窍，胃脉夹口环唇。肝在声为呼，胃受疾为哕。诸汗属阳明，慎防呃逆、鼾呼、大汗。拟玉屏风散、升麻葛根汤二方加减，外以桂酒涂颊。

黄芪三钱　防风一钱　白术七钱五分　生地四钱　升麻三分　葛根一钱　白芍一钱五分　归身三钱　炙草五分

桂酒涂颊法：用油桂三钱，为末，烧酒二两煎白沸汤[①]，涂两颊，不拘左右。加入马脂更妙。

昨药后，夜来神识渐清，语言渐爽，黄苔渐腐，身有微热微汗。大解一次，溲转浑黄，沉数之脉依然，口眼㖞斜未正。症本阴虚火甚，情志乖达，腠理开疏，为风所袭，扰乱厥阴络。原方加减，仍以桂酒涂颊。

人参二钱　黄芪三钱　防风一钱　冬术一钱五分　归身三钱　葛根一钱　白芍一钱五分　生地四钱　甘草五分

厥阴为风木之脏，阳明为十二经脉之长。真阴素亏，肝木自燥，木燥召风，虚火直袭，攻其无备，是以卒中之也。连进玉屏风散、升麻葛汤二方加减，神识已清，语言已爽，饮食颇进。身热得微汗已解，大便如常，溲色较淡，黄腐之苔较退，沉数之脉亦缓。惟口目仍斜，风淫末疾[②]，真阴未复。原方加

---

① 白沸汤：即“百沸汤”，沪抄本“白”作“百”。

② 末疾：原本始作“未尽”，后抄录者改“尽”作“疾”。他本皆作“未尽”。“风淫末疾”，见《左传·昭公元年》。

减，仍以桂酒涂颊。

黄芪三钱　防风一钱　冬术一钱五分　生地四钱　葛根一钱　独活一钱　白芍二钱　归身三钱　人参二钱

诸症悉平，惟口目之斜较前虽好，未能如故。口目常动，故风生焉。耳鼻常静，故风息焉。肝气通于目，胃脉环于口，必得肝胃冲和，口目方能平复。原方加减，仍以桂酒涂颊。

黄芪三钱　防风一钱　冬术一钱五分　生地四钱　葛根一钱　归身三钱　蒺藜三钱　大白芍一钱　人参一钱五分

病原已载前方。惟口目仍斜，未能如故。肝为藏血之脏，胃为水谷之海。症本血燥召风，风翻胃海，气脉为之变动，霾曀[①]上冒清空，分布不周于脉络，以致口目㖞斜，斜乃风之象也。服药以来，风淫虽解未尽，阴液虽复未充，气脉未能流畅。水能生木，土能培水[②]，当以脾肾为主。拟六味归脾加减为丸。

远志一两五钱　炙草一两　熟地八两　丹皮三两　泽泻三两　山药四两　肉苁蓉三两　茯苓三两　归身三两　枣仁三两　人参二两　冬术三两

年近七旬，天令暴冷。炉炎右侧，火[③]白频浮。酒积于内，热炙于外。左颊汗出如酱，虚风得以乘之，扰乱三阳之络。口㖞于右，目眇于左。脉来浮数，接[④]之则缓。拟玉屏风散加减，辅正散风。是否，候酌。

黄芪三钱　茯苓三钱　橘皮一钱　泽泻一钱五分　防风一钱五分

---

① 霾曀："曀"当作"曀"。霾曀，语本《诗经·邶风·终风》"终风且霾""终风且曀"。喻蔽天的灰尘或云翳。

② 水：《医略十三篇》、沪抄本"水"作"木"，为是。

③ 火：《医略十三篇》作"大"，沪抄本作"太"。

④ 接：据文义当作"按"。

半夏一钱　甘草五分　牡蛎二钱　冬术二钱　鹿衔草二钱

又加人参一钱、苏梗一钱。

连进玉屏风散加减，左颊之汗已收，口目之斜俱正，浮数之脉亦缓，风淫已散。第尊年，二气本亏，是以风邪已[1]袭，宜常服十全丸，以杜后来之患。（十全丸，即十全大补汤。）

遍身麻痹，口目蠕瞤，眉棱骨痛，按之益甚。年逾四十，形丰脉软。风袭阳明，营卫俱伤，血凝气阻，名曰肉痾。谨防倾跌。

人参三钱　黄芪三钱　防风一钱　冬术一钱　归身二钱　橘皮一钱　银柴七分　升麻五分　炙草五分　生姜一片　大枣三枚

《经》以营气虚则不仁，卫气虚则不用，营卫俱虚，则不仁且不用，肉如故也。服补中益气加味，半月以来，苛痹渐苏，瞤动渐止，营卫风淫渐散，眉棱骨痛亦平，软散之脉亦敛。胃者卫之原，脾乃营之本。升补中州，以充营卫，前贤良法。原方加减，为丸缓治。

熟地八两　归身三两　山药一两　甘草一两　人参三两　橘皮一两　炒柴胡三钱　升麻三钱　黄芪三钱　防风三钱，煎水炒

为末，生姜三两，大枣三两，水泛为丸，每服三钱，开水送下。

《经》以虚邪偏客于身半，其深入，内居营卫，营卫[2]虚则真气去，邪气独留，发为偏枯。身偏不用而痛，言不变，志不乱，病在分腠之间。益其不足，损其有余，乃可服[3]也。

---

① 已：《医略十三篇》、沪抄本作“易”。

② 卫：《灵枢·刺节真邪》“卫”后有“稍”字。

③ 服：沪抄本作“复”，为是。

虎胫骨二两 制乳三钱 没一两[1] 熟地八两 归身三两 黄芪三两 人参三两 白芍二两 川芎一两 冬术三两 炙草二两 附子一两 桂枝一两 防风根一两 独活一两

研末为丸。

形充脉弱，气歉于中，分腠不固，常多自汗，为风所引。肾水泛上，脾液倒行，凝滞成痰，机窍阻塞。卒然昏愦无知，气促痰鸣言謇，舌苔白滑，胸次不舒。木旺金衰，正不敌邪，防其汗脱。

藿香一钱 苏梗一钱 茯苓三钱 甘草五分 半夏一钱五分 橘皮一钱 冬术一钱 南星一钱 桔梗一钱

自喊头疼，问之则否。身有微热微汗，肌肤粟起，眠不竟夕。痰涎上涌，舌苔白滑，胸痞言謇。欲大便，小便先行，淋沥不爽。六经浑淆，二便互阻，七情内伤，风淫外袭。昨进藿香正气加减，未见效机。正不敌邪，谨防大汗。

照原方加人参八分。

正气散护外卫以祛风，六君子益中土以清痰。服后神识已清，夜来安寐，身热退，自汗收，舌强和，痰声息，弱脉起，邪退正复之机。惟右肢苛痹，乃偏枯之象。痰症本脾肾双亏，气虚夹痰，分布不周，风淫末疾。前一方加减为丸缓治。

人参八钱 冬术三两 甘草八钱 半夏二两 橘皮一两 天麻一两五钱 黄芪三两

为末，竹沥二两，生姜汁一两，和水泛丸。

二气贯于一身，不必拘左血右气。偏枯于右，痛无定止，

---

① 制乳三钱没一两：原作"制乳没"，且此三字右侧以小字标明剂量，为了阅读方便进行拆分。制乳，即制乳香；没，即没药。

逢阴而[①]烦劳益甚，乃风痹之属。延今二岁有余，脉沉涩无力，食入作呕，大便恒溏。风淫于胃，湿着于脾，分布不周于脉络，致有阴阳异位、更虚更实、更逆更从之患。外以晚蚕沙煎水浴患处。

人参二两　黄芪八两　茯苓五两　归身四两　虎骨胫三两

为末，羊肝一具，生姜三两，川椒三两，粳米半升，竹沥三两，取汁为丸。

五行之速，莫疾乎风火。邪之所腠[②]，其气必虚。风邪卒中，必夹身中素有之邪。素本阴亏火盛，大[③]召风入，风彰火威，风火盘旋，形神如醉。消谷善饥，溲赤舌黑。心火暴甚，肾水必虚。肺金既推[④]，肝木自明[⑤]。宜先服泻心汤，观其进退。

制半夏三钱　酒炒黄芩一钱五分　黄连八分　干姜五分　人参一钱　甘草五分　大枣二枚

曾经伤风，咳嗽痰多，渐至步履欹斜，语言謇涩，痰涎上溢。三载以来，痰嗽由渐而止。现在涎唾不禁，舌謇难言，身形强直，脉来弦数。肾阴素亏，子宫[⑥]母气。肺损于上，为风所引，传之于肝。肝主一身之筋，筋弱不能自为收持，复传之于脾，脾伤则四肢不为人用。脾复注之于胃，胃缓则廉泉开，故涎下不禁。所服之方，都是法程王道。寡效者，病势苦深也。张长沙云：病势已成，可得半愈；病势已过，命将难全。勉拟

---

① 而：沪抄本作“雨”，为是。
② 腠：当作“凑”。《素问·评热病论》曰：“邪之所凑，其气必虚。”
③ 大：沪抄本作“火”，为是。
④ 推：沪抄本作“摧”。
⑤ 明：沪抄本作“旺”。
⑥ 宫：沪抄本作“窃”，为是。

一方，尽其心力。

熟地五钱　人参一钱　当归三钱　茯苓三钱　甘草五分　半夏一钱　橘红一钱　冬术三钱　炮姜五分

类中风

舌强语言謇涩，右臂麻木不舒。言乃心之声，赖肺金以宣扬。脾主四肢，其用于右。心火盛，肾水虚，呼息失宜，五志过极，湿土生痰，机窍不利。脉来三五不调，类中复萌已著。理阳明，和太阴，佐化退[1]痰，不致阴阳离决，方克有济。

人参二钱　蒺藜三钱　茯神三钱　炙草五分　僵蚕二钱　橘皮一钱　半夏一钱五分　竹茹一钱五分

类中复萌，舌强言謇，右臂屈伸不利。心火暴甚，肾水虚衰，志意不和，湿痰阻窍。本拟泻心法，缓[2]脉来甚慢，如结代之状，尺部尤甚。仍从中治，理阳明，和太阴，亦可保其心肾。

首乌三钱　蒺藜三钱　茯神三钱　人参三钱　橘皮一钱　半夏二钱　僵蚕三钱　冬术二钱　炙草五分

两进理阳明，和太阴，佐化湿痰，舌强渐和，语言渐展，右肢麻痹亦舒，胸次反觉不畅。清涎上溢，湿痰未化，心火未平，脉仍三五不调，未宜骤补，原方加减。

首乌五钱　蒺藜三钱　茯神三钱　半夏二钱　炙草五分　僵蚕二钱　桑叶一钱　黑芝麻五钱

病原已载前方，服药以来，舌强渐和，语言渐爽，肢痹已

---

① 退：沪抄本作“湿”。
② 缓：《医略十三篇》作“缘”。

苏，胸次亦畅。《经》以心脉系舌本，脾脉连舌本，肾脉循喉咙、夹舌本。太阴不营，湿痰自生。肾水不充，心火自盛。必得三经平复，水升火降，中土畅和，机窍自展。现在湿土用事，午火司权。暂以桑麻六君加味，崇土养营，和肝息风，引益肾水。

人参二两　茯苓三两　冬术二两　炙草五钱　半夏一两五钱　橘皮一两　桑叶一两五钱　黑芝麻三两　黄菊

为末，水叠丸，每服三钱。

偏枯于左，口㖞[①]于右，舌强蹇[②]，涎下不禁，脉来甚慢。大筋软短，小筋弦[③]长，湿热不攘，中虚痰郁为患。

人参二钱　茯苓三钱　冬术二钱　炙草五分　羚羊一钱　半夏一钱五分　橘皮一钱　竹沥二钱　姜汁一钱

目盲不可以视，足废不可以行。小便或秘癃，或不禁。饮食如故。脏病腑不病，心肾乖违，情志郁勃，机窍阻塞。昔魏其侯[④]伤意病此，名曰风痱，议刘守真地黄饮子。

熟地四钱　附子一钱　苁蓉二钱　远志一钱　巴戟天一钱五分　肉桂八分　麦冬二钱　五味子五分　山萸肉二钱　石菖蒲五分　茯苓一钱五分　石斛二钱

《经》言：阳之气，以天地之疾风名之。卒然昏愦无知，柔汗，溲便遗失，四肢不收，口噤[⑤]不语，脉来迟慢。因烦劳太过，扰乱二十五阳。阳气动变，气不归精，精无所倚，精不化

---

① 㖞：原作涡，据《医略十三篇》、沪抄本改。

② 舌强蹇：沪抄本作“舌强语謇”。

③ 弦：《医略十三篇》、沪抄本作“弛”，为是。

④ 魏其侯：《史记·魏其武安侯列传》载魏其侯窦婴曾“谢病，屏居蓝田南山之下数月”。谢病期间，“拥赵女，屏间处而不朝”。

⑤ 噤：据文义当作“噤”。

气，神无所倚，乃阴阳离决之危候也。勉拟景岳回阳饮，追敛散亡之气。未识阳能回否。

熟地八钱　人参三钱　炙草一钱　附子二钱　归身三钱　炮姜一钱

午正进药，申未[①]汗收。神志渐清，语言渐展。肢体自能徐转，脉象小快于迟。惟心烦意乱，莫能自主，乃阳回阴液未复。进锐退速，危候得安，此天幸也，非人力也。

原方加茯神三钱。

阳回阴液未复，中心愦愦不安。肢体强[②]和，语言尚謇。脉象小快于迟日缓。《经》以无阳则阴无以生，连进回阳生阴之品，颇合机宜。安不忘危，善后更宜加意。

前方去附子，加枣仁三钱。

病原俱载前方，毋庸复赘。惟是心烦不安，乃阳回阴液未充。肾不交心，阴不上承。最宜持心息虑，当思静则生阴之理。

熟地八钱　人参二钱　炙草五分　归身二钱　茯苓三钱　炮姜三分　枣仁三钱　女贞子三钱　旱莲草三钱

服五剂后，更以十剂加五味子五钱为末，水叠丸，每早晚服三钱。

旋转掉摇，火之象也。志意烦惑，阴液亏也。肾虚无以养肝，一水不能胜二火。木横土虚，壮火蚀[③]气，血热化风，乃中之渐，当以脾肾为主。水能生木，土能生木。水为物源，土为物母。水土平调，肝木自荣，则无血爆[④]化风之患。故陈临

---

① 未：《医略十三篇》作“末”。

② 强：沪抄本作“虽”。

③ 蚀：《素问·阴阳应象大论》作“食”。

④ 爆：据文义当作“燥”。

川曰：治风先治血，血行风自灭。拟四物六味归脾，合为偶方主治。

熟地八两　丹皮三两　泽泻三两　炙草一两　山药四两　茯苓三两　木香五钱　归身三两　川芎一两　白芍二两　枣仁三两　人参一两　黄芪三两　冬术三两　远志一两五钱

为末，龙眼肉八两，煎水泛丸，每服三钱。

阴亏于前，阳于后①。阴阳相失，子午不交。卒然昏愦无知，口开不合，涎流不止。神败于心，精败于肾。在经之气，脱于阳明；在脏之气，脱于太阴。脱绝已著，虽司命不可为也。勉拟回阳一法，追敛散亡之气于乌有之乡，以副诸明哲翼望回春之意。

熟地八钱　人参三钱　附子三钱　肉桂一钱五分　炮姜一钱

《经》以击仆、偏枯、痿厥②，肥贵人，则膏粱之疾也。形体柔弱胜于刚，志乐气骄多欲。七情五志失其中，炙转③肥甘过其当，致令皮肉筋骨不相保。卒然倾跌，右肢偏废而不用，天产作阳，厚味发热，阳热蒸腾，动中少静，阴亏可知。法当静补真阴为主，崇经旨承制之意，仍须薄食味，省思虑，方见有济。

六味合二至。

素耽酒色，心肾本亏。精损于频，气伤于渐。卒然神志沉迟，口眼㖞斜，语言謇涩，脉来微细如丝，慎防汗脱。当从色厥论治。

熟地八钱　山药四钱　山萸肉四钱　附子三钱　人参三钱　五味

① 阳于后：《医略十三篇》、沪抄本“阳”字后有一“损”字，为是。

② 痿厥：《素问·通评虚实论》“痿厥”后有“气满发逆”四字。

③ 转：沪抄本作“炖”，为是。

子一钱　麦冬三钱

《经》以暴病暴死，皆属于火，火性急速故也。卒然昏愦无知，脉象洪空劲直。口开手撒，遗溲自汗，痰鸣气促。真阴枯竭，心主自焚。五绝之中，兹见三症，虽司命不可为也。所议之方极是，愚意更益以镇固之法，以副或免之望。

人参三钱　淡竹沥三钱　苏合香丸一粒

外以生铁一块，约重八两，烧红，好醋沃之，匠[①]病人口鼻，使气熏入。

伤寒

伤寒恶寒，寒伤营，血涩无汗，皮肤闭而为热，头身腰背俱痛，脉浮紧，溲色澄清，大便五日不解，尚属太阳经症。宜麻黄汤。

麻黄一钱　桂枝一钱　杏仁三钱　甘草一钱

苔白脉浮，头痛身疼，恶寒发热，溲便自调，痰嗽气促，有汗不透。风寒两伤，营卫俱病。法宜解肌兼汗，议取青龙。

麻黄八分　桂枝八分　赤芍一钱五分　甘草五分　五味三分　细辛三分　干姜五分　半夏一钱五分

脉体尺寸俱浮，症势头身俱痛，翕翕发热，洒洒振寒。质赋虽充，寒邪甚厉。星驰无寐，二气乖违，正逢月郭空虚，遂罹霜露之疾。谨拟南阳败毒散，祛邪返正，得汗便解。公议如是，敬呈钧鉴[②]。

人参一钱　茯苓三钱　枳壳一钱　川芎八分　甘草五分　桔梗一

① 匠：沪抄本作“近”。
② 钧鉴：书信中请收信人阅知的敬辞。

钱　羌独活各一钱　柴前胡各一钱　生姜一钱

昨进南阳法，濈然汗出，诸症悉平。惟胸次不舒，不思饮食，溲色澄清，大便未解，余气未尽，尚宜和理。

人参一钱　白术一钱五分　茯苓三钱　橘皮一钱五分　半夏一钱五分　枳壳一钱五分　六和曲二钱　谷芽三钱　甘草五分

暑　症

气虚脉虚，身热恶寒，烦渴，颠疼，神倦，汗泄。火盛乘金，热伤元气，古名中暍，寒以取之。

人参一钱　石膏四钱　知母二钱　甘草五分　麦冬三钱　五味子五分　粳米一两　淡竹叶十四片

暑必夹湿气之熏蒸，着而为病。湿寄旺于四季，随六气之变迁。因暑而为热，伤气伤阴，神倦脉软，身热自汗，恶风口渴，溲便自调，不思饮食，心脾肾①三经互病。拟东垣先生清暑益气，略为加减。

人参八分　冬术八分　橘皮八分　葛根三分　枳壳五分　神曲五分　五味子三分　黄柏三分　归身八分　麦冬八分　茯苓八分　青皮三分

湿　症

脉来滑数无力，症本湿热伤阴，五液日耗，形神慵倦，竟若骨痿，不能起床。法宜补阴化湿。苦寒虽效，究无常服之方，拟甘露饮加减。

石斛三钱　花粉三钱　天、麦冬各三钱　元参一钱五分　骨皮三钱

① 肾：沪抄本作“肺”。

知母三钱　黄柏一钱　黄芩一钱五分

湿热蕴于阳明，熏蒸肝木，耗损肾阴。肝主一身之筋，肾统诸经之水，阳明为十二经脉之长。譬如暑湿郁蒸，林木萎弱，以故体倦多眠，热蒸气腾，上干清窍。唇疡流液，目涩羞明。颊肿咽疼，苔黄舌绛。服养阴渗湿之品共六十剂，症势退而复进，延及六载之久，药浅病深故也。仍以补阴[1]渗湿，为丸缓治。

生地八两　麦冬三两　天冬三两　沙参三两　甘草一两　枣仁三两　冬术三两　黄柏三两　黄连一两　茯苓三两　枳壳一两

上为末，叠丸，每服三钱。

壮火蚀气，阴不潜阳，气不行水，蕴生湿热。伤阳明之阴，动少阴之火。阳明阴伤则宗筋纵，不能束筋骨而利机关。水流湿而注下，足胫绵弱，行则振掉，便泄肠鸣。少阴火旺则液耗阴伤，不能藏精化气以行治节，痰嗽食减，梦泄频仍。所服之方，都是法程王道，功迟难期速效。补阴当思湿热蕴结，利湿窃虑阴液素亏。爰以四君六味，补阴渗湿，脾肾双培。然否？质诸明哲。

熟地八两　苁蓉一两　山药四两　茯苓三两　五味二两　木瓜二两　萆藤[2]三两　杜仲三两　龟板三两　螵蛸一两　人参三两

上为末，捣熟地如泥，熔胶，加炼蜜为丸，每早晚服。

火症

《经》以有者求之，盛者责之。壮水之主，以制阳光。此治

① 阴：沪抄本作“肾”。
② 藤：据文义当作“薢”。

相火有余之法也。

生地八两　丹皮三钱　泽泻三钱　山药四两　茯苓三钱　龟板二钱　知母二钱

《经》以无者求之，虚者责之。益火之源，以消阴翳。此治相火不足之法也。

山药四钱　山萸四钱　茯苓三钱　附子一钱　肉桂一钱

或加玉壶丹三分，研末和服。

伏　邪

第二日，憎寒发热，头身腰背俱痛，苔白，溲赤，无汗，脉数。邪伏膜原，外越太阳经也。

羌活一钱　防风一钱　川芎八分　槟榔一钱　厚朴八分　草果五分　茯苓一钱　甘草五分　赤芍一钱五分　生姜一片

第三日，恶寒自罢，昼夜发热，日补①益甚。头身之痛较轻，眉棱、目眦痛甚。鼻干，不得卧，苔白，汗不透，脉洪长而数，溲浑而赤。伏邪外越，阳明经腑不和。不致神昏呃逆为舌②。

槟榔一钱　厚朴八分　草果五分　酒炒黄芩一钱五分　甘草五分　知母一钱五分　葛根二钱　生姜一片

第四日，得汗虽透，热仍不解，反觉憎寒，耳聋不寐，心烦喜呕，胸满胁痛。苔淡黄，溲浑赤，脉弦数，伏邪交并少阳、阳明，小柴、达原加减。

柴胡一钱　酒炒黄芩一钱五分　甘草五分　厚朴八分　槟榔一钱

① 日补：当作“日晡”，时辰名称，指申时，相当于下午3时至5时。
② 舌：据文义当作“吉”。

草果五分　赤芍一钱五分　知母二钱　生姜一片

第五日，烦呕稍减，夜得少寐。寒热依然，耳聋胸满，溲浑赤，脉弦数。照原方加陈皮一钱。

第六日，服药后大解一次，色如败酱，溲色赤浑较淡。夜寐少安，四更后心烦作呕，饮陈米汤，少顷即止。平明自汗，身热乍退，唇燥舌干，脉仍弦数。伏邪渐溃，阴液耗伤，虑生歧变。

柴胡一钱　黄芩一钱五分　甘草五分　赤芍一钱五分　知母二钱　橘皮一钱　归身三钱　逆水芦芽二两　荸荠四枚

第七日，热退不清①，大便如败酱，溲深②如豆汁。夜寐不沉，胸痞不食，心烦作呕，舌燥作渴，苔黄不腐。伏邪化热伤阴，最忌神昏苔刺③呃逆。原方加天花粉三钱。

第八日，脉数，便未解，溲反深赤，颠前心下热。有汗，肢微冷。苔黄，舌尖赤，微有刺。口燥作渴，反欲热饮，神烦少寐。邪伏少阳，倒入阳明，化热伤阴，热极反兼寒化。肢冷，渴欲热饮，大便不解，腑气不通，邪无出路。原当承气下结存阴津，津气素虚，姑从缓治。

生地四钱　柴胡一钱　归身三钱　黄芩一钱五分　知母二钱　牛膝三钱　赤芍一钱五分　枳实二钱　逆水芦芽一两

第九日，服药后大解二次，色黑如漆，中有瘀血。颠前热退，苔刺回润。烦渴解，肢逆和，夜寐安，数脉缓，溲赤渐淡，黄苔渐腐。伏气赖腑气宣通，渐化后，阴为里之表，邪伏膜原，

---

① 不清：沪抄本及《医略十三篇》皆作“脉不静”。
② 深：沪抄本作“浑”。
③ 刺：沪抄本作“剥”。

转入阳明，由大肠传化，其路甚近，与表邪从表解之意固[1]。故大便解，诸症减；大便闭，诸症加。六淫在表，当从汗解。伏邪在里，当从便解。攻邪与发汗何殊？伏气与表邪一体。胃为多血之腑，脾为统血之脏。便黑带血，胃热迫血流入大肠，病及至阴，脾伤失统，虑其大便复闭，阳邪复聚，仍以养阴通腑。

生地四钱　甘草五分　当归二钱　杏仁三钱　牛膝二钱　赤芍一钱五分　知母二钱　蒌仁三钱　黄芩一钱五分　炒栀一钱五分　桃仁泥二钱　芦根二两

第十日，本方加荸荠六个，长流水煎。

第十一日，两进养阴通腑，便解三次，色紫黑有块，纯是停瘀，诸症悉除。宵眠呼吸自若，醒后神志安舒，知饥思食，身凉脉缓。惟溲赤犹浑，胸前尚热，余气未尽。伏邪解于血分，真阴五液俱伤。在肉[2]为血，发外为汗。病从血下而瘳，由[3]犹表邪从汗而解，后[4]为里之表，于此可见。议补阴益气，以善其后。

生地八钱　人参一钱　山药四钱　银柴八分　甘草五分　归身二钱　新会皮 钱　炙升麻四分

始得病，不恶寒，发热而渴，溲赤不寐。服发表消导等剂，汗不出，热不退。延今四十余日，形容枯削，肢体振掉，苔色灰黑。前后大便共十三次，酱黑之色逐次渐淡至于黄，溲亦浑黄不赤。昼夜进数十粒，薄粥四五次，夜来倏寐倏醒，力不能

---

① 固：沪抄本作“同”，为是。
② 肉：据文义当作“内”。
③ 由：疑为衍文。
④ 后：沪抄本“后”字后有“阴”字。

转侧，言不足以听，脉数而微，按之不鼓。年及中衰，体素羸弱。伏邪虽有欲解之势，元气渺无驱逐之权。邪热纵横，真阴枯涸，势必邪正相寻俱败，危如朝露。急宜峻补，冀其五液三阴一振，正复不能容邪，从中击外，庶几一战于表，得战汗则解。

生地八钱　人参一钱　麦冬三钱　五味子五分　归身三钱　茯神三钱　酸枣仁二钱　远志一钱　逆水芦芽一两

扶阴厥气，补正驱邪，服后竟得战汗，寒热[①]逾时。厥回身热，汗得如浴，从朝暮，侵[②]汗不收。鼻息几无，真元几脱，急以前方连服二剂。

前方连服二剂，侵汗旋收，诸症悉退。惟精神慵倦，酣睡若迷。此邪[③]正复之机，邪正相持日久，邪气初息，正反于经，休息无为，固当如是。原方再服。是方也，本非发汗，亦非止汗。夫汗之出与汗之收，皆元气为之主宰。气为橐籥[④]，汗为波澜。前服所以出汗者，药力辅正，从脏达腑，由经出络，驱邪于表。邪从汗解，而汗不止，药力不继，正虚不可复收，故以原方仍从某经某络导其败亡之气，还之脏腑。若投止汗之剂，则大谬不然。或增减一味亦不可。药性有歧，途返[⑤]，故曰：失之毫厘，差之千里。欲发汗，不知营卫之盛衰；欲止汗，不知橐籥之牝牡。是犹荡舟于陆地，驾车于海。仆非不能再议一方，故缕述，为知己者一道。

---

① 热：沪抄本作“战”

② 侵：沪抄本作“浸”。

③ 邪：沪抄本“邪”字后有“退”字。

④ 橐籥（tuóyuè 驼月）：古代冶炼时为炉火鼓风用的风箱。

⑤ 途返：沪抄本作“迷途莫返”，可参。

六脉俱数，浮取不足，沉取有余。十日以来神昏如醉，间或谵语。苔淡黄不润，板齿无津，目赤唇焦，不饥不渴，与汤饮亦受。心下至少腹按之无痛满，大便如常，溲色红深。伏邪盘踞太阳，热入膀胱。壬病逆传丙，丙丁兄妹，由是传心。心火灼金，清肃不行，犯经旨死阴之禁。虑难有济，勉拟犀角地黄合导赤散，加黑栀，取清心保肺，导引邪火屈曲下行之意。

生地八钱　犀角一钱　白芍二钱　丹皮三钱　草梢一钱　木通一钱　炒栀二钱　芦根二两

《经》以心之肺谓之死阴，不过三日而死者，不及金之生数。服清心保肺之剂，竟过三日生气复来，清肃令行，热气自退，知饥欲饮，胃气渐苏，神志渐清，溲浑尚赤。导赤保肺，犀角清心，以逼丁邪①归壬，溲清则愈。

生地八钱　犀角一钱　白芍二钱　黄芩一钱五分　丹皮二钱　甘草一钱　木通一钱　炒栀三钱　茯苓三钱　泽泻二钱

身热汗自出，不欲去衣，恶寒也。正伤寒，汗出恶寒为表虚，伏邪则不然。邪伏膜原，外越三阳之表，卫护失司，腠理不密，以溲浑赤为别，非寒伤于表可比，宜顺其性以扬之。不可执有汗用桂枝解肌。仲圣有桂枝下咽，阳盛则毙之戒。拟活人败毒散加减。

羌活一钱　柴胡根一钱　枳壳一钱　川芎一钱　炙甘草五分　桔梗一钱　赤茯苓三钱　陈皮一钱　生姜一片

伤寒汗出淋漓则病不除，伏邪汗出淋漓则病将解。昨暮服药，汗更大出，发背沾衣，通宵达旦，溱溱不已，遍体凉和，六脉俱静，溲色澄清，惟中胃未醒，宜养胃生阴。

---

① 丁邪：沪抄本“丁邪”后有“返丙”二字。

大沙参三钱　云茯苓三钱　黑脂麻三钱　鲜石斛三钱　当归身三钱　炒谷芽三钱　陈橘皮一钱　白豆蔻八分　六和神曲钱半　陈仓米一两　荷叶蒂一个①

诸气𦞦②郁，皆属于肺。诸逆冲上，皆属于火。肺司百脉之气，肾藏五内之精。肾水承制五火，肺金运行诸气。悲则伤肺，恐则精却。思为脾志，实本于心。思则气结，忧则气耗，郁损心阴。真气潜消，邪气日进。亢则宣③，五志之阳与邪浑一，俱从火化，灼阴耗液，所谓热蒸气腾，壮火食气是也。屡寐气升，不分左右，似呻吟而近太息，又非短气。寐则阳气下交于阴，血归与肝，气归于肾。清肃不行，蒸热不退，肾水不升，肺气不降，金水交伤，水火不济，肺热奚疑。饮入于胃，输于脾，归于肺，注于膀胱，溲赤是其明证。水出高原，拟用一味芦根，取其清空之气，甘平之力，以达清虚而益气化，若雨露之溉，荡涤伏热，即是补阴。清金不寒，壮水非补，且兼开胃，不亦宜乎？

活水芦根四两

甘澜水煎。

脉浮而数，颠痛身疼，无汗，翕翕发热，洒洒振寒，玄府不开，乃三阳表症也。

九味羌活加减。

服前方得汗，遍身悉润，寒热顿除，颠疼亦止，浮数之脉亦缓。惟身疼不休，乃表气未和，宜桂枝汤小和之。

桂枝八分　甘草五分　赤芍二钱　生姜一片　大枣三枚

---

① 羌活一钱……荷叶蒂一个：此段文字原无，据《医略十三篇》补。
② 𦞦：据《素问·至真要大论》，当作“𦞦𦞦”。
③ 宣：据文义当作“害”。

服桂枝汤，入夜神烦不寐，身反不①热，脉反滑数，苔白如积粉，板滞不宣，汗出如浴，恶风不欲去衣。溲赤而浑，间有谵语。此伏邪内动，盘踞膜原，化热伤阴之渐。《经》以冬伤于寒，春必病温，夏必病热。盖始为寒而终为热，同气相求，伤寒遇寒则发。前服冲和汤，诸症乍退者，新感寒邪从汗而解。身痛未除者，伏邪乘表虚而外越，与卫气相争，致令营卫失其常度。得桂枝诸症蜂起者，非桂枝之过，乃伏邪化热，直贯阳明，液耗阴伤，而祸乱起于萧墙之内，有神昏如醉、阴枯发痉之虑。故仲景有急下存津之旨，暂以吴氏达原饮观其进退。

槟榔一钱　厚朴八分　草果五分　赤芍二钱　知母一钱五分　黄芩一钱五分　甘草五分　生姜一片

昨服达原饮，舌后之苔渐黄，身热不从汗解，溲赤而浑，便溏色绛，竟夜不寐，神烦谵语。心下拒按，脉来滑数。腑浊虽行，液耗气②伤，可虑原方加减。

前方加枳实、桔梗各一钱。

两进达原饮，大解五次俱溏，酱黑之色渐淡，溲赤转浑黄。胸次渐开，夜得少寐，身热减，自汗收。腑浊既行，议下从缓，依方进步。

槟榔一钱　厚朴五分　草果五分　生地八钱　知母一钱五分　黄芩一钱五分　甘草五分　归身三钱　赤芍二钱

昨药后，熟寐通宵。寅初忽觉憎寒，须臾寒战如疟。引被自覆，遍身悉冷，四肢厥逆，脉细如丝，神清萧索。卯正遍身灼热，屏去衣被，躁扰不安，欲起者再。倏然大汗淋漓，始自

① 不：沪抄本及《医略十三篇》皆作“大”。
② 气：沪抄本及《医略十三篇》皆作“阴”。

头项，下溉周身。汗之所处，灼热遽除，如汤渥[1]雪。食顷，脉静身凉，神清气爽，诸症如失。此非转疟，乃战汗也。得战汗者，其人本虚，内伏之邪既从腑气宣通而溃，则在经之邪孤悬难守，不攻自散，仍从表解。外与正争，邪正交争则战，邪退正复则已。正气不支，是以发战，宜安神养营。

大生地八钱　茯神三钱　枣仁三钱　远志一钱　归身三钱　白芍二钱　甘草五分　陈皮一钱　桔梗一钱

诸症悉退，溲色犹浑，知饥不欲食，黄苔未尽腐，中胃未醒，余气未净，尚宜养胃生阴。

大生地五钱　归身三钱　白芍二钱　茯苓神[2]各二钱　甘草五分　半夏一钱五分　橘皮一钱五分　谷芽三钱　六和曲二钱

前方已服三剂，知饥欲食，二便如常，惟夜卧不安，虚里穴动，心肾不交，五液真阴未复。六味、归脾加减。

生地四两　丹皮一两五钱　人参一两　茯神一两五钱　怀山药二两　泽泻一两五钱　冬术一两五钱　甘草五钱　归身二两　枣仁二两　远志一两

为末，以龙眼肉三两煎水，叠丸，每早晚服二钱。

阴枯邪陷，邪盛正虚，谵语神昏，苔黑起刺。唇齿俱焦，溲目并赤。汗出自腰而还，潮热，日晡益甚。循衣，肢强如痉。大便九日不解，脉数无力。补正则邪毒愈盛，攻邪则正气不支。攻之不可，补之不及，两无生理。勉拟一方，冀其万一。

生地八钱　人参一钱　归身三钱　白芍三钱　丹皮三钱　犀角一钱　黄芩一钱五分　知母三钱　生大黄另煎捣汁

第七日，三投汗剂，继进麻黄，汗竟不出，潮热颠疼，肢

---

① 渥：据文义当作“沃”。

② 茯苓神：即茯苓、茯神。

尖反冷。脉数，苔淡黄不润，溲浑赤，神昏。此非表症，乃伏邪内蕴，阳郁不伸，气液不能敷布于外。必得里气宣通，云蒸雨化，伏邪还表，方能作汗。譬如缚足之鸟，乃欲飞腾，其可得乎？

柴胡一钱　黄芩一钱　甘草五分　蒌仁三钱　大贝二钱　赤芍二钱　归身二钱　橘皮一钱　活水芦芽二两

《经》以冬伤于寒，春必病温。寒乃冬月之正邪，乘肾虚潜伏夹脊之内，横连膜原。去少阴尚近，离阳不远，故溲赤而浑，神烦不寐，身热，汗自出，不恶寒而微渴，显系邪气从内出外也。所服之方，多从表散。延今二十三朝，身热转为潮热，如瘅疟之状，反无汗出，大便易，色如漆，中有血块。腘肉全消，筋脉动惕，苔刺唇焦，神昏如醉，伏热羁留，无由以泄。夺血无汗，夺汗无血，表液已枯，里血复竭，邪正两亡，殊难奏捷。勉拟一方，质诸明哲。

生地八钱　犀角一钱　白芍一钱五分　甘草八分　归身三钱　桃仁二钱　丹皮三钱　牛膝三钱　芦芽根二两

达原饮，达膜原之邪；冲和汤，开太阳之表。服后大汗淋漓，衣被俱湿。身反大热，消渴引饮。古根黄，苔尖绛，舌中央白苔不润，溲浑赤，便不解，脉洪长而数。伏邪中溃，郁热暴伸，散漫经中，不传胃腑，欲作战汗。宜白虎加人参汤。

过经不解，便溏色绛，苔淡黄，溲赤，潮热寅卯，指时而发，伏邪尚在少阳经也。

柴胡根一钱五分　黄芩一钱五分　甘草五分　枳实一钱　赤芍二钱　桔梗一钱　茯苓三钱　荸荠二枚

伏邪盘踞膜原，内与阴争则寒，外与阳争则热。寒热往来，热多寒少。溲赤而浑，便溏色绛。虚烦少寐，汗出如酱。脏阴营液俱伤，伏热邪气猖獗。平①气不支，难以直折。避其来锐，暂以小柴胡、陷胸从乎中治。

柴胡一钱　黄芩一钱五分　人参八分　甘草五分　半夏一钱五分　川连八分　瓜蒌根三钱　生姜一片　大枣一枚

小柴胡守少阳之枢，小陷胸抑纵横之热。服后熟寐，移时大便迤逦而解。从初更至平旦共六次，俱如败酱。溲频数，浑赤之色渐消；寒热往来，热势减半，濈然汗出，遍体凉和。数脉已缓，黄苔亦腐。伏邪中溃，表里分传。正复不能容邪，余气散漫。击其隋②归，宜开鬼门，洁清③府。

柴胡一钱　黄芩一钱半　甘草五分　茯苓一钱半　泽泻一钱　枳实一钱　桔梗一钱　滑石三钱

第八日寒热如疟，一日数发，苔白溲红，虚烦少寐，旦慧夕加，昼轻夜重。经水适来，热入血室，殊难调治。不可汗，不可吐，不可下，不可温，不可补，且不可和。姑拟小柴胡加生地、丹皮、归身、红花、青蒿、鳖甲、茯苓、泽泻。从小④阳开甲木，帅中正之气入气街，导营热归膀胱，庶不犯中胃二焦。或用犀角地黄汤，近于是也。

小柴胡汤加味　犀角地黄汤

病经二十八日，口噤不语，身卧如塑。溲浑如柏汁，便解如豚肝。脉空弦无力，䐃肉全消，后⑤肤甲错。舌卷目上视，心下热炽手。伏邪深陷厥阴，液脱阴枯已著。攻之不可，补之

---

① 平：沪抄本及《医略十三篇》皆作“正”。
② 隋：沪抄本作“惰”。
③ 清：沪抄本及《医略十三篇》皆作“净”。
④ 小：即“少”。
⑤ 后：据文义当作“皮”。

不及，两无生理。勉拟黄龙汤法。

人参一钱　生大黄四钱　归身三钱　甘草五分　枳实一钱　生地四钱

昨服黄龙法，燥屎仍不下，溲浑赤如故，口噤不能言，身虽[1]直，形消脉夺，目眩不瞑，舌卷而不下。液脱阴亡，髓热发痉。化源已绝，无复资生。神机已息，孤魄独存。虽扁鹊、仓公复起，乌能措其手足？或以原方再服一剂。

痎　疟

疟邪之后，留热未除。先天固不足，后天亦不振。肾为先天本，脾为后天本。脾肾不足以化精微，酿生湿热。湿盦发黄，五液不充，热留阴分，致生潮热。阳明气至则啮齿，肾虚肝热则搐搦，脉来滑数无神。滋少阴，理阳明，化湿热，清留热，顺其性以调之。

生地四钱　木通一钱　草梢一钱　青蒿二钱　茯苓三钱　石斛三钱　橘皮一钱　黄柏一钱　鳖甲三钱

五内素虚，七情交并，结聚痰涎，与卫气邪气相搏，发为痎疟。

人参一钱　柴胡一钱　半夏二钱　冬术二钱　甘草五分　茯苓三钱　蛭[2]青皮一钱　橘皮一钱

夏伤于暑，秋必痎疟。间二日而作，谓之痎。寒热相停，溲浑而赤。汗出濡衣，胸次不畅。阳邪陷入三阴，脾虚少运，胃有痰饮，逢期腰疼腹痛。总属肾胃不和，先以柴胡泻心加减。

人参一钱　柴胡一钱　半夏二钱　甘草五分　炮姜二分　酒炒黄

---

① 虽：沪抄本及《医略十三篇》皆作“强”。

② 蛭：据文义当作“炙”。

苓一钱　归身二钱　南枣肉二枚

小柴泻心加减，共服十有二剂，疟势十去八九，当期似有如无。口干微渴，小溲频数，黄而不浑。脉象尚带微弦，目皆①黄侵白眼，湿热余蕴未清。《经》以疾走汗出于肾，奔驰多汗，气喘耳鸣，左疝大如鹅卵，鼻中时常流涕。乃素来本症，肺肾不足可知，拟平补三阴，为丸。

首乌八两　归身三两　茯苓二两　山药四两　人参一两　甘草五钱　橘皮一两　牡蛎五两　鳖甲四两　生地八两

为末，水叠丸，每服三钱。

痎疟固属三阴，期在子午卯酉，少阴病也。服补阴益气以来，痎邪已去，尚有微意，正气未充也。素多思虑劳心，拟归脾加减。

熟地　人参　冬术　茯神　甘草　归身　枣仁　木香　远志　半夏

为末，以生姜三两，大枣二十枚，煎水叠丸，每服三钱。

痎疟日久，三阴交损。土德不厚，湿聚中州，致发阴黄，色如秋叶。食减溏泄，形神慵倦。培补肾阴，兼养心脾主治。

大生地四钱　首乌三钱　人参一钱　青蒿二钱　茯苓三钱　冬术钱半　益智仁一钱　泽泻钱半

进补肾阴，阴黄已退，饮食颇增，二便如常，脉神形色俱起。既获效机，依方进步。

生地四钱　人参一钱　茯苓三钱　草蔻五分　山药二钱　青蒿二钱　鳖甲三钱　乌梅一枚

---

① 皆：据文义疑作“眦”。

三日[①]痎疟，寒热俱重，已经八次，发于深秋，溲清脉软。邪伏太阴，极难奏效。

人参一钱　冬术二钱　白芍二钱　炮姜五分　茯苓三钱　橘皮一钱　附子八分　甘草五分

《经》以夏伤于暑，秋必痎疟。间二日一发名为痎，起于客秋，延今不已。脉来迟慢，寒重热轻，精神疲倦。脾肾双亏，未宜截止，拟进东垣法。

人参一钱　茯苓三钱　冬术三钱　柴胡一钱半　甘草五分　归身三钱　新会皮一钱　升麻一钱　老姜三片　大枣三个

痎疟半载，热盛寒轻。戌正始来，亥初方退。病在少阴，热而不渴，阴伤可知，衰年可虑。

六味地黄汤加银柴钱半。

疟经两月有余，屡经汗散，转为潮热，指时而发。阴伤五液受亏，阳明有余，少阴不足，热入于营，非瘅疟可比。溲色澄清，是其明证，当静补三阴。

生地八钱　丹皮三钱　泽泻三钱　鳖甲三钱　山药四钱　茯苓二钱　麦冬三钱　青蒿二钱　牛膝三钱　归身三钱

脉来软数无[②]力，症本脏阴有亏。疟后中土受伤，怒郁肝阳苦逆，土不载木，肝病传脾。阴不配阳，水不济火，乃见竟夕无眠，食少无味，体倦神疲，虚阳上越等症。前进交通心肾，熟寐通宵。继服壮水之主，形神复振。曾患血崩，数[③]多抑郁。肝木久失条达，木郁化火，耗液伤阴，以致气从胁肋上升，贯膈冲咽，环脐作胀。仍以壮水济火为主，崇土安木辅之。

---

① 三日：沪抄本作“三阴”。
② 无：原缺，据沪抄本补。
③ 数：沪抄本及《医略十三篇》皆作“素”。

大熟地橘皮水炒，八两　丹皮三两　泽泻三两　枣仁三两　山药四两　茯苓三两　人参一两　远志一两五　冬术土炒，一两五　甘草五钱　土炒当归三两

研末为丸。

痢疾

肠澼赤白，气血两伤，后重腹痛，溲赤脉数，暑湿俱重。河间云：溲而便脓血，气行而血止。行血则便脓自愈，调气则后重自除，宜芍药汤。

赤芍二钱　归身二钱　川连八分　木香五分　甘草五分　大黄三钱　黄芩钱半　槟榔一钱　官桂三分

因热贪凉，人之常情。过食生冷，脾胃受伤。值大火西流，新凉得令，寒湿得以犯中，下传于肾，致成肠澼。溲色澄清，是其明证。脉来缓弱，温中为主。

藿香一钱　木香六分　猪苓二钱　茯苓二钱　橘皮一钱　厚朴一钱　甘草五分　冬术二钱　炮姜八分

《经》言：饮食有节，起居有常。饮食不节，起居不常，脾胃受伤，则上升精华之气翻于下降，而为飧泄。久则戊邪传癸，变生肠澼。延绵不已，变态多歧。现在下血，或少或多，鲜瘀不一。此血不归精[1]经，气色[2]统摄。下时里急后重，脾阳肾水俱伤。下后魄门瘙痒，中虚逼阳于下，脐旁动气，有形或左或右上下，殆越人所谓动气之状。腹胁胀坠，不为便减。土困于

① 精：疑为衍文。
② 色：据文义当作“失”。

中，魄门锁束，小溲不利，水亏于下，均非热象。天[①]气欲解不解，则肛门胀坠，时或燥热直逼前阴，肾囊双缩，气随上逆，皆水亏土弱之征。小腹坠，大腹膨，矢气解则舒，不解则胀连胁肋，右胜于左，以脾用在右，脾病，故得后重气则快然如衰[②]。觉中下二焦否塞，大便有时畅下，则诸症较减。以肾居下，为胃之关，开窍于二阴，大便既畅，土郁暂宣，水源[③]故减。致于或为之症，犹浮云之过太虚耳。治病必求其本，法当脾肾双培，偏寒偏热，恐致偏害。

人参一两　黄芪三两　土炒冬术三两　炙草八钱　木香五钱　枣仁三两　远志一两五钱　炙升麻三钱　煨肉果二两　茯苓三两　土炒归身三两　川芎一两

为末，以大生地、榴皮、乌梅肉，熬膏，再入龟胶三两、鹿角胶三两，熔和丸，每晚服三钱。

二气素虚，七情不节，致伤脾胃传化失常。清不能升，浊无由降。清气在下，则生飧泄。戊邪传癸，转为脓肠澼。色白如脓，日十余次，下时里急后重。脾阳肾水俱[④]伤，舌苔色常鳖[⑤]黑。中寒格阳于上，腹中隐痛，澼久剥及肠胃脂膏，食减神疲，夜多妄梦，肾不交心，而中虚气馁。因循怠治，希冀自瘥，反复相仍，病情转剧，将近一载。前进补中益气、归脾、六君等汤，以行升降之令，继服四神丸、胃关煎、五味子散温

---

① 天：据文义当作“矢”。“矢”通“屎”。《左传·文公十八年》曰：“杀而埋之马矢之中。”

② 得后重气则快然如衰：《素问·脉解》作“得后与气则快然如衰”，可参。

③ 水源：沪抄本作“水源暂畅”。

④ 俱：沪抄本作“潜”。

⑤ 鳖：据文义当作“黧”。

固三阴。病势退而复进，脉体和而又否，病势苦深，殊难奏捷。勉拟温固命门，引火归原，冀其丹田暖则下元固①，然否，质诸明哲。

怀山药 补骨脂盐水炒 木香 炙草 冬术 诃子肉 粟壳 干姜 白芍 榴皮 砂仁 荜茇 赤石脂 龙骨 吴萸 肉果 草果 五味

为末，用熟地十六两，东洋参十二两，黄芪十二两，龙眼肉八两，熬膏和丸，每服三钱。

痢成休息，本是缠绵。气伤则白，血伤则赤。痢下纯血，血分受伤。起自客冬，暮春未已。大和中土，培补胃关②，共服十有六剂，痢势十减七八。第尊年，胃气已③伤，饮食颇减，宜停煎剂，以丸缓图。

熟地八两 山药四两 人参一两 橘皮一两五钱 甘草八钱 五味子二两 赤石脂三两 煨木香五钱

为末，以地榆六两，煎水叠丸，每服三钱。

饮食自培，肠胃乃伤。经脉横解，肠澼为痔。素本善饮，湿甚中虚，肠澼绵延不已，虚气下坠，升降失常。本拟调中益气，奈滞下甚多，胀而不痛，此属虚也。气血两亏，湿郁化热。

白头翁一钱 秦皮一钱 川连五分 冬术一钱 炮姜五分 生地四钱 黄芩一钱 甘草五分 灶心土一两

---

① 丹田暖则下元固：沪抄本作“丹田暖则火就燥，下元固则气归精”。

② 胃关：沪抄本作“肾关”。

③ 已：沪抄本作“易”。

泄 泻

暑湿常滞，在伤脾胃[①]，腹鸣痛泻，少[②]，进平陈加减，虽轻未已。

冬术一钱五分　泽泻一钱五分　猪苓二钱　厚朴八分　陈皮一钱　炙草五分　煨木香五分

脾喜燥而恶湿，湿蕴痰滞伤脾，腹中痛泻，进胃苓，痛泻已止，宜和中胃。

赤苓三钱　白蔻一钱　陈皮一钱五分　冬术一钱五分　半夏一钱五分　煨木香三分　炒谷芽二钱　神曲二钱　炙草五分

寒湿水气，交并中州，泄泻温中是理，延今月余，绕脐作痛，腹中气坠，痛则便泻，湿郁化热之象。精通之岁，阴未和谐，泻久伤阴，殊为可虑。每早进六味地黄丸三钱，午后服十九味资生丸三钱，再以补中益气加香、连。是否？仍候高明酌正。

清气在下，则生飧泄。浊气在上，则生䐜胀。肝脉循乎两胁，脾络布于胸中。肝实胁胀，脾虚腹满。木乘土位，食少运迟，营卫不和，往来寒热，补中益气是其法程，更以温固胃关之品。

东洋参二钱　白茯苓三钱　怀山药三钱　银柴八分　橘皮一钱　升麻五分　炙草五分　肉豆蔻一钱　补骨脂一钱五分（补泄泻三条[③]）

---

① 暑湿常滞在伤脾胃：江校本作“暑湿痰滞，互伤脾胃”。沪抄本作“暑热湿痰滞伤于脾胃”。

② 少：江校本作“溲少”，沪抄本作“小溲色赤”。

③ 清气……三条：此段原本单列一页，并明确为补泄泻三条的内容。根据本书文例及参考江校本，将该部分文字列于此。

东洋参二钱　怀山药三钱　银柴八分　茯苓三钱　冬术二钱　橘皮一钱　升麻五分　炙草五分　肉豆蔻一钱　补骨脂一钱半

淫雨兼旬，时湿暴甚，脾肾受伤。脾属土，肾属水，水土相乱，清浊交争，大便泻，小便少。经言谷气通于脾，雨气通肾，湿甚则濡泄。拟胃苓加减，通调水道，以清其源。

厚朴八分　茯苓三钱　猪苓二钱　橘皮一钱　泽泻一钱半　甘草五分　冬术一钱五分　车前子二钱　生姜一片

湿食互结中州，痛泻，痛随泻减。

厚朴一钱　枳实一钱　山楂三钱　泽泻二钱　陈皮一钱　砂仁八分　木香七分　藿香一钱五分

暴泻为实，久泻为虚。曾由饮食失调致泻，延今不已。泻色淡黄，完谷不化。火不生土，命门虚寒。脾肾俱亏，化机不振。《经》言肾者，胃之关也，开窍于二阴。拟景岳胃关煎，略为加减。

大熟地五钱　炮姜五分　冬术二钱　山药二钱　补骨脂一钱五分　五味子八分　吴萸五分　肉蔻三钱五分　炙草五分

《经》以清气在下，则生飧泄。数年洞泄，脾胃久伤。清阳不升，浊阴不降。胃关不固，仓廪不藏，乃失守之兆。非其所宜。

东洋参三钱　黄芪一钱五分　冬术二钱　归身一钱五分　炒柴胡八分　升麻五分　煨木香五分　肉蔻一钱五分　补骨脂一钱五分　甘草五分

曾经暴怒伤肝，木乘土位，建①运失常，食滞作泻。过怒则发，已历多年，病名气泻。议补脾之虚，调脾之气。

---

① 建：即"健"。

冬术一钱半　陈皮一钱　厚朴八分　煨木香八分　枳壳一钱　炙草五分

少腹痛，寅泻完谷不化。此真阴不足，丹田不暖，尾闾不固，阴中火虚故也。

熟地八钱　怀山药四钱　山萸四钱　云茯苓三钱　附片八分　五味子三分　干姜五分

过服攻伐之品，胃土受伤。腹中窄狭，便泻不止。脾虚气否于中，化机不展。拟归脾六君，助坤顺以法乾健。

东洋参三钱　茯苓三钱　冬术二钱　半夏一钱半　陈皮一钱　煨木香八分　枣仁三钱　远志二钱　炙草五分

阳气者，若天与日，失所则折寿而不彰。故天运当以日光明。人与天地相参，与日①相应。膻中为阳气之海，生化著于神明，命门为阳气之根，长养由于中土，故曰：君火以明，相火以位。明，即位之光；位，即明之质。症本相火下亏，不能生土，土虚无以生金。肺司百脉之气，脾乃生化之本，肾开窍于二阴。相火不振，膻中阴暝，脾失斡旋，肺失治节，中土苦于阴湿，乌能敷布诸经？湿甚则濡泄，下注于二阴，是以大便一溏，小便频数，虚症蜂起。譬如久雨淋漓，土为水浸，防堤溃决，庶物乖违。益火之本，以消阴霾。离照当空，化生万物。阴平阳秘，精神乃治。

熟地八两　冬术三两　附子一两　补骨脂一两五钱　东洋参三两　鹿角胶三两　肉蔻二两　诃子肉二两　吴萸一两　白芍二两　茴香一两五钱　白龙骨三两

蜜丸，每服三钱。

① 日：江校本“日”字后有“月”字。

曾经洞泄，又值大产，脾胃①双亏。《经》以肾为胃关，清气在下，则生飧泄。脾虚则清气不升，肾虚则肾②关不固，是以洞泄日增，近复完谷不化。脾主运化属土，赖火以生，火虚不能生土，土虚不能运化精微，脾不健运，肾火不足可知。脉来细弱无神，有血枯经闭之虑。治宜益火之源，以消阴翳。

熟地八两　山药四两　吴萸五钱　东洋参三两　冬术三两　附子五钱　补骨脂一两　升麻五钱　粟壳二两　五味子一两

为末，以石榴皮四两，煎水叠丸，每早晚服三钱。

服固肾温脾之剂，洞泄复作。症本火亏于下，土困于中，不能运化精微，致令升降失司，胃关不固。益火之源，以消阴翳，古之良法。反复者，必③所因。自述多因怒发，怒为肝志，乙癸同源，肾主闭藏，肝司疏泄，怒则伤肝，木乘土位④，肾欲固而肝泄之，脾欲健而木克之，是以反复相因，绵历一载，非药症不投，盖草木功能，难与性情争胜。是宜澄心息怒，恬淡无为，辅以药饵，何忧不止。

熟地八两　冬术三两　诃子肉三两　附子一两　东洋参三两　粟壳三两　干姜一两　赤石脂三两　肉蔻三两　五味子一两　吴萸六钱　补骨脂二两

用石榴皮四两，煎水叠丸，每早晚服三钱。

尊年脾肾素亏，值暑湿余气未尽，饮食少思，便泻不禁。肾虚，胃关不固，脾虚，传化失常，致令水谷精微之气，不能上升，反从下降，有降无升，犹四时之有秋冬，而无春夏。拟

---

① 胃：江校本作“肾”。
② 肾：江校本作“胃”。
③ 必：后疑缺“有”字。
④ 木乘土位：江校本作“木能克土”。

东垣先生，和中土，展清阳，行春令。质诸明哲。

人参八钱　茯苓三钱　冬术一钱五分　甘草五分　山药二钱　橘皮一钱　炒柴五分　升麻三分　煨肉果一钱五分　生姜三片　大枣二枚

脾统诸经之血，肾司五内之精。曾今[①]三次血崩，七胎半产，脾肾久亏。脾之与胃以膜相连，为中土之脏，仓廪之官，容受水谷，则有坤顺之德；化生气血，则有乾助之功。中土受亏，化机失职，清不能升，浊无由降，乃见呕吐吞酸，肠鸣飧泄等症。乘肾[②]之虚，戊邪传癸，遂成肠澼，肾气不及，澼势危殆，昼夜五色相兼，呕哕大汗，绝食神迷。自服热涩之品，正合[③]之理，是以获愈（眉：愈即阴应），未能如故。脾肾愈亏，肾兼水火之司，火虚不能生土，水虚盗气于金，脾土乃肺金之母，大肠与肺相为表里，辛金上虚，庚金失摄，土虚盗气于金，不能胜湿，肾虚胃关不固，且南方卑湿，脾土常亏，既失所生，又素不足，土弱金残，湿甚濡泄，是以每至夏令，则必濡泻。《经》所谓长夏善病[④]洞泄寒中是矣。经旨为常人立论，常人既患洞泄，而况脾肾久虚者乎！是故泻后虚症蜂起，自与众殊。所幸年当少壮，能受峻补，病势一退，精神如故。然峻补之剂，仅使可愈，未能壮[⑤]源。近复三月之间，或五志不和，饮食失宜，泄泻吞酸，不寐、怔忡、惊悸等症立起，即以峻补之剂，投之立应，已而复发，反复相似[⑥]，于兹四载。今年六月间，因忧劳病发，仍以前法治之立已。第药入则减，

① 今：据文义当作“经”。
② 肾：秦辑本作“脾”。
③ 合：“合”字后，江校本、秦辑本均有“《局方》”二字。
④ 病：原无，据《素问·金匮真言论》补。
⑤ 壮：江校本、秦辑本作“杜”。
⑥ 似：秦辑本作“仍”。

药过依然，洞泄日加，虚症叠见，怔忡惊悸，莫能自主，奔响腹胀，日夜无眠，呕吐吞酸，时时欲便，非便即泻，泻则虚不能支。欲便能忍，忍则数日方解，精神不[①]败。盖肾藏精，开窍于二阴，泻则阴精不固，精不化气，气不归精，相火不振，君火失明，宗气上浮，心神昏瞑，怔忡惊悸。阴阳不交则不寐，土不制水故肠鸣，吞酸乃西金收[②]气太过，呕吐是东木犯土有余。此皆火不归窟，气不依精，不然何以卒然颓败！倏尔神清，使非气火为病，安能迅速如此？治病必求其本，症本火亏于下，气不归精，屡服益火之剂，病势未能尽却者，以火能生土，亦能伤金。肺司百脉之气，气与火不两立，壮火蚀气，热剂过用，肺气受伤，元气孤浮无主，以故卒然疲败，补火因[③]是治本之法，所失在不兼济肺标之急。今拟晨服三才，养心清心安神，以济心肺之标。晚服右归，益火生土，以治受病之本。申服归脾、六君，崇土生金，以杜致病之源。疗治标本虽殊，三法同归一体。冀其肾升肺降，中土协[④]畅和，和气两协其平，水火同归一窟，精神[⑤]化气，气降归精，天地交通，何恙不已。

晨服煎方

熟地四钱　东洋参二钱　天麦冬各二钱　归身二钱　茯神二钱　柏子仁二钱　酸枣仁二钱　五味子八分　炙草五分

申服煎方

东洋参二钱　黄芪二钱　冬术一钱五分　远志一钱五分　酸枣仁二

① 不：江校本作“日”。
② 收：江校本作“化”。
③ 因：据文义当作“固”。
④ 协：江校本、秦辑本均无“协”字。
⑤ 神：秦辑本作“升”。

钱　茯神二钱　木香四分　归身二钱　半夏一钱五分　陈皮一钱　炙草五分　桂圆肉五枚

晚服丸方

六味地黄加附子、肉桂、枸杞子、菟丝饼、鹿角胶、杜仲，上药用蜜水叠丸服三钱。

霍乱

霍乱转筋，阴阳乘[1]隔，寒暑交争，肢冷烦躁，舌黄脉闭，内陷之症，难以药救。姑拟六和加减。

藿香二钱　厚朴八分　杏仁三钱　半夏一钱半　木瓜二钱　茯苓三钱　党参一钱　扁豆二钱　甘草五分

客忤霍乱，内有所伤，伤其七情，外有所感，感乎六气，阴阳乖错，吐泻交作，吐则伤阳伤胃，泻则伤阴伤肾[2]。吐泻时作，幸服理中，得有转机。今经二十日，胸次胀满，口干非渴，脉弦无力。阳不生阴，阴不化气，阴阳俱亏，五液俱耗，乙癸同源是理。第肾阴不足以制肝阳，肝志为怒，怒则气上，气填胸隔，非气滞[3]可比。肝无补法，补肾即所以补肝。人身之阴阳，阳者亲上而外卫，阴者亲下而内营。无阳则阴无以生，无阴则阳无以化。必得益气生阴，阴从阳化，肾气通于胃，阴精上蒸，清阳开展，自入佳境。二气两协，其平上下，互相流贯，自无否象。公议生脉、八味，益火之源，壮水之主，从阴引阳，从阳引阴。是否，候酌。

---

① 乘：据文义疑作"乖"。

② 肾：程评本作"脾"。

③ 气滞：沪抄本、《医略十三篇》"气滞"作"食滞"，程评本"气滞"作"食积"。

熟地八钱　丹皮三钱　泽泻三钱　附子一钱　山药四钱　茯苓三钱　山萸四钱　肉桂八分　人参二钱　麦冬三钱　五味子五分

脉[1]肝脉渐和，胃脉尚软，夜来半寐半寤，二气渐有和顺之机。素本肾亏虚寒之体，真阳不健，值大病之后，二气交伤，五液[2]脏腑之气何由骤复？补阴之品，无过熟地。但守补则中枢易钝，得桂附走而不守，达肾之窟，蕴生中土，方能化液生阴。不独不闷不滞，且于肾胃有襄赞之功，所谓补肾则胃开，补命门则脾健。清晨用原方略为加减，培补命、肾之阴阳；午后以养胃生阴之品，阴阳交济之法，循理之至，似乎无背谬，候正诸明哲。

熟地　丹皮　泽泻　附子　山药　茯苓　山萸　肉桂　人参　麦冬　橘皮　苁蓉

午后服养胃生阴方

南沙参八钱　野於术一钱　大白芍二钱　甘草五分　金钗斛五分

夜寐初醒，偶虑事情，扰动心火，舌中作燥。

照方去肉桂、茯苓，减附子四分，加酸枣仁三钱，午后仍服养胃生阴方。

立秋后四日，脉神形色俱起，脾胃渐苏。大病新瘥，脏腑初和，三[3]气未定，全在静养工夫。当守精摇形劳之戒，澄心息虑，恬淡无为，乃善后之良谟，五内太和之气，自臻庸豫[4]。拟方，仍候酌高明。

---

① 脉：疑衍。

② 五液：沪抄本、《医略十三篇》在“五液”后有“互损”二字，程评本在“五液”后有“俱耗”二字。

③ 三：沪抄本、《医略十三篇》均作“二”。

④ 庸豫：沪抄本、《医略十三篇》均作“康豫”，为是。康豫，康健。

熟地八钱　山药四钱　山萸四钱　茯苓三钱　橘皮一钱　人参一钱　枣仁三钱　归身三钱　五味子一钱

大病新瘥，脏腑初和，脾胃醒而未振，不宜思虑烦劳，七情之伤，虽有五脏之分，不外心肾；天地造化之理，无非静定。静则神藏，无为自化。阴平阳秘，精神乃治。食入于阴，长气于阳。阳气者，若天与日，失其所，则折寿而不彰。故天运当以日光明。前以从阴引阳，从阳引阴，水升火降，诸恙悉平。前[1]以黑归脾加减，从心脾肾主治，俟中枢大展，饮食加增，再以斑龙丸，培补命肾之元阳，以化素体之沉寒痼冷，乃有层次，然否候酌。

熟地四两　山药一两　山萸二两　白术二两　人参五钱　归身二两　枣仁二两　远志二两　茯神二两　煨木香三钱　炙草五钱

为末，以龙眼肉三两，水煎丸，每早晚服三钱。

沙　蜮

客忤沙氛，挥霍撩乱，吐泻交作，三焦俱伤，身冷脉伏，柔汗不收，目赤如鸠，溲红如血，浑如中毒，危在须臾。勉以元戎法尽其心力。

人参二钱　冬术二钱　炙草五分　炮姜五分　煅石膏一两　红蓼花根一两

地浆水煎。

沙氛袭络，遍身苛痹，肢尖逆冷，胸喉气不展舒，六脉细涩无力。正气六和加减。

藿梗二钱　苏梗一钱　荆芥一钱　茯苓三钱　炙草五分　半夏一

① 前：《医略十三篇》作“兹”。

钱五分　橘皮一钱　木瓜一钱　厚朴八分　大腹皮一钱

烦闷欲吐，颠痛，肢尖冷，脉细涩，沙候也。

制半夏四钱　芦根二两

甘澜水煎。

沙湿之邪，直犯阳明；饮食之滞，停留中脘。邪滞搏击于中，势不两立。是以心腹搅痛，欲吐不吐，欲利不利，挥霍撩乱，莫能自主，乃干霍之危候。以淡盐汤探吐，后服金不换正气散加减。

苍术一钱　陈皮一钱　炙草五分　槟榔一钱　厚朴八分　半夏一钱半　藿香一钱　草果仁五分

（沙蜮，即霍乱之属，以目陷脚麻为□①，男子手挽前阴，女子手挽其乳则脚不麻。）

消　渴②

阴虚有二，阴中之火虚，有阴中之水虚。水火同居一窟，肾藏主之。阳不化气，水精不布，水不得火，有降无升，直入膀胱，饮一溲溲③，名曰肺消。《经》土④载不治。拟方勉之，是否，候酌。

熟地八钱　丹皮三钱　山药四钱　附子一钱　巴戟天二钱　茯苓三钱　泽泻二钱　山萸四钱　肉桂一钱　苁蓉三钱　石斛三钱　远志二钱　五味子八分　石菖蒲八分　麦冬二钱

① □：疑为“主”字。

② 消渴：原书目录为“三消”，正文标题为“消渴”。

③ 溲溲：当作“溲二”。《素问·气厥论》曰：“心移寒于肺，肺消。肺消者饮一溲二，死不治。”

④ 土：江校本、沪抄本均无，为是。

《经》以二阳结，谓之消。谓手足阳明、胃与大肠经也。胃为水谷之海，大肠为传送之官。二经热结，则迟运倍常，传送失度。故善消水谷，不为肌肤，名曰中消，诚危候也。谨防疽发。

生地八钱　生石膏五钱　木通一钱半　牛膝三钱　知母二钱　麦冬三钱　甘草一钱　滑石三钱

岐伯曰：五气上溢，名曰脾瘅。夫五味入口，藏于胃，脾为之行其精气①。津液在脾，故令人口甘。此肥美之所发也。肥者令人内热，甘者令人中满，故其气上溢，转为消渴。治之以兰，除陈气也。

佩兰三钱　白葵花一钱半　知母二钱　黄柏二钱　花粉三钱　升麻三分　东洋参二钱　麦冬二钱　五味子八分　生姜汁三钱　藕汁一两

善食而瘦，名曰食㑊，亦名中消。热结阳明胃腑，防其疽发。拟调胃承气加减主治。

大黄八钱　丹皮三钱　泽泻三钱　山药四钱　茯苓三钱　知母二钱　黄柏二钱　川萆薢三钱

大渴引饮，舌裂唇焦，火灼金伤，津枯液涸，能食脉软，此属上消，前名膈消。谨防发背。白虎加人参汤主之。

知母三钱　生滑石八钱　生甘草一钱　人参一钱　粳米一两

善渴为上消，属肺，善饥为中消，属胃。饥渴交加，肺胃俱病。肺主上焦，胃主中焦。此由中焦胃火上炎，肺金失其清肃，津液为之枯槁，欲得外水相救，故大渴引饮。阳明主肌肉，食多而瘦削日加，乃水谷精华不归正化，故善食而瘦，阳消症

① 精气：《素问·大奇论》作“津液”。

也。《经》言：亢则害，承乃制。拟白虎汤主之。

生石膏八钱　知母四钱　生甘草一钱　粳米一两

《经》以二阳结，谓之消。有上、中、下之别也。下消者，小便如膏如淋，浑浊者是也。良由过用神思，扰乱五志之火，消灼真阴，精血、脂膏、津液，假道膀胱、溺管而出，故小便如膏如淋。五内失其营养，一身失其溉灌，日消月缩，殊为可虑。拟两仪加味，以滋肺肾之源，取金水相生之义。第草木功能，难与性情争胜。更宜展[1]除尘绊，恬淡虚无，俾太和之气，萃于一身，自能勿药有喜。

大生地十六两　东洋参四两　麦冬八两　南沙参三两　天冬六两　羚羊角二两　真秋石一两　归身六两　牛膝四两

长流水，桑柴火熬膏。每早晚服三钱。

消渴已止，眠食俱安。痰嗽未平，胸腹仍胀，乃水[2]火余威。木击金鸣，火灼金伤故也。曾经大产后，经前作痛，于今七载，尚未妊子，八脉有亏。现在经闭二月有余，脉象细数无力，非胎候也。有虚劳之虑。宜静养真阴。

熟地八两　生地八两　天麦冬各六两　冬术八两　元武板[3]八两　女贞子六两　肥玉竹八两　孩儿参六两

长流水，桑柴火熬膏。

脉来软数无力，症本阴液有亏，五志过极，俱从火化。万物遇火则消，故饥嘈善食，食不能多者，三消未著也。前哲治消症，必先荡涤积热，然后补阴，否则火得补而愈炽。服泻心五剂，火势已杀，宜补真阴。

---

① 展：据文义当作“斩”。
② 水：江校本、沪抄本均作“木”。
③ 元武板：即龟板。

生地八两　丹皮十二两　泽泻三两　山药四两　茯苓三两　知母三两　山栀三两　元武板二两

为末，以蜜水叠丸，每服三钱。

善渴为上消，肺气热而不清也。饮水过多，中土受伤。气机不畅，胸腹作胀，嗳气不舒，木火余威，击金为咳。去冬调治虽痊，今春小发。服煎方随愈，以丸缓图可也。

大生地八两　丹皮三两　泽泻三两　山药四两　冬术三两　麦冬三两　五味子一两　沙参三两　橘皮一两

蜜丸每早晚服三钱。

遗精

心旌上摇，相火下应。意淫于内，精滑于外。精伤无以生气，气虚无以生神。形神慵倦，肢体无力。阴不敛阳，浮火时升。寐来①口燥，间有妄梦②，症属阴亏。

熟地四钱　丹皮一钱半　泽泻一钱五分　山药二钱　山萸二钱　茯苓二钱　石莲肉二钱　女贞子二钱　旱莲草二钱

未冠先伤，乾被③为离。阳升莫制，阴精下损，梦泄频仍。眉棱骨痛如刺，厥少之风，扰动阳明，当培其下。

熟地六钱　山药三钱　麦冬三钱　龙骨三钱　女贞子三钱　元武板三钱　沙苑子三钱　旱莲草三钱　石莲肉二钱

肺④司疏泄，肾主封藏。二经俱有相火，其系上属于心。心为君火，心有所动，则相火翕然而起。此遗泄之所由生。宜

---

① 来：沪抄本作“中”。
② 梦：沪抄本“梦”字后有“而遗”二字。
③ 被：当作“破”。《悟真篇阐幽》曰：“乾破为离，坤实为坎。”
④ 肺：据文义当作“肝”。

先服荆公妙香散，安神秘精。

东洋参一两　茯神五钱　远志五钱　龙齿一两　益智子五钱　丹砂二钱　甘草五钱

为末，每服三钱，温酒下。

心主藏神，肾主藏精。神伤于上，精滑于下。五日一遗者，非独心肾不交，乃中土太亏之明验也。五为土之生数，生气不固，殊属不宜。

熟地八两　於术三两　远志二两　归身三两　黄芪二两　茯苓三两　枣仁二两　甘草五钱　东洋参一两

水叠丸，每服三钱。

病原已载前方。惟心肾不交，求其所致，由少年真阴不足，真阳失守。心①有所睹，因②有所慕，意有所乐，欲想方兴，不遂所致。盖心有所慕，则神不归；意有所想，则志不定。心藏神，肾藏志，脾藏意。志意不和，遂致三经否隔。此心肾不交之本末也。二十余年，病多恋③态。近服归脾获效，是求本之功，岂泛治所能瘳也。心肾不能自交，必谋中土。拟媒合黄婆，以交婴姹法。

东洋参三两　黄芪三两　於术三两　酸枣仁三两　归身三两　木香一两　茯苓三两　炙草八钱　远志三两　智仁一两

为末，桂圆肉三两，煎水叠丸每服三钱。

肾精之蓄泄，听命于心君。心为君火，肾为相火。君火上摇，相火下应。二火相煽，消灼真阴。情汩于中，莫能自主。肾欲静而心不宁，心欲清而火不息。致令婴姹不交，夜多妄梦。

---

① 心：江校本、沪抄本作“目”。

② 因：江校本作“心”。

③ 恋：据文义当作“变”。

精关不固，随感而遗。反复相似，二十余载。前进媒合黄婆，以交婴姹。数月以来，颇为获效。第病深药浅，犹虑复来，仍须加意调养，通志意以御精神，宣抑郁以舒魂魄，方克全济。

熟地八两　东洋参四两　茯苓四两　於术三两　黄芪三两　山药四两　石莲肉二两　菟丝子三两　酸枣仁三两　远志八两

芡实粉打糊为丸，每服四钱。

肺司百脉之气，肾统五内之精。肺肾俱亏，精气不能荣运。精不化气，气不归精，无故精滑，自不能禁。脉来软散①无力，法当温补三阴。议丹溪九龙丸加参术。

熟地　白茯苓　山萸肉　白归身　枸杞子　於术　人参　石莲肉　芡实粉　金樱子

等分为丸，以山药糊丸桐子大，每服四钱。

操持过度，致损肝脾。脾主中州，肝司疏泄。中气不足，溲为之变。肝为罢极之本，每值劳倦辄遗，筋力有所不胜，木乘气弱实疑。拟归脾，先实脾。禀赋不充，生阳不固，阴精失守，梦精②频仍。自述实无思虑，乃先天元气薄弱，法宜温固命门。议经验秘真丹主治。

菟丝子一两　家韭子一两　覆盆子一两　枸杞子一两　金樱子二两　柏子仁一两　龙骨五钱　牡蛎一两　山萸五钱　赤石脂五钱　山药一两　黄柏八钱　补骨脂一两　杜仲一两　巴戟天八钱　鹿角胶一两　炮姜一两　远志八钱

为末，蜜丸，早晚服四钱。

司疏泄者肝也，主秘藏者肾也。二经俱有相火，火不能静，

---

① 散：江校本作“数”。
② 精：江校本作“泄”。

精不能藏，易于疏泄。拟经验猪肚丸，清火固精。

冬术五两　白苦参三两　牡蛎四两

为末，以雄猪胆一具洗净，煮烂捽为泥，和丸，每早晚服三钱。

思为脾志，实系于心，神思妄动，暗吸肾阴。肾之阴亏，则精不藏，肝之阳强，则气不固。心相[①]不静，遗泄频仍。古云：有梦治心，无梦治肾。治肾宜固，治心宜清，持心息虑，扫去尘情。每早服水陆丹四钱。

熟地　东洋参　茯苓、神　五味子　柏子仁　枣仁　远志　桑螵蛸　归身　元参　丹参　石菖蒲

蜜丸，每服四钱。

《经》以肾主藏精，受五脏六腑之精而藏之，不独专主肾也。当察四属，以求其至[②]。吟诵不倦，深宵不寐。寐则梦遗，形神日羸，饮食日少，脉来细数。此属血耗神虚，神不摄精，水不济火，肾不交心，非萦思不遂可比。心不受病，当从手厥阴包络论治。

生地四钱　茯苓三钱　归身二钱　远志一钱半　东洋参二钱　犀角五分　川连七分　酸枣仁三钱　胡桃肉去皮，五钱　大块辰砂三分

肾受五脏六腑之精而藏之，源源而来，用之有节。精固则生化出于自然，脏腑皆赖以荣养。精亏则五内五[③]相克制，诸病之所由生。素体先天不足，中年复为遗泄所戕。继之心虚白浊，加以过劳神思，以致心肾乖违，精关不固。精不化气，气不归精，渐成羸疾。《经》以精食气，形食味，味归形，形归

① 相：江校本作“思”。
② 至：据文义当作“旨”。
③ 五：据文义当作“互”。

气，气归精，精化气。欲补无形之气，须益有形之精。今拟气味俱厚之品，味厚补坎，气厚填离，冀其坎离既济，心肾交通，方克有济。

熟地　麦冬　枸杞子　野黄精　五味子　紫河车　冬术　覆盆子　菟丝子　川黄柏　东洋参　丹皮　黄鱼膘　枣仁　沉香　元武板　鹿角胶

蜜丸，每早晚服三钱。以上难辟之物俱用牡蛎粉炒。

阴痿

思为脾志，心主藏神。神思过用，病所由生。心为君主之官，端拱①无为；相火代心司职，曲运神机。摇动相火，载血上行，下为遗泄。因循怠治，病势转深，更增虚阳上越，眩晕等症。诸风掉眩，皆属于肝。面色戴阳，肾虚故也。不能久立久坐者，肝主筋，肾主骨，肝肾不足以滋荣筋骨也。眼花耳啸者，肾气通于耳，肝窍开于目，水弱不能上升②，血少不能归明于目也。胸背之间隐痛如裂者，二气无能流贯，脉络不通也。呕吐黄绿水者，肝色青，脾色黄，青黄合色则绿；乃木乘土位之征也。前阴为宗筋之会，会于气街，而阳明为之长。心脾不足，冲脉不充，宗筋不振，阴缩不兴。滋阴降火，苦肾之法，最是良谋。惜少通以济塞之品，以致无效。不受温补热塞之剂者，盖壮年非相火真衰，乃抑郁致火不宣畅。膻中阴暝，离光③不振也。相火不宣，则宜斡旋中气，以畅诸经。譬如盛火

① 端拱：语自《庄子·山木》，本指端坐拱立，此喻闲适自得，无为而治。

② 升：江校本“升”字后有“于耳”二字。

③ 光：江校本作“火”。

蔽障，微透风，则翕然而起矣。

生地八两　东洋参三两　冬术三两　枣仁三两　木香八钱　沉香八钱　琥珀一两　黄柏二两　远志二两　归身三两　云苓三两　炙草一两　元参三两

蜜丸，每服三钱。

便　结

《经》以肾开窍于二阴，主五液而司开阖。饮食入于胃，津液输于脾，归于肺，注于膀胱，是为小便糟粕。受盛小肠，传送大肠，出于广肠，是为大便。其中酝酿氤氲之气，化生精血，滋润五脏，荣养百骸。盖大肠传送，赖相傅为之斡旋。故肺与大肠相为表里，肺为相傅之官，治节出焉。肾之液润，赖州都为之藏蓄，故肾与膀胱相为表里。膀胱为州都之官，津液藏焉。小便多而大便结，正与大便泄、小便秘，同归一体。便泄溲秘，乃清浊相浑，溲多便结，乃清浊太分，过犹不及。脉来软数无力，尺部尤甚。病本阴亏，水不制火，火灼金①伤，寒热似疟。注泻之后，五液耗干。肺不清肃，无由下降，令开阖失司，传送失职，州都津液少藏，故大便秘而小便数。所服之方极是。拟清上实下主治。清上则肺无畏火之炎，实下则肾有生水之渐。冀其金水相生，肺肾相资。清归于肺，润归于肾，则大肠无燥闭之患矣。愚见云然，未识高明以为然否。

鲜首乌　怀牛膝　当归身正②　杏仁　羚羊片　南沙参

---

① 金：江校本作“阴”。
② 当归身正：江校本作“归尾”。

虚　损

心为主宰，肾为根本。曲运神机，劳伤乎心。心神过用，暗汲肾阴。子午不交，寤而不寐。《内经》云：经脉横解，肠澼为痔。亦由湿热伤阴，气虚不化。左脉虚大而弦，右脉濡滑。肾之阴亏，肝之阳旺，心气不足。脾为太阴湿土，虚则生湿。利湿伤气①，清热耗气。阴虚忌燥热，阳虚忌苦寒。宜从心脾肾进步。

熟地八钱　於术三钱　菟丝子盐水炒，三钱　麦冬三钱　人参一钱　茯神三钱　枸杞子三钱　柿霜二钱

年甫二十三，脉不应指，二天不振，心肾交亏。瘰疬虽痊，气血伤而未复，心跳作呕。先养心脾，兼和肝胃。

归脾汤去人参，加熟地。

年经二十旬，先天薄弱，后天不振，盗汗梦泄。上年六月，奔驰辛苦，痰中带血，每逢节令举发。去冬感寒停滞，病中又伤，盗汗甚多，昏沉似脱，病中走泄。曾服参附回阳，渐渐向安，卧床月余。今交夏令，饮食不香，午后肩背似乎拘束不舒。食后嗳气，肢体无力，筋骨酸疼，腰膝尤甚。若稍烦心，即觉心中疼痛气闷。小溲黄色俱多，清时日少。舌根之苔，病后至今未化。面无华色，脉来细数，正气肾气伤而未复。少壮年华，必得清心静养，冀其复原为妙，进后天以培先天。

归脾汤去黄芪，加熟地、冬虫夏草。

自汗阳虚，盗汗阴弱。有梦治心，无梦治肾。咯血痰血，血丝白点，皆属脏阴不藏。心火动，相火随，水不涵木，木火

① 气：沪抄本作“阴”。

升腾莫制，血随气升。心火下注，频频梦泄，神志不藏也。昨夜遗泄甚多，非满溢耳，乃心动神驰，心相不静。速当清心保肾，固守元关，不至复来为妙。

党参三钱　熟地四钱　山药二钱　枣仁三钱　远志三钱　茯神三钱　桂圆肉三钱　木香八钱　牡蛎八钱　朱染麦冬三钱

肾为先天之本，脾为后天之本。二本皆亏，未老先衰。精神不振，心悸头眩。手足心烧，腰背酸痛。肠红脱肛，兼有内痔。中气肾气皆亏，当培补真阴，静养为妙。

党参四两　河车一个　龟板二两　冬术二两　茯神三两　归身三两　熟地五两　燕根①三两　芡实三两　湘莲三两　侧柏叶三两

为末，用桂圆、鲜藕、玉竹熬膏为丸。

咳嗽夜甚，动劳气喘，夜卧不宁，手心蒸热。精神不振，形神日羸。脉来弦数，按之无力。颠顶疼痛，三阴内亏，金水交伤。阴虚忌燥热，阳忌苦寒②。虚劳内损，二气皆亏，全赖脾胃资生化源。仍以小海参丸加减。

党参三两　海参连泥炒，瓦上炙枯，三两　茯苓三两　山药四两　半夏一两　燕根三两　牡蛎五两　贝母二两　阿胶二两　橘红一两　熟地八两　蒺藜三两　苏梗一两五钱　冬虫三两　夏草三两

上药研末，蜜丸，每早服三钱。

诸风掉眩，皆属于肝。左脉甚小，心肝肾三阴皆亏，肾不养肝，心气益虚。右脉且濡且慢，真阳亦衰，头目眩晕，不耐操劳。寒凉者，真气之虚也。《经》以劳者温之，损者益之。本拟龟鹿二仙胶，现在中虚寒痰，先拟参附理阴合归脾。

---

① 燕根：即燕窝。

② 阳忌苦寒：沪抄本“阳”字后有一“虚”字，为是。

党参　归身　枣仁　茯神　枸杞　附子　炙草　熟地　冬术　远志　桂圆肉

十一日，脉形神色俱起，眩晕较好，中气、肾气、心气皆亏，肾不藏肝，木火交并。二气俱乖①，补阴不足②，补阳尤难。阴从阳长，血随气升。前进黑归脾尚合机宜，今拟斑龙加减：

龟板胶　菟丝饼　熟地　枸杞　茯神　山药　党参　萸肉　附子　鹿角胶

舌乃心之苗。舌尖属心，舌根属肾，舌尖傍右边或数日一麻，含桂圆即稍好，系心气亏虚。思为脾志，实本于心，不独曲运神机也。左右者，阴阳之道路也。水火者，阴阳之征兆也。人身气血，百骸贯通，总得阴阳二气，源源相济，进黑归脾甚合机宜。仍以班龙合参附归脾，培生生气。

党参　归身　远志　冬术　枸杞　菟丝饼　熟附子　熟地　茯神　枣仁　鹿角胶　炙草　桂圆

后加麦冬、石斛。

水不配火，肾不纳气，气不归原，气有余便是火。右肾热气蔓延，常多走泄，精神不振。肾属水，水虚则热。补阴不易，补阳尤难。脉象六阴，按之虚数不静，右尺尤甚。心肾两亏，所服之方甚好，今拟黑归脾合斑龙两仪起元法，培命肾之阴阳，冀水火既济，自然纳气归窟。

鹿角胶酒炒，三两　鹿茸炙，一两　茯神四两　木香五两　於术三两　龟板胶三两　蜜黄芪三两　熟地八两　枣仁三两　远志甘草水炒，

① 乖：沪抄本作“损”。

② 足：沪抄本作“易”。

三两　菟丝饼盐水炒，三两　归身酒炒，三两　柏子霜一两半　生甘草五钱

为末，用枸杞、桂圆肉、麦冬、党参、福橘熬膏和丸。

悟性不达，灵机不活也。巧发于肾，灵发于心。十岁始能言语，固由心气不足，实由先天薄弱，不能上达于心。未来之事，取之于心。已往之事，记之于肾。悟性不灵，出吐言语，似是而非，乃神志不藏也。不可开窍，当补先天。启振元神为妙，应知静则生慧。

河车三钱　远志肉一钱半　元武板三钱　熟地四钱

《长生秘典》曰：内劳神明，外劳形质。形与神交用，精与气俱伤。多言伤气，多劳伤肾。心畅则胃开，肾旺则脾健，心肾得太和之气，自然食香神旺。

人参一钱　麦冬三钱　北五味四分　陈仓米一勺

十二日，诸恙悉退，元神未复，气软胃弱。《经》曰：肾气通于胃。补肾有开胃之功，扶脾有生阳之妙。拟脾肾双培法。

人参　白术　茯苓　陈皮　苁蓉　甘草　枸杞子　陈仓米

上损于下，损极于中，最属可虑。男子脉大为劳，三阴内亏，下患漏痔。咳嗽气急，呕吐酸水。补土则生金，金生则水旺。诸虚百损，不舍脾胃。有胃气则生，无胃气则死，诚不诬矣。

党参　於术　黄芪　茯苓　甘草　陈皮　谷芽　冬虫夏草

年已二旬，尚属童年，毫无知识，灵机蒙蔽。小解如常，脉来细小。先天不足，神志不开。二窍不能，必得神志充足，灵光自透。养先天，炼后天，徐徐调养。

每早服斑龙丸三钱，黑归脾去黄芪。

精气神，乃人生之至宝，为先天立命之基。二天不振，水

不配火。形瘦食少，浮火时升。下有痔疡，三阴内亏，常多梦泄，慎养为妙。壮水之主，以制阳光。

地黄汤加川柏、槐角、谷芽、菊花。

惊则气乱，伤乎心也；恐则气怯，伤乎肾也。由此二气致偏，偏久致损；损不能复，便生坏象。现在气不生阴，阴不化气。木乘春旺，中土受伤，水精不布，揆度失常。面色如妆，肉山已倒，生气去矣。所服之方滋生化源，无以加焉。今拟方，高明斟酌，有效乃吉。

牡蛎一两　人参五钱　熟地藕汁炒，八钱　山药四两　当归米炒，四两　柴胡八分　升麻八分　冬瓜子生、熟。各二钱

服药后未曾呕吐，溏粪一次，小便通畅，喉中痰声稍减，吐痰照旧，仍不思饮食。滋阴则碍脾，脾喜燥而肾恶。有胃气则生，无胃气则死。荣出中焦，资生于胃，补土则生金。仍仿前方，候裁正。

牡蛎　人参　於术　白芍　茯苓　山药　附子童便浸宿，蜜水炙，八分　姜渣米汤炒，一钱

后加阿胶藕粉炒二钱。

顷奉手函，敬稔令嫒。春分节令，未有更变，药分三次，徐徐服之，未作呕吐，仍觉胸中饱闷，渐渐方舒。每日食粥三次，每食一茶杯，不能多进。大便间或溏泄，小便畅行。阴阳渐分，夜寐较安。面色黄瘦，饮食不为肌肤。颧红渐退，咳嗽稍减。脉证渐定，即是转机。好好调养，渐入佳境。拟方酌服。肃此奉复，并璧尊谦。

牡蛎五钱半　人参一钱　白芍五钱　山药三钱　於术四钱　茯苓四钱　阿胶三钱　附子一钱　生姜一钱

脉来细涩，形容消瘦，藏阴营液俱亏。食少运迟，不为肌肤[1]。卧则气促，小腹气坠，兼有偏坠。脾胃不健，先天不足，后天不振。养先天，练后天，冀其真元复来，是为大法。

归脾去黄芪、桂圆，加麦芽。

脉来细涩，眠食虽安，运纳不健，二天不振。养先天兼和肝胃。

归脾去黄芪、桂圆，加谷芽、熟地。

脉神形色俱起，眠食已安，运纳渐旺，二天有振作之机，原方加。

前方去谷芽，加桂圆、南枣。

恙原前方申说，服药以来，脉神形色俱起，胃口大开，生气来矣。以丸代煎，回府调养。乘鸾[2]之后，螽斯衍庆[3]，益当加意节制。先天源源，而后百福骈臻，兰征[4]必矣。

熟地砂仁炒，八两　山药四两　丹皮酒炒，三两　燕根炙，四两　淡菜三两　山萸肉盐水炒，四两　茯神四两　泽泻盐水炒，三两　芡实焙，三两　广皮一两　桑螵蛸盐水炒，二两　野料豆三两

为末，用新藕三片、旱莲草八两、女贞子五两、玉竹四两，熬膏和丸。

肾不养肝，阴不上潮。心胃火旺，口干喜饮。水不济火，养心保肾，水火既济为妙。

---

① 肌肤：沪抄本作“充养”。

② 乘鸾：结婚。传说春秋时秦有萧史，善吹箫，秦穆公女弄玉慕之。穆公遂以女妻之。萧史教玉学箫作凤鸣声，引凤凰飞止其家，后二人乘凤凰升天而去。见汉代刘向《列仙传》。

③ 螽斯衍庆：比喻子孙众多。语本《诗经·螽斯》：“螽斯羽，诜诜兮。”螽斯，昆虫名，产卵极多。衍，延续。

④ 兰征：生子。语本《左传·宣公三年》。

水制首乌　半夏　茯神　远志　枸杞　沙苑子　墨桑椹子　儿参　菟丝饼　於术　石斛

心脉短，肝脉虚，尺脉小，性躁多虑，心气亏虚，喜怒伤气，寒暑伤形。

何人六君加升麻、柴胡、姜、枣。

客秋痎疟，失于调治，不耐操劳，阳①气亏虚，宗《经》旨：劳者温之，损者益之。

十四味建中去麦冬。

气不生阴，精不化气。精神不振，五心烦躁，日晡寒热。总由水火不济，三阴不足故也。

熟地　丹皮　远志　茯神　麦冬　玉竹　菟丝饼　谷芽　淡菜

精神不振，饮食不甘。五心烦躁，卧不安神。脉来虚数，三阴不足。心肾不交，水不配火。以丸代煎。

熟地砂仁炒，八两　萸肉四两　山药四两　茯神四两　菟丝饼二两　龟板三两　丹皮三两　燕根四两　泽泻三两　谷芽二两　夜交藤三两　淡菜三两　远志二两　陈皮一两

上药研末，用麦冬三两、桂圆肉四两、玉竹四两熬膏和丸。

心为一身主宰，所藏者神。曲运神机，劳伤乎心。心神过用，暗吸真阴。木失所荣，肝胆自怯。神不安舍，舍空则痰火居之。七情不适，思则气结，腹中澎湃如雷②，嚏则稍爽。心病累及肝胆。天王补心丹、酸枣仁汤皆是理路，姑拟阿胶鸡子黄汤。然否，候酌。

① 阳：沪抄本作“二”。
② 雷：沪抄本作“潮”。

阿胶藕粉炒　生地　枳实面炒　竹茹　半夏　粉甘草　鸡子黄不煎

和服。

忧思郁结，心神不宁。惊悸慌乱，肢体发抖。不思饮食，咳嗽痰多。形容消瘦，脉息双弦，犯五行之忌。多酌高明。

熟地八钱　米炒麦冬三钱　甘草水炒远志一钱　甘草五分

素本阴亏木郁，近值恙后中伤，肝病传脾，转输失职。气郁化火，上扰心宫。汗为心液，舌为心苗，自汗舌糜，是其明验。法当壮水之主，冀其水升火降，木得敷荣，则无克土之患。

熟地八两　茯苓三两　山药三两　黄柏二两　龟板三两　元参二两　枣仁二两　丹皮三两

为末，蜜水为丸，每早晚服三钱。

真阴下亏，虚阳上越。水火不济，心肾乖违。五志过极，俱从火化。火愈炽，水愈亏。水不涵木，曲直①作酸。阴不敛阳，竟夜无寐。甚至心烦意乱，莫能自主。盖阳统乎阴，精本乎气。上不安者，必由乎下。心气虚者，必因乎肾，脉来软而数。爰以六味、三才，加以介类潜阳之品，专培五脏之精，冀其精化气、气归精。阴平阳秘，精神乃治。

熟地八两　丹皮三两　泽泻三两　东洋参二两　山药三两　山萸三两　茯苓三两　天门冬二两　炙鳖甲四两　龟板四两　牡蛎粉煅，五两　野黄精三两

为末，蜜丸，每服三钱。

阴亏于下，木失敷荣，木乘土位，脾困于中。脾之与胃，以膜相连，胃乃卫之原，脾乃荣之本。卫不外护则寒，营失中

---

① 曲直：指木。《尚书·洪范》曰："木曰曲直。"

守则热。健运失常，饮食减少；水源不足，瘦削日加；奇脉有亏，经候不一，脉来虚数而弦。症本辛苦操劳所致，治当脾肾双补为法。

熟地八两　东洋参三两　冬术三两　枣仁三两　归身三两　女贞子三两　怀山药一两　茯苓三两　远志二两　泽泻一两五钱　丹皮二两　炙草五钱

为末，水叠丸，每早晚服三钱。

膈　症

右脉弦大，左脉涩小，中宫失运，胃不冲和，气痰食阻。年近六①旬，肺胃液枯，八仙长寿是理。现在气痛阻逆，腻滞难投，暂以宣剂。

党参三钱　橘皮一钱　半夏二钱　茯苓三钱　麦冬二钱　五味三分　甘草五分　海蜇三钱　荸荠五个　红糖四钱　枇杷叶三片

气郁动肝，中伤气逆。食入作痛，嗳气不止。脉象沉弦，中州失运，非佳候也。

补中益气加白芍、五味、海蜇、红糖。

又方

党参三两　白芍三两　元胡三两　香橼三两　枳实一两五钱　当归三两　白术三两　茯苓三两　陈皮一两五钱　木香八钱　甘草五钱

蜜丸。

食入作噎，气痰作阻，前后心疼痛，已延三载有余。现在粥亦难下，三阳结谓之隔。八仙长寿是理，仍请一手调治，不必舍近求远。

---

①　六：沪抄本作“七”。

补阴益气加五味、杷叶。

脉来沉小，心肝肾三阴不足。右脉犯弦，木制中胃。清阳不展，浊阴上潜。清浊混淆，天地不泰，变生否象，不可轻视。

熟地八钱　当归三钱　苏梗三钱五分　五味子三分　山药三钱　甘草五分　柴胡一钱　橘红三钱五分　升麻五分　杷叶三片

脉来沉小而涩，肝胃[1]阴亏，右脉仍弦。木制中胃，气失冲和。天地不泰，致生否象。不独香燥难投，破气更属不利。养肝肾以纳气机，和[2]肺胃以舒气化。拟八仙长寿加减。

八仙长寿加苏叶、杷叶、白蜜。八仙长寿丹即六味地黄加麦冬、五味子。

阴亏于下，火炎于上。肺胃枯槁，气痰阻塞。操劳内伤，火升莫制。液化为痰，气化为火。肾水不升，肺阴不降，乃逆候也。

八仙长寿丹加杷叶。

金为水母，气为水源。厥阴绕咽，少阴循喉。肝肾不纳，金水不生。水不济火，火浮于上。非水莫制，非肾不纳。清心保肾，水升火降乃妙。

八仙长寿加杷叶。

先天薄弱，水不养肝。肝犯中胃，胃不冲和。气不下达，返[3]逆于上。致令食不能下，脉象虚弦。不宜香燥，当以乙癸同源为是。八仙长寿丹，服方二剂，喉痛咳减，气逆亦平，饮食尚未豁然。素有气痛，亦是肝肾不和。补癸水以滋乙木，清心养肺，原方加减。

---

① 胃：沪抄本作“肾”。
② 和：沪抄本作“养”。
③ 返：沪抄本作“反”。

八仙长寿加杷叶、阿胶。

病原已载前方，服药后，饮食加增，不甚呕逆，大便不畅。此阳明不和，阴亏所致。

六味加乌梅、二冬。

肾虚胃关不健，气逆中宫，食入作阻。水不养肝，肝犯中胃。两脉俱弦，舌绛苔燥，痰多汗多，阴伤不能化燥，殊属不宜。

熟地　茯苓　远志　半夏　五味子　枳实　竹茹　党参

纳食主胃，运化主脾。脾升则健，胃降则和。中宫失运，气痰作阻。胃失冲和，饮食难下。年逾六旬，大便结燥。肺胃干槁，脉见双弦。木制土位，所服之方，理路甚好。但病势已深，虑难奏捷。拟方多酌高明。

补中益气去芪加麦冬、五味、荸荠、檀香。

中宫失运，胃不冲和。气痰阻噎，食不能下。且痛且闷，吐出方定。机关不利，致有三阳结病之势。姑拟一方，冀天相吉人而已。

党参　远志　橘红　茯苓　枳实　荸荠　熟地　枣仁　半夏　甘草　竹茹

右脉弦大，胃失冲和，木犯中宫。肝为刚脏，非柔不和。纳食主胃，胃降则和。肾不吸胃，胃关不健。金匮肾气丸调养肝肾，纳气归窟，上病治下。十味温胆，奠安中胃，未获效机。鄙见浅陋，拟方多酌明哲。

党参　升麻　柴胡　陈皮　当归　白术　甘草　甘蔗汁

肺胃气机不利，会厌开合失常。思虑郁结，必得怡悦开怀，不致结痹为妙。

升麻　柴胡　归身　五味　山药　熟地　陈皮　沙参　甘

草　杷叶

心胸以上，部位最高。清虚之所，如离照当空，旷然无外。天地不泰，则否象见矣。归脾补阴益气，寡效者，肝郁心不畅，郁结之病也。必得慰以解忧，喜以胜悲。再以上病下取法挽之。

阳八味①加沉香。

肾虚胃关不健，饮食迟于运化，中虚健运失常，痰起中焦。脉来弦大而数，按之无力。肾之阴亏，肝之阳旺，犯中扰胃，清浊混淆，天地不泰，致生否象。胸满头眩，夜来阳强，虑多妄梦，四肢无力。胸下脐左右痞块横梗。操劳太甚，心肝肾三阴皆亏。香燥难投，谨防气痰作阻，法宜乙癸同源。

每早服八仙长寿丹三钱。

党参　熟地　远志　陈皮　半夏　茯神　甘草　枳实　蒲黄　海蜇

思虑伤脾，郁怒伤肝。肝肾不和，饮食减少。中宫不畅，懊憹作痛，痛已年余。脉象多弦，弦者为减，殊属不宜。肝郁达之，心郁发之。先拟东垣先生法，调中养胃，不致三阳结病为妙。

补中益气汤加檀香、白芍、白糖，去黄芪。

开上实②，轻舒气化。胸次渐开，天地交泰，否象自除，从心脾进步。

归脾加熟地、檀香。

喉者，候气也；咽者，咽物也。开合之枢机，出入之门户。会厌失常，阻逆饮食。肺气③干槁，气闷不利，极难奏效。拟

① 阳八味：即八味地黄丸。

② 开上实：据沪抄本，"实"字后当补一"下"字。

③ 气：沪抄本作"胃"。

上病下取法，多酌高明。

八仙长寿加香附[1]、甘蔗、荸荠、海蜇。

年近六旬，形瘦夜[2]枯。肺胃干槁，机关不利。气化为火，液化为痰。食不能下，膈症已成，难以救治。勉方聊尽人力。

都气丸加杷叶、白蜜。六味地黄加五味子，名都气丸。

脉来细[3]小，气胀拱痛，汩汩有声，二便皆不通。前辈以溲便不利谓之关，饮食不下谓之格。阴阳偏胜，病之逆从也。

生地　车前子　冬葵子　黄柏　茯苓　知母　冬瓜子　郁李仁　山药　泽泻　丹皮 山萸

暴怒伤阴，酒后饮冷，气火郁结，肺胃不降，大渴引饮，已延一日[4]。心慌手抖，茶水不入。大便即如羊粪，小溲全无。呕之不出，纳之不下，已变关格，难以救治。勉方挽之。

茯苓三钱　黄芩一钱　党参三钱　陈皮一钱　半夏一钱五分　枳实五分　五味五分　干姜五分　炙草五分　竹茹三钱　甘蔗汁一杯

服药后，烦呕虽平，气痰未下，阳明不和，腑气未调，仍属逆候。宜泻心温胆，宣畅阳明。

半夏二钱　川连五分　黄芩一钱　干姜五分　甘草五分　党参三钱　陈皮一钱　枳实八分　竹茹二钱　生姜一钱　荸荠三个　茯苓三钱

反 胃

肾虚胃关不健，脾虚转运失常，食停中州，朝食暮吐。午后脘痛气响，转矢气消舒，昼夜如是。七情郁结，思虑尤甚。

---

① 香附：沪抄本作“附子”。
② 夜：据文义应作“液”。
③ 细：沪抄本作“沉”。
④ 日：沪抄本作“月”。

补中益气虽合①，不若归脾汤兼养心脾为妙。

早服金匮肾气丸三钱。

纳食主胃，胃阳不足，则不思饮；胃阴不足，则不纳食。阳赖肾火以煦和，阴赖肾水以濡润。纳食、思食、运食，皆真气周匝。素本火旺金亏，肝木②时升，肺阴不降，常多鼻流清涕喉痛。所服补中益气加减，木郁达之，火郁发之，脾胃升降则健，可谓详且细矣。午逾古稀，二气皆亏，纵有虚邪，亦当固本。

每早服枳术丸三钱。

呃逆

胃失冲和，气逆作呃。

温胆汤加刀豆子。

气痰呃逆，脉象弦③数，按之无力。中虚胃不冲和，肺气失降，痰郁作呃。丁香、柿蒂甘温之品皆是。呃由暴起，所谓肺胃不和是也。

先拟

二陈加杷叶、杏仁，一治肺，一治胃。

明日再进三剂可也。

后加刀豆子七粒，三生四熟。

痰饮

肝郁中伤，胃寒积饮，肚口汩汩有声。或胀至颠顶，或胀

---

① 合：江校本、沪抄本作“好”。
② 肝木：沪抄本作“木火”。
③ 弦：沪抄本“弦”字后有“滑”字。

至腿足，或胀至皮肤，不知饥饿。气不舒展，肝脾不和。

党参三钱　当归三钱　於术三钱　陈皮一钱　半夏一钱　茯苓三钱　桂枝一钱　桑皮一钱半　苏梗一钱半　豆蔻五分　杷叶三片　姜渣三钱

脉弦兼滑，中阳不健。胃寒停饮，嗳气吐酸，食后尤甚，延令多载。膈上停痰，积饮为患。苓桂术甘不应，姜术亦不应。年在冲龄，病延已久。补命门以健中阳，再以肾气法调之。

金匮肾气丸加沉香同肉桂煅三分。

左脉弦沉，右脉沉滑。嗳逆吐酸，胸闷呕食。肾虚胃关不健，脾虚健运失常。积食积痰，作呕作酸；外饮治脾，内饮治肾，香燥难投。

每日服金匮肾气丸三钱。

党参五钱　冬术三钱　茯苓三钱　陈皮一钱半　半夏二钱　麸枳实钱半

两脉俱弦，且滑且疾。思虑伤脾，积劳伤中。中伤停饮，呕吐清水。胃①不开畅，发甚胀痛，不耐操劳，已历十余载。病起于肝，损极②于中，吐水多甜，脾湿生热。肾为水之本，膀胱为水之标，土乃水之堤防。崇土渗湿，肝病实脾。

每早服济生肾气丸三钱。

党参　半夏曲　茯苓　冬术　猪苓　泽泻

肺痿

咳出于肺，有声无痰，火灼金伤，始因风袭肺络，咳嗽失血。前年三月，近风戕肺，此喑哑，肺气郁而不开是也。今已

① 胃：沪抄本作“气”。
② 极：沪抄本作“及”。

年余，手足发烧，口干心慌，浮火时升，饥则尤甚，脉来虚数。金伤成痿，虑难奏捷。

儿参　阿胶　玉竹　山药　炒牛子　桔梗　甘草　冬虫夏草　慈菇叶　海蜇　新生鸡子清一枚

久嗽喑哑，喉痛作干，形神日羸，饮食日少。所谓金水两伤，阴不上潮，肺痿已著。所服导火归原，金水相生，是其法程。时值午火司权，金水益亏，脉来沉数。沉者，郁也；数者，火也。七情不适，郁结化火，火燥阴[1]伤，理当补阴。奈饮食减少，寒热往来，暂从木郁达之。荣出中焦，资生于胃。诸虚百损，全赖脾胃。资生化源，补土生金，养阴益气，病势深沉，虑难奏捷。

党参四钱　熟地八钱　山药四钱　归身三钱　陈皮一钱　牡蛎八钱　炒柴胡八分　炙升麻四分　甘草五分　淡菜二钱　鸡子黄一枚

肺为娇脏，不耐邪侵毫毛，必咳。内配胸中，外司皮毛。客夏伤风喑哑，肺气郁而音不开。至秋燥气加临，致生咳嗽。蒂丁[2]下垂，延今不已。间日寒战如疟，二气交病，火郁金伤，有肺痿之虑。所服之方，尚在理路。但病势日深，形神日羸。入夏午火司权，恐娇脏不耐燔蒸，致生歧变。

党参　熟地　山药　当归　升麻　柴胡　新会皮　贝母　龟板　甘草

诸气膹郁，皆属于肺。咳嗽痰臭者，肺郁也，脉见滑疾，夏令反见沉象，积郁积劳。加之悲哀动中，中伤肺病，阴不化燥，身有灼热，得汗稍轻。显是郁湿伤阴，火令司权，最忌喉

---

① 阴：沪抄本作“金”。

② 蒂丁，小舌。

痛喑哑。有肺伤变痿之虑，暂以千金加减。

石斛　地骨皮　杏仁　贝母　桔梗　牛子　甘草　丝瓜络　冬瓜子　芦根

肺痈

中伤肺损，木火上冲，时①而背痛，右胁亦痛。伤力蓄瘀，气血紊乱，昼夜无眠。咳嗽气急，痰带花红，且有腥味，肺痈渐著。脉素芤象，殊属不宜。

桃仁三钱　桑皮三钱半　甘草五分　丝瓜络三钱半　苡仁三钱　芦根一两　童便一杯

咳嗽

肺主咳，属金，金空则鸣，金实则哑，金破则嘶。素本操劳过度，肺虚召②风，气机不展，声音不扬，已延一载。上损于下，防成肺痿。病本土不生金，金令不肃；木寡于畏，扣金为咳。腋痛者，木横之征也。崇土生金亦可平木，煎方加减，为丸缓治。

党参二两　茯苓五两　冬术三两　炙草五钱　半夏一两五钱　广皮一两五钱　归身一两　银柴五钱　升麻五钱　山药

为末，蜜丸。

肝阴素亏，肺有伏风。肺为娇脏，不耐邪侵。肺不和则鼻不闻香臭，冒风则咳甚，喉中水鸡声。肺虚治节不行，肝虚气不条达，先以轻③疏为主。

---

① 时：沪抄本作“始”。
② 召：江校本、秦辑本作“招”。
③ 轻：江校本作“清”。

苏梗一钱五分　杏仁三钱　广皮一钱　半夏一钱五分　赤苓三钱　甘草五分　甜葶苈一钱　大枣三个　姜汁五分　蜜二钱

实火则泻，虚火则补。风火宜清宜散，郁火宜宣宜发。格阳之火，宜衰之以属，所谓固①气相求也。水亏于下，阳越于上，厥阴绕咽，少阴循喉。久嗽喑哑喉疼，口干不欲饮。脉洪豁，按之不鼓，格阳形证已著。清火清热，取一时之快，药入则减，药过依然。所谓扬汤止沸，终归不济②。导龙入海，引火归窟，前哲良谋无效者，鄙见浅陋也。暂用清肺去热之法，尚属平稳可服，再以金匮肾气丸，竭其所思。未知当否？多酌高明。

熟地　丹皮　泽泻　山药　山萸　茯苓　附子　肉桂

武火煎，井水中浸，冷服。此《内经》热因寒用法也。

久咳声哑，每咳痰涎白沫盈碗，食减形③羸，苔白厚，脉双弦，中虚积饮。土败金伤，水湿浸淫，渍之于肺，得之于脾，注之于肾。三焦不治，殊属非宜。

云苓五钱　冬术三钱　白芍二钱　附子一钱半　生姜七片

连服真武虽效，亦非常法。第三焦不治，肺肾俱伤，当宗经旨法，治病必求其本，从乎中治。崇土既能平木，亦可生金。脾为生化之源，补脾亦能补肾。爰以归脾六君加减，徐徐调治。

党参　冬术　云苓　半夏　新会皮　甘草　木香　酸枣仁　远志

为末，蜜丸，每服三钱。

① 固：据文义当作“同”。

② 济：沪抄本作“吉”。

③ 形：秦辑本、长春中医药大学乙本作“神”。

脉来细数兼紧①，证本脏阴营液俱亏，木击金鸣。下损于上，精血脂膏不归正化，悉化为痰。咳嗽痰多，喉疼暗哑，乍寒乍热，自汗盗汗，气促非②喘，腹鸣便泄。二气不相接续，藩篱不固，转瞬春动阳升，有痰喘暴脱之虑。姑以从阳引阴，从阴引阳，质诸明哲。

六味地黄加毛鹿角三钱、五味子一钱、胡桃仁七枚。

久嗽不已，虚里穴动，动甚应衣。宗气无根，孤浮于上，乃阴残水涸之危候也。

六味地黄加贝母三钱、麦冬三钱、五味子一钱。

髫年咳嗽，秋冬举发，延今二十余年。胸次痞闷，寒束肺腧之外，火郁肺络之中。寒包热蕴，则金伤痰凝，饮聚为患。

二陈汤加杏仁泥三钱、前胡一钱、冬术一钱五分、白芥子八分。

咳嗽已历多年，去春失红后，痰嗽延今益甚。干呕气噫不除，颜色憔悴，形容枯槁，左胁作痛，不能左卧，左卧咳甚。左右者，阴阳之道路。肝气左升，肺气右降。阴亏木火击金，清肃不行，二气偏乘，难以奏效。

六君子加桔梗一钱、川贝母二钱、白茅根五钱。

症由秋燥伤肺，痰嗽不舒，继又失血。入春以来，痰嗽益甚，气促似喘，内热便泻，形神日羸，饮食日少，肾损于下，肺损于上。上损从阳，下损从阴，上下交损，从乎中治。脉来细数无神，虚劳之势已著，谨防喉痛暗哑，吐食大汗。

生地四钱　山药二钱　云茯苓三钱　冬术一钱半　东洋参一钱半

---

① 紧：江校本、秦辑本作“弦”。

② 非：江校本、秦辑本作“似”。

炙草五分　陈皮一钱　冬虫一钱半　夏草一钱半

肺为水母，肾为水源。补土则生金，金生则音展。壮水则火静，火静则咳平。壮水济火，崇土生金，颇合机宜。原方加减，为丸缓治。

大生地　山萸　山药　丹皮　云苓　泽泻　东洋参　冬术　半夏　陈皮　炙草　阿胶

为末，川百合四两，煎水为丸，每早晚服三钱。

暑湿司令，厥少阴液益虚。厥阴绕咽，少阴循喉。以故结喉肿痛，逆气上冲则咳，午后口干心烦，阴亏不能制火也。昨议清养肺胃，以御暑湿，但能清上，无以实下。今拟实下为主，清上辅之。

熟地　山萸　泽泻　儿参　山药　云苓　丹皮　麦冬　桔梗　甘草　逆水芦芽

清上则肺无畏火之炎，实下则肾有生水之渐。肾水承制五火，肺金运行诸气。金水相生，喉之肿痛全消，胸中气逆已解，饮食亦进，夜来安寐。惟平明痰嗽犹存，脉仍微数，肺胃伤而未复，仍求其本。

前方去甘草。

肺胃伤而未复，又缘心动神驰。阴精下泄，虚火上升。水亏必窃气于金，不能承制五火。精损必移枯于肺，无以运行诸气，致令诸症复萌。仍以原方，更益以填精之品为丸，缓图为是。

六味地黄加东洋参三两、麦冬三两、元武板五两、鹿角胶三两。

蜜丸，早服三钱。

喘促

肾虚精不化气，肺损气不归精，气息短促，不相接续。提之若不能上，咽之若不能下。呼吸之间，浑如欲断。不损于上，元海无根。子午不交，孤阳上越，虑难奏捷，多酌高明。

大熟地一两　归身五钱　炙草一钱　人参三钱　油桂肉一钱

诸逆上冲，皆属于火。自觉气从少腹上冲则喘，乃水虚不能制火。火性炎上，肺失清降。法当壮水之主，以镇阳光。

六味地黄加黄柏二钱、元武板四钱。

肺为气之主，肾乃气之根。肾虚则气不归原，肺虚则气无所附。致令浮阳上泛，无所依从，喘鸣肩息，动劳益甚。脉来细数兼弦，诚为剥极之候。

桂附八味加黑沉香一钱。

食少饮多，水停心下，喘呼形肿不得卧，卧则喘甚。此肾邪乘肺，肺气不布，滞涩不行，子病及母。《经》言：不得卧，卧则喘者，是水气之客也。夫水者，循津液而流也。肾者水脏，主津液，主卧与喘也。拟直指神秘汤加减。

东洋参二钱　苏梗一钱　半夏一钱半　新会皮一钱　桑皮一钱　云苓三钱　炙草五分　炮姜三分

诸气膹郁，皆属于肺。肺合皮毛，为气之主。风寒外束，肺卫不舒，气壅作喘。《经》以犯虚邪贼风者阳受之。阳受之则入六腑，入六腑则身热不得卧，上为喘呼是矣。当以轻剂扬之。

麻黄五分　桂枝八分　赤芍一钱半　五味子七分　北细辛四分　半夏一钱五分　杏仁三钱　赤苓三钱　炙草五分　干姜七分

血随气行，气随血辅，产后出血过多，气无依附作喘，谨防汗脱。

桂附八味加东洋参三钱。

水不配火，肾不纳气，气不归原，气有余便是火。右肾热气上侵[①]，常多走泄，精神不振。肾藏水，虚则热，补阴不易，补阳尤难。脉象六阴按之虚数不静，两尺尤甚，心肾两亏。今拟斑龙、归脾、补元、两仪合为偶方，培补命肾阴阳，冀其水火既济，自然纳气归窟。

鹿茸一个　鹿角胶三两　云苓四两　枸杞子四两　南木香五钱　冬术三两　龟胶三两　黄芪三两　熟地八两　酸枣仁三两　麦冬三两　远志三两　人参一两　菟丝子三两　榴皮一两　当归二两　柏子仁一两　炙草五钱

蜜水丸，每早晚服三钱。

哮喘

肾不纳，则诸气浮。脾不健，则诸湿聚。湿聚痰生，气浮肺举。素本操劳易饥，精神疲倦，哮喘即发。发则颠疼不寐，阴亏可知。喉间水鸡声，胸右去秋高起一块，有时作痛，至今未平。乃痰老凝结于肺络，即湿痰流注之属。总由正气不能荣运，结喉旁生结核，齿衄数日一发，阴亏不能制火，血少无以荣筋。金匮肾气引火归窟，纳气归原，是其法程。桂无佳者，反为助热。病真药假，为之奈何？勉拟一方，多酌明哲。

熟地八钱　茯苓三钱　杏仁三钱　半夏二钱　山药三钱　白芥子一钱　五味子五分　於术三钱　陈皮一钱　炙草五分　杷叶三片

髫年宿喉，秋冬举发，发则不能安卧，痰豁乃平。于兹二

① 侵：江校本、连载本作“漫”。

十载，现在举发，气鸣痰促[①]，不卧。痰未豁，食不甘，脉弦兼滑。肺有伏风，为外风所引，液败为痰，痰成窠血。虑难脱体，先以小青龙汤加减。

麻黄五分　桂枝八分　赤芍一钱半　细辛五分　五味子三分　干姜三分　半夏二钱　杏仁三钱　淡豆豉二钱

髫年哮喘，起自风寒。风伏于肺，液变为痰。风痰盘踞清空，每遇秋冬即发喘即咳嗽。痰带白沫红丝，竟夕无眠，齁鮯声闻四近。形丰脉软，外强中干。补则风痰愈结，散则正气不支。邪正既不两立，攻补又属两难。少壮若此，衰年何堪。暂以崇土生金，观其动静。

儿参三钱　云苓三钱　冬术三钱　半夏一钱半　橘红一钱半　炙草五分　杏仁三钱　苏梗一钱　桔梗一钱　胡桃肉四个

哮喘起自髫年，延今二十余载，六味、六君、八仙、三才、小青龙等遍尝无效者，伏风痰饮，回转肺胃曲折之处，为窠为血[②]也。必借真火以煦和，真水以濡润，中气为之斡旋，以渐消磨，方能有济。爰以金匮肾气、杨氏归脾[③]，更益以宣风豁痰之品，候酌高明。

熟地四钱　丹皮一钱半　泽泻一钱半　归身一钱半　山药二钱　山萸二钱　茯苓三钱　海石粉[④]二钱　附片八分　肉桂五分　牛膝二钱　枣仁二钱　车前子一钱半　东洋参二钱　黄芪二钱　防风根五分　冬术一钱半　炙草五分　木香三分　远志肉一钱　醉鱼草花一钱

服十剂后，更以十剂为末，用桂圆肉煎水叠丸，每服三钱。

---

① 气鸣痰促：江校本作“气促痰鸣”。
② 为窠为血：江校本作“为窠为臼”。
③ 杨氏归脾：江校本作“严氏归脾”。
④ 海石粉：江校本作“海浮石”。

阴阳两损，脾肾双亏，以致风伏肺络，哮喘屡发。不扶其土，无以生金；不固其下，无以清上。治宜固肾扶脾，清上为主，实下辅之。

熟地八两　淮山药四两　丹皮三两　炙草五钱　东洋参二两　云苓三两　新会皮一两五钱　冬术一两五钱　泽泻一两五钱　半夏二两

肺为娇脏，内配胸中，六叶，两耳。二十四节，应二十四气，司百脉之气。至娇之脏，不耐邪侵，毫毛必咳[1]。庚辰寒客肺腧，宜服小青龙[2]化邪外达。因循怠治，致入肺络，变生哮喘。发则不能安卧，延今四载，终身之虑也。

风伏于肺，湿动于脾，脾湿生痰，渍之于肺。气机不利，宿哮有年，喉间水鸡声，诸喘皆为恶症。

蜜炙麻黄四分　云苓三钱　冬术三钱半　苏梗一钱　桂枝五分　半夏二钱　杏仁三钱　白芥子八分　甜葶苈一钱半　南枣二枚

肾统五内之精，肺司百脉之气。症本肾水下亏，子窃母气，致令肺虚于上。《经》以邪之所凑，其气必虚。肺合皮毛，风邪易袭，皮毛先受风邪，邪气以从其合。肺中津液，不归正化，凝结为痰。屡有伤风痰嗽气促之患，喉间作痒，金水枯燥可知。发时宜宣风豁痰，暂治肺咳之标，平复后宜温养真阴，常补肾精之本。

熟地四钱　云苓三钱　橘皮一钱　杏仁三钱　归身三钱　半夏一钱半　苏梗一钱

常补肾精丸方：熟地　淮山药　山萸　冬术　鹿角胶牡蛎粉炒　归身　菟丝子　元武胶牡蛎粉炒　枸杞子

---

① 毫毛必咳：江校本作“邪侵毫毛必咳”，程评本作“犯之毫毛必咳”。

② 小青龙：沪抄本、程评本作“小青龙、小建中”。

上药为末，蜜水叠丸。每早晚服三钱，盐水送下。

咳血

肝藏诸精①之血，肺司百脉之气。水虚肝弱，火载血上。肺虚②不能下荫于肾，肾虚子盗母气，下损于上，痰嗽带血。相火内寄于肝，君火动则相火随之。心有所思，意有所归，则梦泄之病见矣。有情精血易伤，培以无情草木，声势必难相应。宜速屏去尘绊，恬淡无力，水升火降，方克有济。

生地四钱　丹皮二钱　山药三钱　泽泻一钱半　白茯苓三钱　白芍一钱半　麦冬二钱　川贝三钱　乱发灰五分

金水亏残，体③雷震荡，载血妄行，上溢清窍。木扣金鸣为咳，肾水上泛为痰。营卫乖分，往来寒热，脉来细数无神。屡发不已，虚劳之势已著。勉拟甘润壮水，以制阳光。

六味地黄汤加当归三钱、白芍二钱、大麦冬三钱。

《经》以大怒则形气绝，而血菀于上。郁结化火，火载血上，狂吐之后，咳嗽延今不已。十余日必遗泄，脉来弦数。水不养肝，木击金鸣，肝强④侮胃，久延非宜。

熟地八钱　山药四钱　山萸三钱　丹皮三钱　白茯三钱　泽泻三钱　女贞子三钱　旱莲草三钱

先天不足，知识早开。水不养肝，肝强⑤易怒。怒则气上，有升无降。火载血上，红紫相间，形神不振。木击金鸣为咳，

---

① 精：据文义当作“经”。
② 肺虚：蒋宝素《问斋医案》作“肺热”。
③ 体：据文义当作“龙”。
④ 肝强：江校本作“肝虚”。
⑤ 肝强：江校本、连载本作“肝虚”。

肾水上泛为痰。始则痰少血多，延今血少痰盛。阴亏水不济[1]火，中伤气不接续，壮水滋肝，兼和肺胃。

生地八钱　山药四钱　茯苓三钱　丹皮一钱半　泽泻一钱半　女贞子三钱　旱莲草三钱　沙参三钱　麦冬三钱

暴怒伤阴，肝阳化火，载血妄行，上出于口，喘咳吐红，脉来弦动[2]，法当清降之。

生地四钱　丹皮一钱半　泽泻一钱半　青皮一钱　归身三钱　白芍二钱　山栀一钱半　川连八分

肝藏诸经之血，肺司百脉之气，肾为藏水之脏。水亏不能生木，木燥生火，载血上行。木击金鸣为咳，肾水上泛为痰。阴偏不足，阳往乘之。舌绛咽干，蒸热夜甚，脉来细数无神，虚劳已著。勉以壮水之主，以镇阳光。

熟地八钱　丹皮三钱　泽泻三钱　山药四钱　云苓三钱　麦冬二钱　牛膝三钱　山栀三钱半　白芍三钱

血富于冲，所在皆是。赖络脉以堤防，隧道以流注。久咳肺络受伤，血随咳上，鲜瘀不一。脉来浮数兼弦，证本阴亏，水不济火，火灼金伤，木击金鸣，清肃不降，络有停瘀，未宜骤补。王肯堂治失血症，必先薄尽瘀血，然后培养。今宗其法，多酌高明。

当归四钱　白芍二钱　丹参二钱　侧柏叶二钱　三七糖炒山楂三钱　牛膝三钱　桔梗一钱　杏仁三钱　桃仁泥三钱　茜草根二钱　藕节三个　人参一钱

肝藏诸经之血，肺司百脉之气。失血后咳不止，气微促，

---

① 济：江校本、连载本作“制”。
② 动：江校本作“劲”。

食减，脉细数。由感怒伤肝，肝虚生火，火载血上，木击金鸣。肾不纳，肺不降，故气促。前贤以诸喘为危候，姑拟一方，多酌明哲。

生地　丹皮　泽泻　山药　茯苓　炙草　归身　半夏　川贝　陈皮

蜜丸，每早服三钱。

衄血

水不制火，火犯阳络[1]，血溢清窍，名曰鼻衄。

生地八钱　丹皮三钱　泽泻二钱　云苓三钱　白芍二钱　麦冬三钱　黄芩一钱半　牛膝二钱　甘草八分　茅根五钱

风扰阳明，火干血络，血溢清窍而出，乃鼻衄也。

六味加桑叶、麦冬、牛膝、天麻、茅根、芦根。

阴虚火动，齿衄消渴，脉象浮豁，神倦气怯，大便坚，小便数。当从阳明有余，少阴不足论治。

生地八钱　丹皮二钱　泽泻三钱半　知母二钱　云苓三钱　麦冬一钱　甘草五分　茜草一钱　怀牛膝三钱

齿者，骨之所终也。齿衄动摇，并无火证火脉可据。乃肾阴不固，虚火上升，宜壮水以制之。

六味加地黄、怀牛膝，服三钱。

阳明燥热，内扰冲任，逼血妄行为衄，治宜清降为主。

生地四钱　乌犀三钱半　白芍三钱　丹皮三钱　山栀[2]三钱半　牛膝三钱　槐花蕊三钱

---

① 火犯伤络：江校本作“火旺阳经”。

② 山栀：江校本作“山萸”。

素本阴精不足，疟后阴液大伤，阴亏阳亢，水不济火，迫血妄出于肺窍。肺司百脉之气，肝藏诸经之血，肾统一身之精。水虚无以制火，精虚不能化气。火性炎上，血随气行，是以溢于肺窍，有喘促痉厥之虑。脉来软数无神，治宜壮水之主。

生地四钱　丹皮一钱半　泽泻一钱半　麦冬二钱　丹参一钱半　白芍二钱　知母一钱半　牛膝二钱　甘草五分

吐　血

去夏失血，肺肾两伤，金水交亏，龙雷震荡，五液魂魄之病生焉。神情恍惚，语言错乱。阴络内损，云门碎痛①，阳跻脉盛，竟夕无眠。脉象虚弦，殊难奏捷。壮水之主，以制阳光，是其大法。仍请一手调治，何必多歧。现在火令司权，恐生变局。

生地②八钱　山药四钱　阿胶三钱　知母三钱　麦冬三钱　沙参四钱　百合三钱　归身三钱　五味子三分

先是膜胀，卒然吐血盈碗。血去胀消，精神饮食俱减。由是思虑伤脾，抑郁伤肝所致。肝为血海，脾为血源。胀本肝脾之病，脾虚不能统血。血无依附，致有妄行之患。拟养肝脾为主，佐以引血归经，从血脱益气例主治。

熟地八钱　东洋参三钱　於术三钱　丹皮二钱　牛膝三钱　云苓三钱　归身三钱　野三七三钱　山药四钱　白芍三钱　泽泻三钱　车前子三钱

肝为血海，阳明乃气血之纲维。因失血寒凉遏伏，气郁阴

① 碎痛：江校本作“卒痛”。
② 生地：江校本作“大熟地”。

伤。滋补则酸水上泛，中脘作痛。温剂则血又上溢，鲜瘀不一。肾虚中胃不健，饮聚痰生为患。

附子五分　云苓三钱　冬术三钱　白芍三钱　生姜三片

《经》以中焦取汁，变化而赤，是谓血。积劳积损，中气大伤，化机不健，致败精华。所吐黑瘀，即经中败血；继吐白沫，即未化之血也。《灵枢》曰：白血出者，不治。勉以理中汤，从伤胃论治。

血吐如倾，气随以脱，危急之症，当先其急，固气为主。盖有形之血不能即生，无形之气所宜急固。使气不脱尽，则血可渐生，所谓血脱益气，阳生阴长是也。

公议十全汤去川芎、肉桂，加枸杞、麦冬。

熟地四钱　人参二钱　云苓三钱　冬术三钱　炙芪三钱　归身三钱　白芍二钱　麦冬三钱　枸杞子四钱　炙草二钱

便血

中央生湿，湿生土，土生痰，痰生热，热伤血。火灼金，阳明胃血下注大肠。血在便后，已历多年。所服黑地黄丸、黄土汤，都是法程。第湿热盘居中州，伤阴耗气。血随气行，气赖血辅。必得中州气足，方可嘘血①归经。

生地四钱　山药三钱　归身二钱　洋参二钱　冬术三钱　白芍二钱　升麻五分　枣仁二钱　远志一钱　桂圆肉五枚

便后血，乃远血也。血色鲜红，脱半时乃止，已十余年。头眩神倦，脉来软数。肾水不足，肝阴少藏。脾失统司，气失摄纳。从乎中治，议归脾举元。

---

① 嘘血：江校本作“煦血”。

熟地四钱　洋参三钱　云苓三钱　炙草五分　冬术二钱　归身一钱半　枣仁二钱　远志一钱　煨木香三分　升麻五分　桂圆肉五枚

三阴内亏，湿热不化，阴络交伤。脾不统血，气不摄血，渗入大肠而下。

大生地四钱　鲜地榆四钱　阿胶三钱　归身三钱　白芍三钱　赤石脂四钱　槐花三钱　於术二钱　枣仁三钱

衰年心脾气馁，肝肾阴亏。气馁不能摄血，阴亏无以制火。心主血，肝藏血，脾统血，肾开窍于二阴。四经俱病，则营失其统摄之司。血畏火燔，无能守静谧之职，妄行从魄门而出。拟归脾加减。

人参一钱　远志三钱半　野三七一钱　水炙芪三钱　当归三钱　冬术二钱　云苓三钱　酸枣仁三钱　炙草五分

便血已历多年，近乃肤肿腹大，脉沉潜无力，绝不思食。脾肾双亏，真阳不布。水溢则肿，气凝则胀。心开窍于耳，肾之所司。耳闭绝无闻者，肾气欲脱，不能上乘①于心也。勉方以尽人力。

熟地八钱　东洋参三钱　云苓三钱　冬术三钱　归身三钱　酸枣仁三钱　远志一钱　苡仁四钱　炙草五分

血随气行，气赖血辅。气主煦之，血主濡之。夫血生化于心，统摄于脾，藏受于肝，宣布于肺，施泄于肾，流注一身，所在皆是。经隧如河海，脉络如川流，皮肉如堤防，以致环身不休而不泛溢。素本阴亏火盛，壮火蚀气，气不摄血，迫血妄行，如决江河，莫之能御。从阳明胃腑注入大肠，便后下血，已历多年，不时举发。年逾五十，精力就衰，脉来软数无神。

---

① 乘：江校本、连载本作“承”，为是。

阴血难成易败，妄行之血日去，新生之血日少，殊为可虑。拟六味归脾加减，补阴制火，固气摄血，以杜后来之患。

生地八两　人参一两　山药四两　茯苓三两　冬术三两　炙草一两　地榆四两　槐花四两　归身三两　枣仁三两　白芍二两　乌梅肉一两

蜜水为丸，每服三钱。

溲血、血淋

《经》以任脉为病，女子带下。客秋，小便有血，秋后带见五色。每逢小溲作痛，夜寐不安，饮食不甘。心热移于小肠，湿热肝火内郁。病延半载，极难奏效。

儿参三钱　萹蓄三钱　赤苓三钱　海金沙二钱　龙胆草一钱半　黄柏二钱　甘草梢二钱，炒　山栀三钱　湖莲肉三钱　灯心一分

脉弦右软，气虚阴亏，肝之阳强，必由郁怒所伤。气失条达，心火湿热下注。火掩精关，疼痛淋浊。所服之药颇有法程，仍请一手调治。但湿伤气，热伤阴。补阴益气，棋之先着，拟方酌服。

生地八钱　茯神三钱　泽泻二钱　滑石三钱　木通一钱　柴胡一钱　甘草梢一钱　儿参二钱　丹皮二钱　楂肉二钱　升麻五分　琥珀四分

悲怒伤气，湿热不化。肝失条达，湿热下注，疼痛淋浊。肝主疏泄，肾司秘藏。补阴益气，夜间淋沥已止，日间尚有精疼，夜黄昼清。行动腿膝无力，呵欠神倦。正气肾气俱亏，湿热余氛未净。原方加减。

柴胡八分　升麻五分　生地八钱　儿参三钱　山药四钱　茯神三钱　琥珀四分　丹皮三钱半　泽泻一钱半　木通一钱

湿热伤阴，溺管疼痛。间或血淋，肾虚阴亏。血不化精，精不化气，酒色二字成戒。初起宜清，久则宜敛，已延四日。自患之后，小便仍有白浊，溺痛不解，小溲黄赤，管痛尤甚。养肝肾之阴，以化湿热。

生地　麦冬　黄柏　丹皮　茯苓　泽泻　儿参　益元散

海藏云：忍精则淋，忍溲则癃，忍大便则痔。至于淋浊，有痛与不痛，有黄白赤之分，先痛后痛之异。阳举则痛，肾囊潮黏，淋系牙色①，皮外作痒。勉饮大醉，后兼之梦遗，素来忍精，湿留精关。不宜过利，亦不宜过补，当治阳明。

补阴益气煎加冬瓜子。

《经》以胞移热于膀胱则癃，溺血痛与不痛有别也。不痛为溺血，痛则为血淋。先溲后血，有时停瘀，溺管全不得溲，窘迫痛楚，不能名状。必得血块先出，大如红豆者数枚，则小便随之。已而复作，于兹十载。当从热入血室论治。

生地五钱　木通一钱　草梢一钱　牛膝三钱　犀角八分　银柴八分　归身二钱　白芍二钱　黄芩一钱半　地榆三钱　丹皮二钱　龙胆草一钱

《经》以胞热移于膀胱则癃。溺血由思欲致动下焦之火逼血妄行，从溺道而出，血逼热则宣流故也。

生地四钱　龙胆草一钱五分　牛膝三钱　山栀二钱　泽泻二钱　赤芍一钱五分　木通一钱　瞿麦二钱　黄柏二钱　知母二钱

素来饮善，湿甚中虚。五志不和，俱从火化。壮火蚀气，气不摄血，血不化精，湿热相乘，致有溺血之患。初服五苓导赤而愈，后又举发，服知柏八味，化阴中之湿热，理路甚好，

① 牙色：沪抄本作“赤色”。

未能获效者，情志所伤也。第情志所伤，虽有五脏之分，总不外乎心肾二经，议六味养心加减。

生地　丹皮　泽泻　山药　云苓　归身　柏子仁　枣仁　麦冬　东洋参

为末，蜜丸，每早晚服三钱。

因索思扰动五志之火，致令冲任失中其平，由命门出精道，少腹痰疼，脉体无神，非少壮所宜，法当补心。

熟地　洋参　白茯　柏子仁　五味子　麦冬　归身　枣仁　炙草

疝症

《经》以任脉为病，男子内结七疝。冲任同源，为十二经脉之海，起于肾下，出于气街，并足阳明经，夹脐上行，至胸中而散。症因思虑烦劳，损伤中气，亏及冲任。任虚则失其担任之职，冲虚则血少不能荣筋。肝主一身之筋，与肾同归一体。前阴为宗筋之会，会于气街，以致睾丸下坠，不知痛痒，名曰癞疝。前贤良法颇多效者①，暂从中治。

熟地八两　冬术二两　山药四两　归身三两　东洋参三两　云苓三两　半夏二两　川芎一两　银柴一两　升麻八两　广皮一两半　炙草一两

上药为末，蜜丸，早服三钱。

二天不振，八脉有亏，任经不足，睾丸下坠。偏于左者，肝位也。肾气通于耳，水不济火则耳啸，火炽阴消则精泄。脉来虚数少神，脾肾双培为主。

① 者：江校本、沪抄本此后有“甚鲜”二字。

熟地二两　东洋参三两　山药四两　远志一两五钱　山萸一两　云苓二两　橘皮二两　归身三两　枣仁三两　木香八钱　炙草八钱

蜜丸，每早晚服三钱。

肝　风

暴怒伤阴，肝之变动为握。右手掉摇，膻中隐痛。客冬进补中益气而愈，现在举发。拟补阴益气煎。

进补阴益气煎，掉摇已止，膻中隐痛亦平。诸风掉眩，皆属于肝。战栗动摇，火之象也。良由水不屈[1]木，肝火化风。壮水济火，乙癸同源主治。

六味地黄加银柴、白芍、陈皮。

蜜丸，早服三钱。

《经》以诸风掉眩，皆属于肝。肝之变动为握[2]，心之动为悸，肾之动为栗气勃动。肝肾不养，肝之火上潜，战栗之病生焉。

熟地　茯苓　儿参　归身　远志　枣仁　於术　炙草

为末，蜜丸，每早服三钱。

头　风

头风起自幼年，不拘四季皆疼。疼时太阳作胀，牙关亦然，饮热茶汗出则止。延今多载，饮食如常，不能充养形骸。精神日减，脉弦无力，肝扰阳明。

升麻　天麻　当归　党参　陈皮　柴胡　冬术　黄芪　白

---

① 屈：据文义当作“涵”。

② 握：江校本作“热”。

芷　茯苓　甘草　生姜

头风多年，发于四肢。发则胀痛，十余日方止。天寒秋冬之际，四肢作冷。每日头胀作痛，近日午后较甚。阳虚阴亏，肝肾双补。

六君、六味加天麻、川芎。

眩　晕

水亏于下，火浮于上。壮火蚀气，上虚则眩，头晕足软，如立舟车。咽干喉燥①，梦泄频仍。少阴肾脉上循喉，有梦而泄主于心。精不化气，水不上潮之明验也。清上实下，是其火②法。第水亏必盗气于金，金衰不能平木，水亏不能涵木，木燥生火，煎熬津液成痰。丹溪所谓无痰不作眩是也。脉来软数兼弦，值春令阳升，防其痉厥。乙癸同源，法宜壮水③。

《经》以上气不足，脑为之不满，耳为之苦鸣，头为之倾，目为之眩。素本脾胃不足，抑郁不宣。气郁生痰，上扰清明之府，颠眩如驾风云。卒然愦乱，倏尔神清，非类中可比。脉来软数无神，原当壮水之主，上病下取，滋苗灌根。第痰蕴中州，清气无由上达，下取无以上承。姑以治痰法，拟白术天麻丸加减。

半夏三两　冬术三两　天麻二两　银柴五钱　东洋参三两　归身三两　南星五钱　升麻五钱　橘红二两　五倍子二两　川芎一两五钱

为末，竹沥二两、姜汁一两，和水叠丸，每早晚服三钱。

上实则头痛，下虚则头眩。邪气盛则实，精气脱则虚。诸

① 噪：据文义当作“燥”。
② 火：据文义当作“大”。
③ 水：江校本此后有“地黄汤加半夏、沙苑”。

风掉眩，皆属于肝。头痛颠疾，下虚上实。河间云：风主动故也。风气盛，则头目眩转者，由木旺金衰故也。金衰不能平木，木复生火。风火皆属阳，阳主乎动，两动相搏，则头为之眩，盖火本动也。焰得风则自然旋转。上实为太阳有余，下虚为少阴不足。少阴虚，不能引巨阳之气则颠疼；肾精虚，不能充盈髓海则颠眩。润血息风，肃金平木，固是良谋。然上病下取，滋苗灌根，又当补肾。

熟地八钱　山药四钱　山萸四钱　鹿角胶三钱　菟丝子三钱　枸杞子三钱　元武板三钱　牡蛎五钱　归身三钱

头痛

头偏左痛，颠顶浮肿，痛甚流泪，身半顽麻。三阳首面行厥少阴颠顶。此属虚风上冒，真阴下亏。养肝肾之阴，开巨阳之表。

羌活一钱　生地[1]四钱　菊花一钱　丹皮一钱半　防风一钱　天麻一钱　羚羊片八分　泽泻一钱半　川芎八分　蒺藜三钱　赤苓三钱

素本阳虚，不时颠痛。脉来细数，容色萧然，阴翳上蔽清明之府，法当益其源[2]。

东洋参三钱　冬术三钱　干姜五分　制附片五分

脉来沉滑，头痛如破，痛甚则呕，食入则吐。胸满胁胀，湿痰盘踞中洲，清气无由上达清虚之所，名曰痰厥头痛。主以温中消痰，佐以风药取之。

苍术一钱　陈皮一钱　炙草五分　蔓荆子一钱半　川厚朴八分

---

① 生地：江校本作“熟地”。
② 益其源：江校本作“益火之源”。

川芎八分　细辛五分

头痛兼眩，不寐，肢尖逆冷，中心愦愦如驾风云。此风痰上扰清虚，有痉厥之虑。拟半夏白术天麻汤去黄芪、苍术，加川芎、蔓荆子。

半夏一钱五分　冬术一钱五分　天麻五分　干姜三分　东洋参四钱　云苓三钱　陈皮二钱　黄柏二钱　泽泻一钱五分　蔓荆子一钱五分　神曲二钱五分　麦芽二钱五分　川芎八分

怒损肝阴，本①邪化火，下耗上重颠顶。有妊二月，奇经亦收②其戕。少阴虚，不能引巨阳腑气则颠疼，阳维为病，口苦寒热。拟《医垒元戎》逍遥散加川芎、香附，以条达肝情，治其寒热颠疼之本。

银柴各一钱　当归三钱　云苓三钱　白芍五分　冬术二钱　炙草五分　香附三钱　生姜一片

头为诸阳之病首，病属上实下虚。上实为阳明有余，下虚为少阴不足。拟玉女煎加减。

熟地八钱　生石膏五钱　麦冬三钱　牛膝三钱　知母三钱　升麻四分

心腹痛

痰嗽稍平，脘痛复作，按之则痛缓，所按为虚也。《经》以脾络布于胸中，肺脉还循胃口。症本木旺中虚，土不生金，风邪伏肺，气机不展，痛则不通，不可拘痛无补法之说。通则不痛，通者宣和也，非必通利也，补亦可通也。益水生木，培土生金，金展气化，宣散伏风主治。

---

① 本：据文义当作“木”。
② 收：据文义当作“受”。

熟地四两　半夏二两　霞天曲一两　远志一两　人参五钱　新会皮一两　於术二两　白芍桂枝水煎，二两　白茯苓二两　枣仁二两　炙草五钱　归身二两　阿胶藕粉炒，二两　陈仓米四钱

煎水叠丸，每服三钱。

服丸缓治，入冬以来，脘痛时作时止，痰嗽或减或增，饮食较进。细数之脉未起，脾肾双亏，伏风未尽。肾病当愈于冬，自得其位。而反不愈者，以水旺于冬，而冬水转涸，得润下之金体，而少相生之气也。水冷金寒，肺有伏风，外风易感，同气相求也。必得里气和融，方克有济，暂从温散。

熟地三钱　归身二钱　蜜炙麻黄五分　炮姜五分　半夏一钱五分　桔梗一钱五分　五味五分　杏仁三钱　苏梗一钱五分　细辛二分　炙草五分

素[①]本阴亏，木不条达，克制中胃。中伤络损，气失冲和，脾[②]郁则痛，胃伤则呕。阳明之气，下行为顺；太阴之气，上升则和。《经》以六经为川，肠胃为海。五六日一更衣，阴液不濡，肠胃燥混可知。香燥开胃，非所宜也。议润燥生阴，佐和中胃。

熟地三钱　人参一钱　牛膝二钱　淡苁蓉三钱　归身二钱　阿胶三钱　白蜂蜜八钱　橘红一钱

服药后，痛呕俱平，胸次不畅，大便未解。阳明传送失职，太阴治节[③]不行，皆由阴液有亏也，不必强行伤气。

照原方加郁李仁三钱。

---

① 素：江校本、沪抄本“素”字前有“乙丑五月，诊脉仍细数”。
② 脾：江校本作“肝”。
③ 治节：江校本作“滞结”。

症[①]本肝阴不敛，克制中胃。胃不冲和，传化失职，津凝为饮，液结成痰。肝为起痛之源[②]，脾络布于胸中，肺脉还[③]循胃口。中虚清气不展，阴霾上翳，否象呈焉。七方甘缓最为妥协，服三五剂后，仍以甲子所拟丸方调治。

人参八分　云苓三钱　於术一钱五分　远志一钱　炙草五分　归身一钱五分　酸枣仁一钱五分　半夏一钱五分　新会皮一钱五分　木香五分　生姜一片　南枣三枚

肝阴不敛，肾阴不滋，健运失常，中伤饮聚，痛呕并见，屡发不瘳。肾损窃于肺，肝病传于脾。肾气通于胃，脾络布于胸。络脉通调则不痛，胃气强健则无痰。治病必求其本，滋苗必灌其根。若不培养真元，徒以痛无补法，印[④]定呆理，安望成功？数载以来，病势退而复进，脉体和而又痞者，病势苦深而少静定之力也。盖阴无骤补之法，且草木功能，难与性情争胜。金为水母，水出高源，谨拟补肾生阴为主，清金益肺辅之。俾金水相生，从虚则补母之法，乃经旨化裁之妙，非杜撰也。

熟地　天、麦冬　云苓　沙参　山药　霞天曲　丹皮　萸肉　泽泻　阿胶　肉苁蓉

上水为丸，每早服三钱。逢节令加人参五分，煎汤下。

气虚不能传送，液耗不能濡润。气主煦之，血主濡之。肾司二阴，肺司九窍。肾水承制五火，肺金运行诸气。气液不足濡润肝阳，木横中伤，转输失职，血燥肠干，故大便不解，痛

---

① 症：江校本“症”字前有“丙寅二月，诊脉细数如初，饮食较前略进，形神渐振，痛呕并作，举发渐稀”。

② 源：江校本此后有“胃为传病之所”。

③ 还：据文义应作“环”。

④ 印：江校本作“执”。

呕不舒，通宵不寐。拟参麦散，行肺金之治节，益肾水之源流，冀其清肃令行，肝胃自治。症不拘方，因人而使。运用之妙，存乎一心。公议如是，敬呈钧鉴。

人参一钱　麦冬三钱　北五味五分　白蜜

昨进参麦散，夜得少寐。今仍痛呕，虽体气素壮，然病将三月之久，脾胃已困。肝在声为呼，胃气愈逆，不能饮食，转输愈钝，大便不行。肝为刚脏，非柔不和；胃为仓廪，非谷不养。肝气郁结化火，火灼津液为痰，痰凝气结，幻生实象，非食积壅滞可比也。公议仍以参麦散加大半夏汤主治。

人参一钱　麦冬三钱　北五味五分　半夏二钱　白蜜一两

痛呕不止，饮食不进，大便不解。总由水不涵木，火伤阴液。两阳合明之气，未能和洽，故上不入，下不出，中脘痛呕不舒也。此时惟宜壮水清金，两和肝胃。木欲实，金以平之；肝苦急，甘以缓之。水能生木，土能安木。肝和则胃开纳谷，胃开则安寐便解。此不治痛、不通便，而通便止痛之法在其中矣。仍以参麦散加减。

人参　麦冬　甘草　黑枣　半夏　五味　淮小麦　蜜　黄粟米

甘澜水煎。

腑气虽通未畅，脏未和，痛未止，总由肝气横逆。夫肝属木，赖肾水滋荣。不思食者，胃阳不展，土受木克故也。胃为阳土，得阴始和。究其原委，皆由平昔肝阳内炽，耗损肾阴，以致水亏于下，莫能制火。火性炎上，与诸阳相率为患。王道之法，惟有壮水之主，以镇阳光。俾水能涵木①，则肝自平，

① 涵木：江校本作“济火”。

胃自开[1]，痛自止矣。

参麦散合六味地黄汤。

木喜条达，郁则侮土；性藉水涵，涸则燥急。心烦口渴，母病及子。胃气由心阳以开，肝木得肾阴而养。中阳健旺，金令清肃。大便通，大肠之气已顺；痛呕止，阳明之气已和。惟胃气未开，尚不思者[2]，乃痛[3]久气馁中伤，胃未清和，阴液不能遽复。养肝和胃，益气生津，俾二气各守其乡，庶免变生之患。

前方加怀牛膝。

肝制中胃，不能纳谷，大便复闭。稽核各家，并无攻下成法。据《韩氏医通》中，或问大便不通，暂服温下剂可否？乃曰：病非伤寒、痰证，岂可下乎！虽然取快一时，来日闭结更甚，致使阴亏于下，阳结于上，燥槁日甚，三阳结病，势在必然。《经》以北方黑色，入通于肾，开窍于二阴。肾恶燥喜辛润，为五液之长。阴液足则大便如常，阴液衰则大便燥结。高年血燥阴亏，每有是疾。《经》以肝木太过，则令人善怒；不及，令人胸痛引背。下则两胁胀痛，痛久伤气。气伤阴亏，火燥便结，肠胃气滞。外是[4]实象，内系结燥。所谓大虚似实，虚极反见实象是也。转瞬木令司权，中枢益困。急宜养阴涵木，子母相生，俾春之气，萃于一身，自能[5]勿药有喜。

熟地　山药　山萸　人参　云苓　牛膝　枸杞　归身　麦

① 开：江校本作“和”。

② 者：江校本作“食”。

③ 痛：江校本作“病”。

④ 是：江校本作“似”。沪抄本作“拟”。

⑤ 自能：沪抄本作“自然”。

冬　五味

蜜丸，每早晚服三钱。

冲任并损，脾肾双亏。壮年产育过多，精血不足荣养心脾。心脉循胸出胁，脾虚不能为胃行其津液，凝滞成痰，随气流行，乘虚而进，先犯心脾之络。是以胃脘当心而痛，横侵胁肋，攻冲背膂，膨闷有声，时作时止，即痰饮之征。夫气血犹泉源也，盛则流畅，畅则宣通。少则凝滞，滞则不通，不通则痛。无急暴之势，惟连绵不已，虚痛可知。用药大旨，培补脾肾，以资冲任精血之本。宣通脉络，以治肺肾痰饮之标。拟丹溪白螺丸，合景岳大营煎加减。

大熟地八两　归身四两　枸杞子四两　没药二两　云苓三两　於术二两　橘红二两　白螺壳四两　陈胆星一两　草蔻二两　五灵脂三两

水丸每服三钱。

大营煎之养血，白螺丸之祛痰，营血渐生，宿痰渐化，络脉通调，病何由作？此精血未能充满，痰饮犹存，蔽障经中，气为之阻。自述痛时小便如淋，乃痰隔中州，升降失司之象。养阴宣络，古之成法，药合机宜，原方加减。

熟地八两　东洋参三两　草果二两　延胡索三两　炙草一两　益智仁一两五钱　新会皮一两五钱　山栀二两　归身四两　姜黄二两　半夏三两　白螺壳三两　南星一两五钱　生姜二两　大枣二两

煎水叠丸，每服三钱。

积食停寒，脘痛如刺。上焦不行，下脘不通，俗名心痛，吐之则愈。《经》言：其高者，因而越之。病在胸膈之上，为高越之所，拟二陈加萝卜治之。

陈皮　半夏　云苓　炙草　萝卜子

流水煎，温服，随以指纳舌根即吐。

诸逆上冲，皆属于火，故令食不得入。诸汗属阳明，心烦由血热。法当清利肠胃之火，兼行下焦瘀血。

赤苓三钱　泽泻二钱　木通一钱　猪苓一钱半　黑山栀一钱五分　枳壳一钱　车前子三钱　青皮一钱　归身二钱

病延三载，曾经盛寒之令，浸水中，因而中腹痛[1]，已而复发，日以益甚。四肢者，诸阳之本，足阳明胃亦主四肢。冬时阳气在内，胃中烦热，为寒所束，化机失职，而精华津液，不归正化，互结于中，是以痛无休止。法当理气为先。

乌药二两　人参五钱　广藿二两　沉香六钱　炮姜五钱　於术五钱　木香八钱　陈皮一两

蜜丸，每早晚服三钱。

木乘土位，传化失常。清阳不升，浊阴不降。升降失司，否而不泰。脘痛如刺，呕吐痰涎，不思饮食，脉来软数。历年已久，正气已亏，殊难奏效。拟调气法中加辅[2]正之品。

归身二两　儿参五钱　冬术二两　炙草五钱　木香五钱　橘皮一两　青皮一两　草蔻一两　枣仁二两　沉香五钱　白芍二两　远志二两

蜜丸，早晚服三钱。

肝郁乘脾，中伤气痛。饮食少思，食入时吐。脉来细数无神，久延有虚劳之虑。《经》以怒为肝志，木郁达之。然草木功能难与性情争胜，使非戒怒，终无济也。

儿参　云苓　冬术　炙草　橘皮　佩兰　归身　白芍　郁金

---

① 中腹痛：江校本作“心痛”。

② 辅：江校本作“补”。

蜜丸，每早晚服三钱。

恙久脾胃两虚，转输失职，不能运化精微，以致中央不快。脾伤不能为胃行其津液，凝滞成痰作呕；胃虚不能斡旋药力，流畅诸经，停瘀不散作痛。欲培脾胃，守补之剂非宜；欲散停瘀，胃弱不胜攻剂。暂以通彻阳明主治。

生地三钱　儿参三钱　归身三钱　远志一钱　陈皮一钱　半夏二钱半　枣仁三钱　云苓三钱　炙草五分

腰痛

腰者，肾之府。腰间空痛，按之稍缓，能直不能曲，病在骨①也。

熟地三钱　龟胶二钱　东洋参三钱　归身三钱　补骨脂三钱　云苓三钱　鹿角胶三钱　自然铜三钱　杜仲三钱　雄羊腰一个　青盐五分　胡桃肉五个

腰为肾府，痛属肾虚，与膀胱相为表里。太阳之脉，夹脊抵腰，督带冲任，要会于此。素耽酒色，肾阴本亏，恬不知养，潜伤四脉。痛起于渐，屡发不瘳。辗转沉涸②，岁月弥深。行立不支，卧息稍缓。暴痛为实，久痛为虚。在经属腑，在脏属肾。每早服青蛾丸三钱。

东洋参三钱　归身二钱　淡苁蓉三钱　鹿角胶三钱　杜仲三钱　补骨脂二钱五分　巴戟天二钱　淡秋石五分

腰乃身中之大关节也，腰痛屡发不瘳，痛则伤胃。肾者胃之关，关津不利，皆由肾胃两亏，气血源流不畅。目得血而能

① 骨：沪抄本作“督脉”。
② 涸：据文义当作“痼”。

视，足得血而能步。血不得其荣养，以致头倾视深，步履欹斜。服健步、虎潜等丸寡效者，胃气不能敷布也。拟六味、二妙，肾胃兼治，以渐图功。

熟地　丹皮　泽泻　苍术　山药　云苓　山萸　黄柏

为末，蜜丸，每早服三钱。

胁痛

胁痛本属肝胆气滞，以二经之脉，皆循胁肋故也。素本忧伤肝[1]志，劳损心阳，心肺伤而肝胆郁。法当宣补，未可作[2]东方气实宣疏论治。

东洋参二钱　云苓三钱　归身三钱　生木香七分　冬术一钱五分　炙草五分　陈皮一钱　远志一钱　生姜一片　大枣三枚

肝胆气滞不舒，胁痛如锥刺。宜济川推气饮。

紫油桂五分　姜黄一钱五分　枳壳一钱五分　炙草五分　生姜一片　大枣三枚

肺郁伤肝，木乘土位。木性条达，不扬则抑；土德敦厚，不运则壅。气道不宣，中脘不快，两胁作痛。

制香附　橘红　半夏　炙草　生姜三片　大枣三枚

暴怒伤肝，木火载血，妄行清窍，胁肋作[3]痛，烦热脉洪。宜先泻东方之实，兼助中央之土，以杜传复[4]之患。

归身三钱　赤芍二钱　泽泻一钱五分　山栀一钱五分　青皮一钱　陈皮一钱　丹皮一钱五分　贝母二钱　云苓三钱　冬术一钱五分

① 肝：江校本作“肺”。
② 作：江校本作“以”。
③ 作：沪抄本作“胀”。
④ 复：江校本、沪抄本作“脾”。

胁痛多年，屡发不已，延今寒热益甚。攻补、调气、养血等剂，遍尝无效。第痛时，一条杠起，乃食积之征也。暂从丹溪保和丸主治。

云苓三两　半夏二两　陈皮二两　神曲三两　萝卜子一两五钱　连翘一两　山楂三两

水叠丸，每早、晚服三钱。

肝胆之脉，循乎胁肋。忧思过度，致损心脾。气血不能流贯，令厥、少二经不利。心脉亦循胸出胁，脾伤故木不安，是以胁胀①隐痛。宜先培补心脾，治其致病之本。

东洋参三钱　冬术一钱五分　云苓三钱　炙草五分　熟地四钱　归身二钱　木香八分　柏子仁二钱　枣仁二钱　远志三钱　桂圆肉二枚

肝藏诸经之血，肾司五内之精。缘少年嗜欲无穷，积损肝肾，精血两亏。精虚不能化气，血虚无以涵肝。气血犹泉源也，虚则不能流畅，凝滞不通，以致胸胁作痛，延绵不止，虚痛奚疑。法当培补精血，治其致病之本，不可泛服行气通经之品。

熟地八钱　归身五钱　枸杞子四钱　肉桂五钱　杜仲三钱　怀牛膝三钱　炙草五分

痿痹

脉来弦数而虚，三阴内亏，湿热郁而不化，肾气不充，肝不荣筋，精血大亏。腿瘦胫湾②，痛无休息，病势不一。股内热痛，大腿内如针刺痛，膝盖胫弯俱酸冷胀痛，魄门坠胀。左腿形如鹤膝。坐卧不安，饮食不香。病延已久，下痿已成，虑

① 胀：沪抄本作“肋”。

② 湾：据文义当作“弯”，下同。

难奏效。

六味地黄汤加菟丝饼三钱、巴戟天三钱、肉苁蓉三钱、黄柏五分。

风寒湿三气合而为痹，周身痹痛①，左②腿及曲池痛甚。已历三年，寒湿凝筋，先拟蠲痹汤。

羌活三钱　防风三钱　木瓜三钱　赤芍三钱　姜黄三钱　生芪二钱　归身二钱　金毛狗脊二钱　甘草五分　灵仙八分

不寐

卫气昼行于阳，夜行于阴。行阳则寤，行阴则寐。吐③泻后寤而不寐。

半夏三钱　秫米一合

用千里长流水煎，扬万遍，炊之。以苇薪汤服令汗出。

自汗不寐，心肾两亏。服药虽好，未能霍然。汗为心液，肾水不升，心火不降，心肾不交。多疑多虑，肝胆自怯。法当补坎填离，以期水火既济。

生、熟地各五钱　茯神三钱　枣仁三钱　白芍二钱　阿胶三钱　夜交藤三钱　浮小麦五分

思虑烦心，心气不足，不能下达于肾。阴不上潮，水火未济，子午不交，不宜烦劳。

酸枣仁　川芎　知母　茯神、苓　甘草　枳实　洋参　川连　熟地　阿胶　鸡子黄

脉来动滑，按之则弦。不知喜怒，多疑多虑，肝胆自怯，

---

① 痹痛：沪抄本作“酸痛”。
② 左：沪抄本作“右”。
③ 吐：江校本作“泄”。

郁损心阴。惊则气乱，伤乎心也；恐则气怯，伤乎肾也。胆为中正之官，心为主宰，肾为根本。胆附肝之短叶下，肝虚胆虚，肝虚不眠，胆虚亦不眠。所服之方甚好，仍请一手调治。

十味温胆汤。

健　忘

脑为髓海，海藏云：髓空多忘，神志不藏，不能安舍。舍空则痰火居之，以致精损健忘。

熟地　酸枣仁　茯神　远志　麦冬　甘草　半夏　秫米　灯心

未来之事，取决于心；已往之事，记之于肾。神志不藏，痰火居之，致成健忘之症。

前方去秫米、灯心，加车前子、橘皮。

臌胀不易愈

厥阴肝气势结，太阴脾湿不宣，胸腹胀痛而大，并有积块中满之症。虑其食减，肿喘生变，多酌高明。

土炒於术三钱　麸炒枳壳二钱　霞天曲三钱　云苓三钱　水红花子二钱　鸡内金一钱五分　沉香五分　砂仁五分　香橼皮八分

服二剂后，加香附酒炒三钱、干蟾皮一钱五分。

慰[①]腹法 此法非独能治臌胀，及一切积聚皆可用之。

官桂　制没药　牙皂三钱　香附　枳壳　陈香元皮[②]　水红花子各五钱

---

① 慰：据文义当作“熨”。

② 陈香元皮：即“陈香橼皮”。

共研末，葱汁、米[1]、烧酒调匀，敷脐上，旁以面围护，烧鞋底熨脐[2]上。

癃闭

膀胱为州都之官，津液藏焉，气化则能出。小便淋漓不畅，小腹、大腹微胀，舌绛口干，固由湿热伤阴，亦由精不化气，气化无权。服药或效，或不效者，里气空虚也。肝司疏泄，肾主闭藏。州都无约，水泉不束。致[3]古名家虚火虚气，湿热不化，补中兼开，隆冬闭藏。年逾六旬，脉不应指，似无通利之法，恐伤生发之气。每日午后服资生丸，晨服六味地黄丸三钱，一助坤顺，一法乾健。

人参八分　柴胡八分　熟地三钱　升麻五分　陈皮一钱　山药三钱　冬瓜子三钱　甘草三分

脾司清阳，胃行[4]浊阴。肾主二便，肺主治节。年逾六旬，二气渐衰。湿热内蕴。脏不行腑，气化无权。所服之方，理路甚好。但两脉俱弦，按之无力。真阳就衰，真阴亦损，脾胃困钝[5]。小便不通，气化不及州都。每日服肾气丸三钱，午后服十九味资生丸三钱，一助坤顺，一法乾健。

补中益气去芪、术，加熟地、山药。

法健乾，助坤顺，升清降浊，湿热渐化。二便已通，气坠大减。精神未足，真元难以振作。顾护机宜，依先进步。

---

① 米：沪抄本作“米醋”。
② 脐：沪抄本作“药”。
③ 致：沪抄本作“考”。
④ 行：沪抄本作“司”。
⑤ 钝：据文义当作“顿”。

补中（注：阴）益气煎加谷芽。

目　疾

目虽肝窍，《经》以五脏六腑之精气皆上注于目而为之精①。精之窠为眼，骨之精为瞳子，筋之精为黑眼，血之精为络，气之精为白眼，肌肉之精为约束。曾经目疾，因循未愈。近乃白精赤缕参差，浮红成片，时多泪出，内眦凝眵，而瞳子黑精无恙。此肾水下亏，不能生木，木燥生火，火甚生风。风火相搏，肺金受制。血睛②属肺，肺热故白睛赤，时多泪出。譬之热极生风乃能雨，热耗津液乃生眵。脉数而空，有赤脉贯瞳子之虑。治宜壮水生木，升阳散火，不可泛服祛风涤热之剂。经有上病下取之旨，拟明目养肝丸加减。

熟地　东洋参　归身　甘菊　枸杞子　牛膝　麦冬　桑叶　黄柏　石决明　银花　柴胡

为末，以羊肝一具，煮烂，捣浓，加炼蜜为丸，如桐子大，每早、晚服三钱。

肺③有风热，翳膜遮睛，红肿。失于调治，致令水不济火，木燥生风④，风火相搏，髓液潜消。《经》以诸髓皆属于脑，髓热则脑热，脑热则脂下流为翳。偏于左者属肝也，宜先清髓退热⑤为主。

归身　木贼　草山栀　菊花　白蒺藜　白芍　蔓荆子　蝉

① 精：据文义当作“睛”。后一字同。
② 血睛：江校本、沪抄本皆作“白睛”，为是。
③ 肺：江校本、沪抄本作“肝”。
④ 风：沪抄本作“火”。
⑤ 热：江校本、沪抄本作“翳”。

蜕　青葙子　羚羊角　银柴　川芎　炙草　马蹄　决明即草决明，非青葙子之别名也

为末，蜜丸，每早晚三钱，开水过口。

水亏于下，火升于上。水不制火，阴不胜阳。系少年嗜欲太过，水失所养，不能涵木。木燥生风，风火并于上，阴液潜消于下。致令黑睛暗淡，瞳子无光，色兼蓝碧，此为内障。《经》以五脏六腑之精气，皆禀受于脾，上明于目。脾为诸阴之长，目为血脉之宗。肾为先天之本，脾为后天之源。脾土之强健，赖肾水之充盈。肾虚，脾亦虚。脾虚则脏腑之精气皆失所司，不能归明于目；肝虚则血不归原；肾虚则水不济火。补阴潜阳，冀其水升火降，方克有济。

熟地三两　丹皮六两　冬术八两　牛膝六两　山药八两　云苓六两　归身六两　菟丝子八两　西洋参六两　元武板四两　枸杞子八两　天麦冬各八两　淡苁蓉八两　北五味四两　橘皮三两　生甘草二两

长流、桑叶熬膏，早服八两。

服膏以来，脾肾尚未充足，睛光颇有聚敛之机。视黑睛外一道蓝光，围如月晕之状。夫月之有晕，乃太阴之精不振，而阴霾之气蔽之。阴霾蒙蔽，月为之晕。晕为阴精尚在，无月则无晕矣。神光黑水蕴于中，八廓罗环于外，强①失明无睹，为根本尚未颓残，犹可治也。舌者，心之官也。服补阴潜阳之品，舌反干燥者，肾水枯涸之征，不能上济心火。心火为君火，肾为相火。君火以明，相火以位；君火上摇，相火下应。肾欲静而心不宁，心欲清而火不息，肾水何由而升，心火何由而降，殊为可虑。是以澄心静养，恬憺无为，假以岁月，助以药饵，

① 强：据文义当作“虽”。

方克有济。

熟地三两　山药八两　山萸八两　冬术八两　牛膝六两　菟丝子八两　石斛八两　五味四两　元武板四两　肉苁蓉八两　天、麦冬各八两　覆盆子六两　归身六两　洋参六两　野黄精八两

长流水、桑柴火熬膏，每早、晚三钱。

思为脾志，心主藏神。曲运神机，心脾受困。脾为诸阴之长，心为君主之官。心君无为，相火代心行政。相火内炽，阴液潜消，无以上奉清空，黑水神光暗淡。伐下必枯其上，滋苗必灌其根。治宜壮水之主，兼补心脾，冀其天地交通，水火既济。

熟地八钱　牛膝三钱　山萸二钱　归身二钱　山药三钱　菟丝子三钱　冬术二钱　茯苓三钱　枣仁三钱

《经》以五脏六腑之精气，皆上注于目。目系属心，目里属脾；白珠属肺，黑珠属肝，瞳子属肾。症本肾水不足，肝木失荣，木燥生火，上扰心宫。肾为肝之母，心乃肝之子。母子乖违，精华不聚。心火上炽则神外驰，肾水下亏则志不定，肝木枯燥则血少藏。是以目失清明，神光不敛，名内障。故曰：目者，心之使也，神所寓焉，肝之外候也，精彩荣焉。治宜壮水生木，固肾清心，子母相资，方能有济。

生地①　洋参　黄精　枣仁　归身　麦冬　菟丝子　山药　冬术　五味　山萸　覆盆子

共为末，石斛一两，煎水叠丸，每早晚服三钱。

服壮水潜阳之品，瞳人②昏暗反增，白珠且赤。素本经营

① 生地：江校本作“熟地”。
② 瞳人：瞳孔，也作“瞳仁”。

过度，肾水渐消。曲运神机，心阳内炽。心肾不交，水火不济。壮水之主，以镇阳光，上病下取，《内经》之旨。不能奏捷者，未伐水火之威也。肝为东方实脏，主目，属木，生火，况五志过极，俱从火化，火灼金伤。白睛属肺，火耗水干，瞳人昏暗。水亏为虚，火盛为实。前方直补金水之不足，未泻木火之有余。先哲有十补一清之例，用药如用兵，任医犹任将。兵贵圆通，药宜瞑眩。病之加身，譬如寇兵临境。全战全守，未免热[1]。偏补偏攻，均非妙手。十补一清，可谓养精蓄锐。突然一战，亦足以振兵威。补养日久，暂以一清，未必大伤元气，务得攻补之宜，方能奏效。薛立斋龙胆泻肝汤主治。

生地五钱　龙胆草一钱五分　黄芩一钱五分　甘草八分　山栀一钱五分　泽泻一钱五分　车前子三钱　归身二钱　银柴二钱　木通一钱

《经》以十二经脉、三百六十五络，其气血皆上注于目而走空窍，其别气走于耳而为听。心开窍于耳，肾之所司也。肾为藏水之脏，肾虚则水不上升，心火无由下降。壮火食气，气虚不能上走清空，阴液下亏，脉络为之干涸。气血源流不畅，是以耳内常鸣。素多抑郁，五志不伸。水虚不能生木，肝病传脾，土不生金。肺病及肾，肾气不平，五志[2]互克，辗转沉涸[3]，岁月弥深。壮年固不足虑，恐衰年百病相侵，未必不由乎此，岂仅耳闭而成者。是宜澄心静养，遣抱舒怀，辅以药饵，方克有济。拟局方平补镇心丹，用上病取下之意。

洋参　天、麦冬　生地　茯神　归身　五味子　冬术　枣仁　远志　石菖蒲　丹皮　龙骨　元武板　元参　山栀

---

① 热：江校本作“执偏”。
② 五志：沪抄本作“五内”。
③ 沉涸：沪抄本作“沉疴”。

为末，蜜丸，每早晚服三钱。

《经》以五脏六腑之精气，皆上注于目，不独专主肝也。水之精为志，火之精为神。目者，心之使也。视物不甚分明，脉体虚弦无力。素多带下，奇脉有亏。水火不济，神光不敛。法宜静养真阴。

生地　山药　归身　菟丝子　茯神　元武板　芡实粉　五味子　枸杞子　枣仁　牡蛎粉

为末，蜜丸，每早服三钱。

白眼属肺，黑眼属肝，瞳人属肾，目里[1]属脾，目系属心。精滑四载有余，肾水阴精[2]交损，不能上注于目。卒然瞳人背明，肾空[3]精空，尾闾穴痛，形神颓败，食少多眠。服药以来，饮食稍加，精神渐振，遗泄渐稀，能间二三日。目中如电，神光不敛可知。黑白分明，瞳人之中，并无烟障之气，混绿之色，非内障可比。仍以固肾填精，敛阴[4]化液之品，为丸徐治。第少壮年华，服药寡效，非其所宜。

东洋参　首乌　羚角　紫河车　冬术　芡实粉　牡蛎粉煅　磁石　丹砂　菟丝子　五味子

上药为末，以大生地六两、天冬四两、归身八两，熬膏。再入金樱膏八两，和药末为丸，每早、晚服三钱。

鼻　渊

脑为髓海，鼻为肺窍。脑渗为涕，胆移热于脑，则辛额[5]

① 目里：沪抄本作“目胞”。
② 阴精：江校本作“阴阳”。
③ 肾空：沪抄本作“肾实”。
④ 敛阴：沪抄本作“敛精”。
⑤ 额：据《素问》，当作“频”，下同。

鼻渊。每交秋令，鼻流腥涕，不闻香臭。肺有伏风，延今七载，难于奏效。

儿参三钱　苍耳子一钱　生地三钱　杏仁三钱　白蒺藜三钱　桑皮一钱五分　辛夷一钱　菊花一钱　甘草五分　黄芩一钱五分

《经》以胆移热于脑，则辛頞鼻渊。胆为木府，脑为髓海，鼻为肺窍。素本酒体，肥甘过度，或为外感所乘。甲木之火，由寒抑郁，致生湿热，上蒸颠顶。津液溶溢而下，腥涕常流，为鼻渊之候。有以比之大暑，湿热郁蒸乃能雨，此其类也。源源不竭，髓海空虚，气随津去，转热为寒，亦由①雨后炎威自却，匝地清阴，而阳虚眩晕等症所由生也。宜早为调治，久则液道不能扃固②，甚难为耳。

苍耳子一钱　白芷一钱　薄荷一钱五分　川芎八分　辛夷四分　蒺藜二钱　防风一钱　炙草五分

齿痛

齿痛上引太阳，因眩晕、左肢麻痹而起。金水二脏素虚，眩晕乃肝邪所致，金虚不能平木，水亏不能制火。故肝阳内扰，阴火上升③。肝位于左，气虚则麻。兼以酒体肥甘过度，致湿热蓄于肠胃，上壅于经。故见手足阳明、手太阴、足少阴四经之症。夫齿痛属阳明之有余，眩晕、麻痹属太少之不足。按《灵枢·经脉篇》：手足阳明之脉，其支者，从缺盆上颈贯颊，入下齿中；足阳明之脉，下循鼻外，入上齿中。齿痛之由本此，

① 由：江校本、沪抄本作“犹”。

② 扃（jiōng）固：原书字迹不清，据江校本、沪抄本补。扃，关闭。

③ 阴火上升：江校本作“阴水不升”。

第久延[①]岁月，病势已深，调治非易。爰以玉女加鹿衔，从阳明有余，少阴不足论治。

生地一钱　丹皮一钱五分　泽泻一钱五分　知母二钱　生石膏三钱　牛膝三钱　归身二钱　升麻五分　川连一钱　麦冬二钱　鹿衔草二钱

《经》以齿乃骨之所络[②]。手足阳明之脉，上循于齿。地癸[③]主于冲脉，冲为血海，并足阳明经而行。阴虚无以配阳，水亏不能济火，是以经事先期，不时齿痛。当从阳明有余，少阴不足论治。

大生地五钱　丹皮二钱　泽泻一钱半　知母二钱　牛膝三钱　麦冬三钱　佩兰叶一钱半

舌痛

《经》以南方色赤，入通于心，开窍于耳，外候于舌。七情不适，伤乎心也；盛怒不解，伤乎肾也。水不济火，心火上炽，舌为之糜。法当壮水之主，加以介属潜阳之品。

生地八钱　丹皮三钱　泽泻二钱　山药三钱　云苓三钱　五味子一钱　元武板四钱　炙鳖甲三钱

二气素虚，五志过极，心火暴甚。肾水虚衰，水不制火，舌为之黑。法宜壮水之主，以制阳光。

知柏八味去熟地，加生地。

形丰脉软，外实内虚。舌为心苗，黑，肾色。舌边常[④]黑，乃肾色见于心部，非其所宜。肾司五内之精，脾统诸经之血。

---

① 延：沪抄本作“于”。

② 络：当作“终”。《灵枢·五味论》有“齿者，骨之所终也”。

③ 地癸：江校本作“天癸”。

④ 常：江校本作“带”。

脾肾强健，则精血各守其乡。肾色上潜[1]，脾肾必虚。心属火，肾属水。肾水不能上升，心火无由下降。火炎物焦，理应如是。治病必求其本，滋苗必灌其根，培补真阴[2]，徐徐调治。

熟地　山药　山萸　女贞子　丹皮　泽泻　云苓　旱莲草　牛膝

为末，蜜丸，每早晚服三钱。

肾水不足，心火有余。舌为心苗，火性炎上。水不济火，舌为之糜。脉来软数无力。缘五志乖违所致。上病下取，滋苗灌根，法当壮水之主，以制阳光。

六味地黄加地骨皮、牛膝、元武板、麦冬。

水丸，每早晚服三钱。

失音

肾水不足，肝木失荣。木燥生火，火盛生风。风火交并，上冒清空。声哑舌强，视听不聪。脉来软数无力，治以益气调中。

熟地　丹皮　泽泻　新会皮　山药　云苓　洋参　山萸　冬术　炙草　半夏

蜜丸，每服三钱。

音声本于脏气，气盛则声扬，气虚则声怯。肾为音声之根，肺为音声之具，舌为发声之机，气为音声之户。肾主藏精，精化为气。肺司气化，主发音。症由诵读太过，损于脏气。河间以五志过极，俱从火化。火盛刑金，金镕不鸣。舌为心苗，肾

---

① 潜：江校本作“僭”。
② 阴：江校本作“阳”。

为水脏。火性炎上，火旺水亏，伤其具而失其机。是以喑哑、语言难出。脉来滑数而空。爰以铁笛丸加减。

生地　紫菀茸　诃子肉　北五味　桔梗　薄荷叶　连翘　象贝　天、麦冬　桑皮　炙草

上药为末，以竹叶三两，煎水叠丸，每早、晚服三钱。

诵读太过，心火刑金。金镕不鸣，音声言语难出。治以壮水清金，行其清肃之令。

生地一钱　丹参二钱　元参二钱　归身二钱　麦冬二钱　五味子五分　远志一钱　茯神三钱　沙参三钱　枣仁二钱　柏子仁一钱半

郁症

忧思郁怒，最损肝脾。木性条达，不扬则抑；土德敦厚，不运则壅。二气无能流贯诸经，营卫循环道阻。肝乃肾之子，子病则盗母气以自养，致令水亏于下。水不济火，灼金耗血。筋失荣养，累累然结于项侧之右。脉来细数无神，溃久脓清不敛。法当壮水生木，益气养荣。仍须恬淡无为，以舒神志，方克有济。

生地　东洋参　归身　黄芪　芜芎　香附　象贝　海藻　冬术　桔梗　元参

长流水、桑柴火熬膏，每服三钱。

木性条达，不扬则抑；土德敦厚，不运则壅。忧思抑郁，不解则伤神。肝病必传脾，精虚由神怯。情志乖违，气血交错。夫心藏神，脾藏意。二经俱病，五内交亏。心为君主之官，脾为谏议之官。精因神怯以内陷，神因精怯以无依。是以神摇意乱，不知所从，动作云为，倏然非昔。宜甘温之品培之。

熟地　党参　归身　冬术　枸杞子　菟丝子　远志　酸枣

仁　炙草

肝郁中伤，气血失于条畅。月事愆期，肢节酸楚。气坠少腹，胀痛不舒，兼有滞泻。脐左右筋梗，按之牢若痛，为痛气之状，按摩渐舒。先以调气和中。

异功散加香附三钱、当归三钱、赤芍二钱、砂仁八分。

脚　气

《经》以阳受风寒气，阴受湿气。伤于风者，上先受之；伤于湿者，下先受之。清湿袭虚，病起于下。两足蒸蒸而热，肿痛至膝，蠕蠕而动，酸软无力，病名脚气。本为壅疾，然必少阴阴[①]虚，阳明气馁，湿邪得以乘之。脉来细数无神，有拘挛痿躄[②]之虑。法宜除湿通经为主，辅以宣补少阴、阳明之品。昔永嘉南渡，人多此疾，湿郁明矣。

槟榔　苍术　独活　生地　牛膝　藿梗　桂枝　通草　木瓜　制南星　乳没　当归　防己　橘红　半夏

为末，水泛丸，每早晚服三钱。

虫　疾

肾属水，虚则热。胆移热于脑，则辛頞鼻渊。涕冷而腥，痰多思睡。起自去秋，屡下寸白虫甚多，脾肾所积，非泛泛可比。

黄柏　黄精　熟地　干姜　黄芩　於术　萹蓄　榧子　乌梅

① 阴：江校本作“血”。
② 躄：原作“壁”，据江校本改。

虫以湿为窠血，治脾土以化之。此论治虫之统法。寸白与扁虫有异。寸白无妨，扁虫类蚂蝗，能大能小，尖嘴秃尾，接续可长二尺，害人甚速。此虫惟养肾元，以养子不致布子为妙。每早服黑锡灰①三钱。

丸方

盐碱二两　枯矾七钱　黑锡灰三两　黄柏三两　黄土三两　北麦面八两　榧子肉八两

红糖为丸，每早服三钱。

祟病

阳明不足以胜幽潜，花卉兴妖，登高山，入古寺，卧古塚，名曰祟病。

苍术一钱五分　厚朴一钱　陈皮一钱五分　甘草五分　半夏二钱　南星一钱五分　虎胫骨三钱　竹沥三钱　姜汁三钱

或加犀角。如脉大，加黄连。

调经

坤道重在调经，经调方能孕育。经事先期，少腹胀痛，不时呕哕，脉双弦无力。少腹主于肝，肝病善痛，脾病善胀；脾及胃，胃病善呕，饮食不甘。肝、脾、胃并病，有妨孕育。

东洋参　白茯苓　於术　木香　生地　归身　川芎　炙草　艾叶　益母草

煎水泛丸，每早、晚服三钱。

《经》以女子二七而天癸至，任脉通，太冲脉盛，月事以时

---

① 黑锡灰：江校本作“黑锡灰丸”。

下。又二阳之病发心脾，有不得隐曲，女子不月。其传为风消，再传为息贲者危。经闭年余，饮食日少，形体日羸，脉来弦劲。乃郁损心脾，木乘土位所致。心为生血之源，脾为统血之藏，肝为藏血之经。心境不畅，肝失条达，脾失斡旋，气阻血滞，痞满生焉。五志不和，俱从火化。火灼真阴，血海渐涸。故月事不以时下，必致血枯经闭而后已。将治心乎？有虾形之血难培；将治脾乎？守补中州易钝；抑治肝乎？条达滋柔均皆不受。当以斡旋中枢为主，候脾胃渐开，需四物、逍遥养肝舒郁。再以归芍地黄补阴养血，调和冲任，冀其经通为吉。

左脉弦，寸口虚，志意隐曲不伸，郁损心阴。阴虚血少，血不荣脾。脾伤不能为胃行其津液，胃伤不能容受水谷而化精微。精血日以益衰，脉络为之枯涩。经闭半载有余，腹中虚胀作痛。容色憔悴，饮食减少。《经》言：二阳之病发心脾，有不得隐曲，女子不月是也。其传为风消，再传为息贲者，不治。

洋参二钱　白茯三钱　於术一钱五分　柏子仁一钱五分　远志一钱五分　酸枣三钱　泽兰一钱五分　炙草五分　阿胶二钱　当归二钱　木香五分　桂圆肉七个

服药五剂，病势似有退机。因循怠治，停药月余，遂至䐃肉消，喘鸣肩息。症本隐情曲意，郁损心脾，传及于胃，所谓二阳之病发自心脾是也。心为生血之源，胃为水谷之海，脾为生化之本。海竭源枯，化机衰惫，血枯经闭。气郁化火，火急生风，消灼脱肉，故瘦削如风驰之速；火灼金伤，气无依附，故喘息如逝水之奔。犯经旨风消息贲之忌，虽仓扁复生，无如之何！姑拟一方，以副远涉就医之望。

生地三钱　归身三钱　云苓三钱　泽兰二钱　东洋参三钱　柏子仁三钱　麦冬三钱　阿胶三钱

腹内素有血癥，大如覆杯，脉络阻碍。经血循环，失其常度。经不及期，经前作痛。气郁伤肝，木乘土位，饮食减少。悲哀伤肺，治节不行，胸次不畅，腰如束带，带脉亦伤。年逾三十，尚未妊子，必得经候平调，方能孕育。

苍术　人参　白茯　於术　枣仁　白芍　陈皮　木香　归身　熟地　艾叶　远志　炙草　川芎

动则为瘕，瘕者，假也，气也；不动为癥，癥者，真也，血也。血癥盘踞于中，经血循常道阻。月不及期，期前作痛。素多抑郁怨伤，生生之气不振。年逾三十，未能妊子。调肝脾以畅奇经，宣抑郁以舒神志，是为大法。

人参　归身　於术　陈皮　砂仁　肉桂　茯苓　炙草　枣仁　远志

用生姜、南枣，水泛丸，每服三钱。

经血乃水谷之精气，和调于五脏，洒陈于六腑，源源而来。生化于心，统摄于脾，藏受于肝，宣布于肺，施泄于肾。上为乳汁，下为月水。经闭五载有余，饮食起居如故，无骨蒸、痰嗽等症，乃任脉经隧滞塞，非血枯可比。手指肿胀色紫，不时鼻衄，经血错行可知。营气不充，逆于肉理①，遍体疮疡。脉来滑数而长，有痈疽肿满之虑。拟子和玉烛散行之，冀其经通为吉。

大生地八钱　归身五钱　赤芍三钱　川芎一钱　生大黄三钱　元明粉二钱　甘草五分

《经》以齿乃骨之所终，手足阳明之脉上循于齿。地癸主于冲脉。冲为血海，并足阳明经而行。阴虚无以配阳，水亏不

① 理：江校本作“里”。

能济火。经事先期，不时齿痛。当从阳明有余、少阴不足论治。

生地　丹皮　泽泻　知母　归身　石斛　麦冬　山栀

蜜丸，每早晚三钱。

气不外卫则寒，血滞中营则热，经无约束则愆期。二气素虚，奇经复损。督行一身之阳，任行一身之阴。任督犹天之子午，冲脉从中直上，若地之云升。法当静补真阴，以充八脉。

熟地　洋参　黄鱼膘　山萸　五味子　山药　麦冬　归身　牡蛎

长流水、桑柴火熬膏，每早晚服四钱。

脉来滑数而空，似有胎而不果，腹无坚硬之处，非停瘀可比。素本月事不调，日晡潮热。颠痛时作时止。阴亏血少，病在肝脾，木不条达，土多壅塞。崇土培木，宜补中州，观其进退。

於术三钱　砂仁一钱　茯苓三钱　炒芩一钱五分　陈皮一钱　归身二钱　川芎一钱　香附二钱

月不及期，少腹作胀，手足麻木，饮食不甘，心胆自怯，气血失调，心肝脾三经受病。

党参三钱　於术一钱半　当归三钱　茯、神苓各三钱　远志一钱半　白芍二钱　柏子仁二钱　木香五分　甘草五分

肝病善痛，脾病善胀。经来腹痛而胀，乳亦胀痛，坚硬如石。气郁动肝，肝胃不和，气血凝滞。

香附四两　当归五两　白芍四两　川芎一两　冬术三两　云苓三两　陈皮二两　甘草一两　金铃子三两　延胡三两　砂仁一两　山药三两　檀香一两

水泛丸，每服三钱。

脉左涩右弦，肝虚气血凝结，居今四月。似漏胎而不固，

心悸脘痛，漏淋不已，气聚为瘕。肝为起病之源，胃为受病之所。养心脾兼和肝胃。

党参　於术　归身　白茯　远志　酸枣仁　木香　山楂　甘草　红糖

肝为血海，脾为血源。结缡①以来，未能生育。月事不调，喉口作干，腹中沉坠。年愈二十，经来先后不一。病者至阴，肝脾俱病，治之非易。

生、熟地各一两　山药四两　山萸肉四两　云苓三两　香附三两　当归三两　茺蔚子四两　阿胶二两　白芍二两　甘草五钱

上药研末，用月花煎汤，红糖为丸。

经闭

经闭半载，肝郁气滞血凝。血结成癥，下离天枢寸许，正当冲脉之道。是以跳跃如梭，自按有头足，疑生血鳖。肝乘脾位食减，木击金鸣为咳。中虚营卫不和，寒热往来如疟。从日晡至寅初，汗出而退。脾伤血不化赤，白带淋漓，脉象弦虚，虚劳渐著。第情志郁结之病，必得心境开舒，方克有济。

生地四钱　五灵脂二钱　生蒲黄二钱　白芍二钱　茜草二钱　川芎一钱　牛膝二钱　归身二钱

昨暮进药，三更腹痛，四更经行，淡红而少，五更紫而多。少腹胀坠而痛，停瘀未尽。

前方加青皮一钱、延胡索三钱。

经通，瘀紫之血迤逦而减，诸症俱解。少腹犹痛，瘀尚未尽。癥势稍退，跳跃如初。盖所下之血，乃子室停瘀。癥势盘

---

① 缡：原作“褵”，据文义改。

踞，乌能骤下。癥本不动，跳动者，当冲脉上冲故也。然僭冲脉上冲之气象，可以假途灭虢。若癥踞脉络潜通之处，则带疾终身矣。用药大旨，补肾水以益太阴，健阳明以资冲脉。必得冲脉上冲之气煦和癥结，如切如磋，如琢如磨，昼夜循环不息，久久自能消散。癥消则经候自调矣。

生地、鲜生姜二味各捣汁，以生姜汁炒生地，以生地汁炒生姜，互相炒干为末用　元武板四两　白归身四两　东洋参三两　青陈皮各二两　於术四两　山药二两　炙草二两　山萸肉四两

水叠丸，每早服三钱。

带　下

带下赤白，下如漏卮。脉虚弦，舌绛中有红巢。大便坚结难解，少腹左角作痛。遍体关节酸痛，咳嗽振痛，按摩其痛乃止，甚至呼吸往来俱觉牵引痛楚。此皆血液脂膏耗损，不能营经养隧，滞壅脉络。乖分二气，无能流贯连络交经之处。谓久漏久崩，非诸塞可比。升提可愈，法当协和二气，调护两维，宣补法中寓以收涩之意。

生地四钱　东洋参二钱　阿胶三钱　金樱子三钱　海螵蛸三钱　鲍鱼肉三钱　杜仲二钱　橘皮一钱　白薇一钱

宣补之中，寓收涩之法，取通以济塞之意。盖带下日久，液道虚滑。卒然堵塞，陡障狂澜，其势必溃。故以宣通之品，为之乡道①，同气相求也。服后带下较减，痛楚渐舒。大便仍结，舌心无苔，一条红滑，乃真阴亏损之征也。脉来细数无神。原方加减。

① 乡道：即“向导”。

生地四钱　东洋参三钱　续断三钱　阿胶三钱　海螵蛸三钱　鲍鱼肉三钱　杜仲三钱　芡实三钱　白薇一钱

连进通以济塞，带下十减二三，小腹关节酸疼俱缓。大便燥结未润，弦之脉未静，舌之心红滑如故。症本血液脂膏耗损，延及奇经。任行身前，督行身后，冲脉从中直上，带脉环周一身，如束带然。阴维阳维，阴跻阳跻，阴阳相交。八脉俱亏，百骸俱损，岂铢两之丸散所能窥其藩牖乎？爰以一通一塞大封大固之品，下咽之后，入胃辅脾，融化萦回，濡枯泽槁，则欣欣向荣之气充满一身，庶几二气协和，奇经复振。

生地十六两　东洋参十二两　桑螵蛸六两　砂仁四两　熟地十六两　鲍鱼肉十二两　黄柏六两　阿胶六两　炙鳖甲十二两　杜仲八两　白薇八两　元武板八两　黄鱼螵六两　川续断八两

上药以长流水，桑柴火熬焦，胶溶化膏，每以二两开水和服。

崩漏

经以应月，月以三十日而盈，经以三旬而一至，象月满则亏也。亏极则病，阴亏则火盛，火盛则逼血妄行。《经》以阴虚阳搏谓之崩是也。服药以来，崩漏虽止，颠顶犹疼，腹中䐜胀。厥阴之脉，上出额，与督脉阴于颠顶①，下络少腹。水不涵木，阴不敛阳，脉尚软数无神。仍以壮水潜阳为主，冀其血气各守其乡，方无来服②之虑。

生地八两　玉竹四两　乌贼骨三两　洋参三两　酸枣仁三两　归

① 与督脉阴于颠顶：《灵枢·经脉》作“与督脉相会于颠顶之百会”，当是。

② 服：据文义当作“复”。

身三两　芦茹二两　北五味二两　白芍三两　麦冬三两　牡蛎六两

蜜丸，每早晚服三钱。

《经》以阴虚阳搏谓之崩。血得热则宣流。气与血不并立。壮火蚀气，无以帅血归经，致令经水妄行，遂成崩症。防其汗脱，先取化源。

熟地三钱　冬术三钱　血余灰一钱　野三七八分　洋参二钱　乌贼骨五钱　炙草五分　芦茹二钱

胎前

胎元本于气血，盛则胎旺，虚则胎怯。气主生胎，血主成胎。气血平调则胎固，气血偏胜则胎坠。曾经五次半产，俱在三月之间。三月主手厥阴心胞络司胎。心主一名膻中，为阳气之海。阳气者，若天与日，离照当空，化生万物。故生化著于神明，长养由于阳土。君火以明，相火以位。天非此火，不能生长万物；人非此火①，不能生长胎元。人与天地相参，与日月相应，其理一也。但此火平则为恩，亢则为害。胎至三月则堕，正属心火暴甚，阴液潜消，木失滋荣，势必憔悴。譬如久旱，赤日凭凌，泉源干涸，林木枯槁，安得不堕。脉来滑数无神，症见咽干舌绛。法宜壮水之主，以制阳光。

大生地　冬术　白芍　元武板　杜仲　归身　知母　续断　沙参　元参　黄芩　炙草

上药以长流水、桑柴火熬膏，每早、晚服三钱。

素本阴虚火盛，近值有妊三月有奇。三月手厥阴包络离火

① 不能生长万物，人非此火：原缺，据《医经原旨》及文义补。

司胎。离光[①]暴甚，阴液潜消，无以灌溉胎元，深为可虑。非独子在胎中受制，即异日强弱，未必不由乎此。血为热迫，吐红一次，胎无荣养可知。滋苗必灌其根，治当峻补真阴，以求[②]其本。

生、熟地　元武板　山药　云苓　归身　冬术　黄芩　白芍　杜仲　牡蛎　白薇

蜜丸，每早晚服三钱。

产　后

产后百脉空虚，气血俱伤，冲任不振，半月血来甚涌，所谓冲损血崩是也。是时当宗前哲暴崩暴漏，温之补之之法。蔓延不已，奇经大损，营卫乃伤。任虚不任外卫，卫虚无以内营，致令寒热如疟。冲脉并足阳明经而行，阳明不和，乳房亦痛。上气不足，头为之眩。水不济火，五心烦热。诸虚叠见，日以益甚。脉来弦数无神。先以太阴、阳明进步，冀其胃开食进，诸虚可复。

枣仁三钱　茯神三钱　冬术二钱　归身三钱　远志二钱五分　炙草五分　枸杞子三钱　熟地四钱　桂圆七个

半　产

有妊至三月则堕，三月手厥阴包络离火司胎。素本阴亏，水不济火，离光暴甚。阴液潜消，无以灌溉胎元。譬如草木萌芽，无雨露滋荣，被阳光消灼，安得不萎？经今三次，冲任失

---

① 光：江校本作“火”。
② 求：江校本作“培”。

其扃固，虑胎至离宫，永为滑倒。拟局方磐石散，取补阴制火、益气养营之意。

熟地　全归　川芎　东洋参　云苓　冬术　炙草　续断　黄芩　砂仁　粳米

水叠丸，每早、晚服三钱。

有妊至七月则堕，七月手太阴司胎。肺朝百脉之气，气与火不并立。壮火蚀气，肺脏乃伤，无以奉秋收之令。金水同源，肺与大肠相表里。肾开窍于二阴，大便坚结难解，阴亏火旺可知。治宜壮水潜阳为主，辅以清肃之意。

大生地八两　元武板六两　麦冬三两　洋参三两　知母二两　归身二两　杜仲四两　盐黄芩三两

蜜丸，每早晚服三钱。

半产后亡血过多，木失敷荣。素多抑郁，中枢少运。胃者卫之源，脾乃营之本。胃虚卫不外护则寒，脾虚营失中守则热。肝为藏血之脏，脾为统血之经。肝脾俱病，经后愆期。宗气上浮，虚里穴动，脉来弦数无神。治宜补肾滋阴为主，斡旋中气补主。

熟地　远志　归身　抚芎　白芍　东洋参　云苓　冬术　山萸、药　枣仁　炙草

蜜丸，每服三钱。

三经半产，阴阳未复。经来色淡，血虚可知。阴亏水不济火，血少木失敷荣。肝病传脾，脾虚不能为胃行其津液，荣养诸经。以故形神不振，动劳发热，脉来软数无神，有血枯经闭之虑，法当静补真阴。

生地八两　山药四两　丹皮三两　女贞子三两　归身四两　山萸四两　泽泻三两　旱莲草三两　元武板三两　牡蛎六两　麦冬三两

桑柴火熬膏，每早晚服三钱。

肾为元阴之根，统五内之精。肺为太阴之本，司百脉之气。半产后阴伤精损，阴不敛阳，水不济火，精不化气，气不归精。壮火蚀气，火灼金伤。肾虚必盗气于金，精损必遗枯于肺。肺肾俱困，他脏不免。水不涵木，肝病传脾。土不生金，清肃不降。金不平木，木复生火。火性炎上，上扰心君。心烦意乱，不知所从。竟夕无眠，悔怨数起。虚里穴动，食减神疲。前进壮水济火，补阴潜阳，诸症渐退，依方进步为丸缓治。

熟地　麦冬　山药　元武板　沙参　丹皮　泽泻　五味　茯神

蜜丸，每早晚服三钱。

求　子

卜胎孕法，先以父生年一爻在下，母生年一爻在上。后以受胎之月居中。或遇乾、坎、艮、震阳象则生男，或遇巽、离、坤、兑阴象则生女。

天地氤氲，万物化醇；男女媾精，万物化生。故有胎必得醇正之气。肝木乃东方生发之本，性喜条达。怒恶抱郁，则生发之气不振，脏腑皆失冲和。况坤道偏阴，阴性偏执，每不可解，皆由木不疏达。素来沉默寡言，脉象虚弦无力，肝木郁结可知。拟逍遥、归脾、八珍加减，冀其畅和，方有兰征之庆。

生地　东洋参　归身　银柴　冬术　酸枣仁　云苓　乌贼骨　白芍　远志　木香　炙草　川芎　紫河车　鲤鱼子

蜜丸，每早晚服三钱。

阴不维阳，阳不维阴。卫失外护，营失中守。寒热往来七载，经候不能应月盈亏，是以未能孕育。肝木乃东方生发之本，郁怒则失其化育之机。法当条畅肝脾，以充营卫；补益阴气，以护两维。冀其二气各协其平，方有兰征之庆。

生地八两　归身三两　抚芎一两五钱　山药四两　乌贼骨三两　东洋参三两　青蒿三两　丹参三两　银柴八钱　升麻五钱　炙草五钱　杜仲四两　佩兰叶二两

上药为末，蜜水泛丸，每早、晚服三钱。

附　方

五花酒　治妇人经水不调，少腹胀痛等症。

红白荷花　单叶桃花　月季花　益母花　玫瑰花

浸百花酒。

五行丹　治奇疾怪症及百病诸药之不效者。

青礞石　朱砂　雄黄　枯矾　灵磁石　青黛　丹皮　牛黄　生地黄　大黄　白芍　犀角

上药十二味，按十二月加沉香一两，煎水叠丸，以应闰余成岁，天地五行运行之气。每粒二钱，黄蜡为衣。

治嗽方

猪肺一具，洗去血水，净白为度　榧子肉四两，切碎装入肺管内　百合一个去皮，根须　白果去壳打碎，每岁用一个，十岁用十个　慈菇五个，共入肺内煮烂，任意食肺食汤。如见红，再加鸡子清一个，白及一个，冰糖一两。

伤寒运气拾遗

东海詹绍东医士编辑

《运气钤歌》一卷，见于古本。首注《伤寒》，可知为仲景之书也。揆厥大旨，与《内经》相为表里。《经》曰：先立其年，以知其气，左右应见，然后乃可以有生死之顺逆也。非即此书中之意乎？惜此书有图无法，有诀无例。虽圣如孔子，智如颜回，玩此恐不能得其万一。又不数年，得先严手录数贝①，内所载汗墓歌、传经诀、及推两感之法，无不本于《内经》五运六气，司天在泉之理而成。所少异者，《内经》泛言一岁之运气，此书专言一日之运气。诚以岁月日时俱有五运六气。司天在泉之理，存乎其间。用以揆诸疾病，死生莫不撩如指掌。是则《内经》为《伤寒》之体，《伤寒》为《内经》之用。而此编又为古本《伤寒》之秘钥矣。予按此编，因知古本《伤寒》之所有，皆今本《伤寒》之所无。而此编之所有，又为古本《伤寒》之所无。盖仲圣当日著伤寒编，本有其法，本有其例。不幸而遇昔之叔和，参以私见，淹没甚多。则古本《运气钤歌》已非仲圣时之《运气钤歌》。兹并古本而无之。犹欲得仲圣时之《运气钤歌》。不几古而又古，直如涉海问津之难哉！今幸得之，请珍藏内府，普济当时。虽无甚裨于诊断学之实地，亦足以保存国粹，补拾先圣之遗编，聊供吾同志之玩索云尔。

东海詹绍东谨识

---

① 贝：据文义当作“首”。

校勘后记

《王九峰先生医案》是清代丹徒名医王九峰的临证方案集，由其弟子陆续整理而成。本书内容涵盖内科和妇产科的六十一种病证，每一病证，先引述《黄帝内经》的有关论述，然后简介王九峰的临床案例，理法方药俱全，具有较高的参考价值。

一、作者介绍

王九峰，名之政，字献廷，家住丹徒之月湖，毗邻九峰山，便以之为号。年三十余丧子，因致失聪，故又自号"王聋子"。后世传言其曾在嘉庆中奉征召，以重听辞免，因此又有"王征君"之称。王九峰医名盛极一时，从学者甚多，如虞克昌、李文荣、蒋宝素、朱致五、李欣园、费伯雄、刘允中、孙铨等，其中蒋宝素、费伯雄等都成了一代名医。王九峰交友十分广泛，并不限于医流，《丹徒县志》记载："一时南来名宦如费淳、铁保、陶澍诸公，皆乐与之交。聘访叠至，翰墨往来，名噪海内。"王九峰曾邀友人为其所藏书画题诗，其中不乏姚鼐等文学名家，江南河道总督黎世序更是称其"声华遍吴越"。诸友人中，与铁保相交最密，《清稗类钞·义侠类》记载有王九峰送铁冶亭一事，言："王九峰，名之政，丹徒人。性磊落，慷慨有丈夫气。与满洲铁冶亭制军保交最密，铁督两江时，王每赴江宁，相依必数月，所赠多不受。及铁获罪，有乌里雅苏台之行，一日夜，幞被至清江，依依不能舍，泪随语下。复亲送其眷十余程，过山东界始回。"可见王九峰不仅医书高超，为人亦重情重义，颇有侠气。

二、版本流传考证

王九峰的主要著作有《六气论》《医林宝鉴》《本草纂要

稿》《王九峰先生医案》等，今所见九峰医案一类，为其弟子各集其方，后又经人互相传阅抄录而流传下来的，因此该书的传本众多，且内容差异较大，书名也多不一致，常见有《王九峰临证医案》《王九峰先生医案》《王九峰心法》《王九峰医案》《九峰脉案》《九峰先生医案》等。现存《王九峰先生医案》早期传本都是抄本，1927年余继鸿以家藏王氏医案连载于《中医杂志》，这是该书第一次公开出版。此后，秦伯未1928年出版《清代名医医案精华》、徐衡之1934年出版《宋元明清名医类案》，都收录有王九峰的医案。1936年，王九峰的后人王硕如出版了《九峰医案》铅印本，第一次将该书独立发行。1994年，江一平等据无锡名医邹鹤瑜所藏精抄本为底本，王硕如《九峰医案》为主校本，对王氏医案重新校对、出版，其所录医案病种多、错讹字少，且析理深入浅出，平正通达，因此比较流行。2004年，李其忠等以上海中医药大学所藏民国医家朱方所录复抄本为底本，以江一平注本为主校本，出版了《中医古籍珍稀抄本精选·王九峰医案》。2017年，丁学屏等以上海张耀卿先生家藏抄本《王九峰先生出诊医案》为底本，王硕如铅印本为校本，整理出版《程评王九峰出诊医案》，该书为王氏晚年出诊医案，所录病案多为内伤杂病且多连诊，记录详实，均有药物剂量，大致保持了原案的面貌，具有较高的文献研究参考价值。此外，江苏常熟翁振鹏自2018年起以古法复制《王九峰医案》数种并少量行于世，其中包括《维扬王九峰先生医案·内伤篇》、余听鸿家藏《九峰医案》、闾震中抄马伯蕃家藏本《王九峰先生医案》等此前尚未披露的传本。

长春中医药大学图书馆馆藏与王九峰医案相关的著作有6种5函，分别为：《王九峰先生医案》［清宣统三年（1911）东海医士詹绍东抄本，孙纯一藏，一函一册，本书称作“甲本”]、《丹徒王九峰先生医案》及《九峰医案》(一函六册，两部书)、《王九峰医案》（一函四册)、《王九峰先生医案》（一函一册，本书称作“乙本”)、《王九峰心法》（一函三册）等。其中孙纯一藏《王九峰先生医案》，乃清宣统三年（1911）东海医士詹绍东抄本，品相完好，字迹娟秀，内容源于詹绍东家传《王九峰先生医案全集》，乃其外祖父顾某从游王九峰门下时所得，詹绍东清末避居戴窑（今属江苏省兴化市）时抄赠友人陶生，书末还附有詹绍东编辑的《伤寒运气拾遗》，但今仅见小序，正文不存。东北名医孙纯一游历江南时获得此本，后赠予长春中医药大学图书馆收藏，因其研究价值颇高，且此前尚未公开，因此选做本次整理的底本。

三、学术特色

王九峰所学颇为广博，上至《黄帝内经》《伤寒杂病论》，中及东垣、丹溪、景岳、立斋诸家，下衍叶、薛之时见，综各家所长，兼通寒温，自成一体。王九峰认为治病应当脾肾兼顾，尤以补肾为先，故喜用地黄，常用方剂中以地黄汤、丸为首，又兼肾气、六君、补中、归脾等名方，同时善用各种剂型，如用丸方治久病顽疾，每于体虚病实患者用之，以图缓效，屡建奇勋。王九峰的一些处方还颇具地域特点，如取“八仙”用于疑难病证，反映了江南医家的用药经验。此外，王九峰的临证方案中还贯穿着保精怡情、悦性修身的精神，在十余类病证中提出养心、寡欲等要求，特别是治咳血、遗精、中风、惊悸、不寐时，更列为首要。清代江苏武进的孟河镇医家云集，时值王九峰医名远扬，与孟河费文纪相熟，两人医术交流相当频繁，王九峰还指导过费文纪之子费伯雄。孟河医家的传承方式自成体系，诸姓之间通过家传、师徒授受、姻亲等方式，联系十分紧密。而王九峰的医学思想，随着与费文纪、费伯雄父子的深入交往，也逐渐融入了孟河医家的传承线中，对后来崛起的孟河医派影响深远。

致　谢

参加本书整理工作的人员有：崔仲平，全书审阅数次，提出近百条修订意见；张承坤、鄢梁裕、袁倩、李长岭、马金针、刘亚新、覃想珮等同学参与了本书内容录入工作。

在此一并表示衷心的感谢。

总 书 目

扁鹊脉书难经

伤寒论选注

伤寒经集解

伤寒纪玄妙用集

伤寒集验

伤寒论近言

重编伤寒必用运气全书

伤寒杂病论金匮指归

四诊集成

秘传常山杨敬斋先生针灸全书

本草撮要

（新编）备急管见大全良方

（简选）袖珍方书

经验济世良方

师古斋汇聚简便单方

新锲家传诸证虚实辨疑示儿仙方总论

静耘斋集验方

普济应验良方

苍生司命药性卷

（新刊东溪节略）医林正宗

医圣阶梯

诸证提纲

颐生秘旨

医学集要

医理发明

辨证求是

温热朗照

四时病机

治疫全书

疫证治例

（袖珍）小儿方

类证注释钱氏小儿方诀

儿科醒

外科启玄

疡科选粹

王九峰医案

医贯辑要

棲隐楼医话

医学统宗

仁寿堂药镜